JN169947

宮内泰介 編
どうすれば環境保全はうまくいくのか
現場から考える「順応的ガバナンス」の進め方
新泉社

どうすれば環境保全はうまくいくのか——現場から考える「順応的ガバナンス」の進め方

目次

第4章

第7章

協働の支援における「寄りそい」と「目標志向」
北海道大沼の環境保全とラムサール条約登録をめぐって

■三上直之 189

第8章

「よそ者」のライフステージに寄りそう地域環境ガバナンスに向けて
長崎県対馬のツシマヤマネコと共生する地域づくりの事例から

■松村正治 218

IV 学びと評価

——プロセスの気づきと多元的な価値の掘り起こし

第10章 どうすれば自然に対する多様な価値を環境保全に活かせるのか
宮崎県綾町の「人と自然のふれあい調査」にみる
地域固有の価値の掘り起こしが環境保全に果たす役割
■富田涼都 278

第11章 空間の記憶から環境と社会の潜在力を育むために
岩手県宮古湾のハマと海の豊かな記憶から
■福永真弓 303

ブックデザイン……藤田美咲
カバー表 写真……長尾勝美・鈴木英之・丸山康司・富田涼都
カバー裏 写真……宮内泰介・鈴木克哉
カバー袖 写真……西村英子・大沼 進
イラスト……岩井友子
（制作：結デザインネットワーク）
本扉写真……三上直之
三三一頁写真……宮内泰介
*特記のない写真は、各章の執筆者撮影

どうすれば環境保全はうまくいくのか

現場から考える「順応的ガバナンス」の進め方

序章

どうすれば環境保全はうまくいくのか

順応的なプロセスを動かし続ける

宮内泰介

1 なぜ環境保全はうまくいかないのか

なぜ環境保全はうまくいかないのだろうか――。

あるところでは、地域の森を再生させようとして住民・行政・自然保護団体が集まったが、最初は盛り上がったものの、しばらく経つとお互いの思惑の違いが浮き彫りになり、結局ばらばらになってしまった。別のあるところでは、湖沼の自然を守ろうと、行政・観光業者・住民が協議会をつくって取り組んだが、「自然保護のため」の施設を行政がつくろうとしたところで、一部住民の反発を買い、対立構造にはまり込んでしまった。獣害に悩まされるある山村では、行政・地域住民が協働で対策を始めたが、その活動が動物の管理や保護のためなのか、住民の生活向上のためなのかがはっきりしないまま、次第に取り組みは後退していった。

こうした事例は少なくない。よかれと思って始めた環境保全の政策が対立を引き起こしてしまう。うまくいっていると思われていた保全活動が問題を抱えてしまう。なぜだろうか。

環境保全の困難を現場で見てみると、さまざまな「ズレ」がその原因になっていることが多い。

生物多様性の保全、野生動物の保護、低炭素社会の実現といったグローバルな価値と、それぞれの地域が歴史的に育んできたローカルな価値との間のズレ。公共的な価値と、個人それぞれがもつ私的な価値のズレ。生物多様性の維持かコミュニティの維持か、といった目的に関するズレ。誰が担い手の中心になるのか、あるいは、ボランタリーにやるのか事業としてやるのか、といった環境保全の手法にかかわるズレ。さまざまなズレが環境保全の現場には存在する。

力の差が大きいところでこうしたズレが存在する場合には、それは暴力にすらなる。

アフリカ・タンザニアの国立公園（ムコマジ国立公園）を調査していたイギリスの人類学者ダン・ブロキントンは、土地を追い出された住民たちに多く出会う。住民たちはこう訴えた。「私たちは力ずくで移動させられた。家も焼かれ、道路に放り出された」。あるいは追い出されないにしても、その地での生業が困難になった住民が数多く存在している［Brockington 2002］。

自然保護区を増やそうとする政策によって、その土地で生活していた人びとが排除される。彼らは「自然保護難民（conservation refugee）」と呼ばれる。その数はきちんと数えられたことはないが、たとえば中央アフリカだけで一〇〇万人と推計されている［Cernea and Schmidt-Soltau 2006］。

これは、単一の価値が他の価値を力づくで圧倒し、大きな社会的コンフリクト（衝突、緊張）や問題を引き起こした例だ。

2 不確実性と順応性

自然保護区を設置して人間を追い出そうという政策の背景には、人間の活動が自然にとって害であるという認識がある。果たして、人間の活動は自然にとって有害なのだろうか、人間は生物多様性にとってマイナスなのだろうか。そもそも、生物多様性が保たれているかどうかはどうやって測れるのだろうか。

一方で、人間の活動は生物多様性に寄与するという報告もある。日本の里山研究では、人間活動が生態系に適度な攪乱をもたらし、それが生物多様性の維持に役立っているという報告が数多くなされている。しかし、それもどう測るのだろうか。

自然科学はそこを定量的に測ろうとする。ところが、それで確実なことがわかることは決して多くない。自然科学は、ある条件の下でのデータを集め、分析する。しかしながら、すべてのデータを集めることは不可能であり、そこには自ずと限界がある。さらに、自然が相手なので「条件」を完全にコントロールすることも難しい。雑多な条件の下でのデータが集まってくる。そもそも、なぜその範囲のデータを集めたのかというところは人間の側の恣意的な選択にならざるをえない。さらには、気候変動にせよ、生物多様性の問題にせよ、扱わなければならない対象が大きすぎ、また複雑かつ絶えず変動をしているので、既存の科学の技法では十分に対応できないことも多い。集まったデータを分析する段階においても、その分析は確率論的なものになる。「……という蓋然性がある」、「こういう条件の下でのデータでは、有意な差があることがとりあえず確かめられた」といった言い方になる。これらは科学の不確実性と呼ばれる問題だ。

不確実性のなかでは、こうすべきだという答えを「科学的」に導き出すことはできない。だからこそ、ステークホルダー（利害関係者）が集まって協議しながら環境保全を図ることが求められる。科学的に不確実なものを社会的に解決するというやり方である。

しかし、そこでも問題がある。合意形成の場に集まるべきステークホルダーは誰なのか。その自然に深いかかわりをもったステークホルダーも、遠くから関心をもって見つめているステークホルダーも平等に扱うべきなのか。誰がステークホルダーなのかが時間の推移によって変化していく点はどう扱えばよいのか。それぞれの方向性に埋めがたい違いがあったときにはどうすればよいのか。そもそも、それぞれの思惑自体が時間の推移のなかで変化していくことをどう考えればよいのか。

社会は複雑で、かつ絶えず変化している。科学の不確実性だけではない。社会もまた不確実性に富んでいるのである。

私たちは社会の中のすべてを把握しきることはできない。人びとはどう考えているのか、人びとが意見表明したものは明日変化しないと保証できるのか、そもそも誰がどう具体的にその自然とつながっているのか。社会はわからないことだらけである。私たちが把握できるのは、現時点におけるごく一部の「社会」であり、もっと言えば、その限られた側面にすぎない。

こうした科学の不確実性、社会の不確実性を踏まえて環境保全を進めようとするとき、二つの方向性が考えられる。一つは、科学や社会の不確実性をできる限りゼロに近づけ、それに基づいて環境保全の方向性を考えるというやり方である。しかし、これはあまり現実的ではない。そもそも、科学の不確実性や社会の不確実性を弱点と考える必要はない。そうではなく、科学の不確実性も社会の変化も、その特性を生かしながら環境保全に結びつけることができる、と考えたほうがよいだろう。

そこで、考えられるもう一つの方向性は、不確実性や変化を大前提として環境保全を進めるというやり方である。最初からすべてを把握して隙のない計画を立てるということは適切でもないし可能でもない。最初からこういう制度をつくれば社会が予定どおり動いてうまく進む、と考えることは適切でもないしむしろ危険な考えだろう。不確実性のなかでよりよい解決へ向かうためには、試行錯誤の柔軟なプロセスをたどるというやり方に転換する必要がある。試行錯誤しながら、順応的に対応し続ける方法への転換である。

すでに自然資源管理や自然再生においては、そうした「**順応的管理**(adaptive management)」の考え方が主流になりつつある(実際はともかくとして)。順応的管理は、目標を設定しつつ、継続してモニタリングを行い、その結果によって目標や計画を柔軟に変化させていく管理方法である。

この手法を最初に提唱したC・S・ホリングは、一九七八年の著書でこう書いている。すでにここに順応的管理の核心が書かれている。

「広範なデータがいくら集中的に集められたとしても、またシステムがどのように動いているのかをいくら知っていたとしても、生態系および社会について私たちが知りうる範囲は、知らない範囲に比べ、小さい。

（中略）不確実なもの、知らないものを根絶しようとしてもだめである。そうすることは、十分な知識があるのだという幻想の下で、より厳格なモニタリングや規制をすることにつながる。そうではなくて、もう一度、試行錯誤の仕組みが機能するような政策や経済発展をデザインすることが正しい道である。（中略）不確実性を減らそうとするだけでなく、不確実性から利益を得ようとする技術を使ったインタラクティブ〔双方向〕なプロセスこそ、順応的な環境管理の核心である」[Holling ed. 1978: 7–9]。

ホリングが言うように、自然と社会という二重にも三重にも不確実性を有するものを対象に物事を進めようとするとき、最初から確実なデータを集めて確実な計画を立てるということは無理である（ホリングが自然の不確実性だけでなく社会の不確実性にも言及していたことは注目すべきである）。無理であるどころか、それをしようとすると、かえって間違った方向に行ってしまう。

重要なのは柔軟なプロセスであり、状況に応じて手法も担い手も目標も変えていく順応的なプロセスである。不十分なデータのもとでは、どういう手法が適切なのか、試行錯誤を重ねていくしかない。事態の推移のなかでは担い手も変わりうる。目標も最初からリジッド（固定的）に決めないで柔軟に変えていくのがよい。

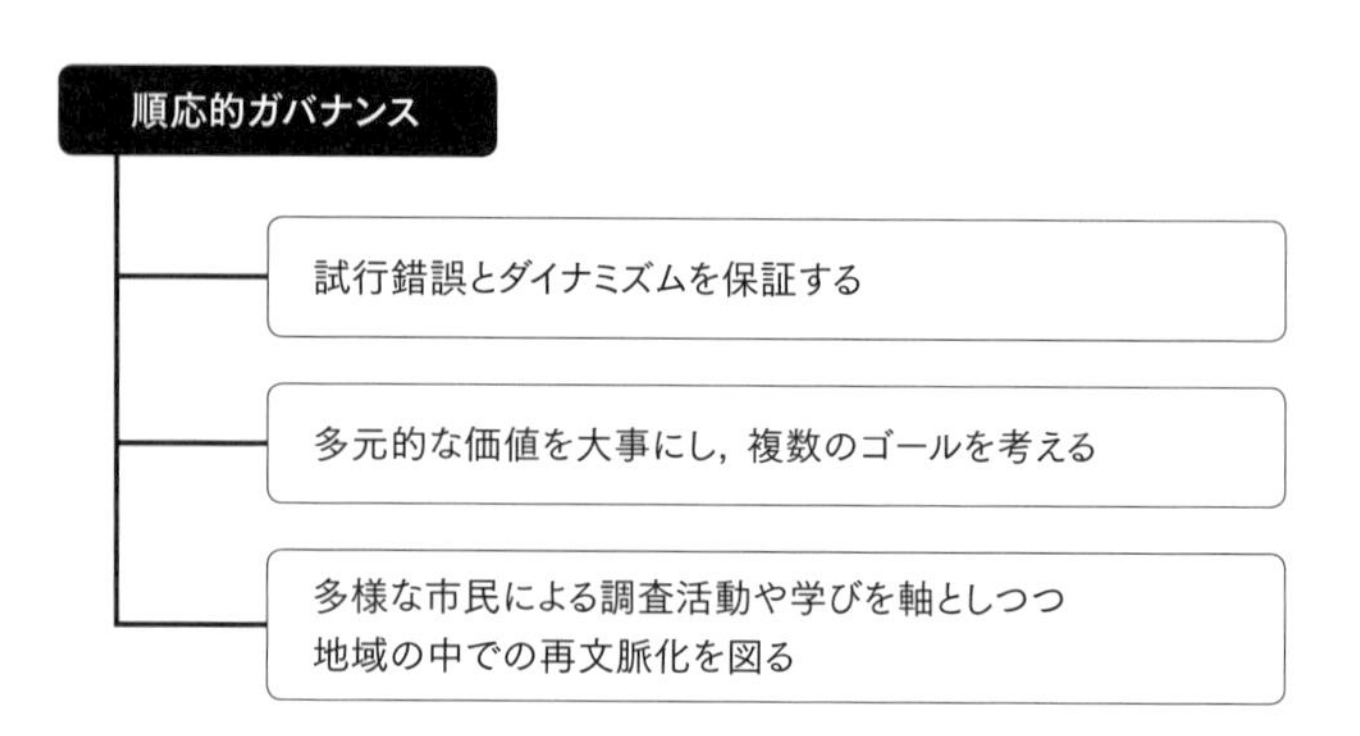

図0-1　順応的ガバナンスの3つのポイント

このような順応性をもった環境ガバナンスのあり方を「**順応的ガバナンス**(adaptive governance)」と呼んでみよう[Folke et al. 2005; Olsson et al. 2006]。順応的ガバナンスとは、不確実性のなかで価値や制度を柔軟に変化させながら試行錯誤していく協働の仕組みである。

環境保全は本来複合的な価値の束である。その手法も目標も、最初から正解はない[Claeys and Jacqué eds. 2012]。そこで私たちは、前著『なぜ環境保全はうまくいかないのか』(宮内編、新泉社、二〇一三年)で順応性をもったガバナンスのあり方を提唱し、さらに、そうした順応的ガバナンスの重要なポイントとして、①試行錯誤とダイナミズムを保証すること、②多元的な価値を大事にし、複数のゴールを考えること、③市民による調査活動や学びを軸としつつ地域のなかでの再文脈化を図ること、の三つを挙げた(図0-1)[宮内編 2013: 23-25]。

しかしながら、「順応性」はなかなかやっかいな代物である。私たちはまじめに環境保全に取り組もうと思えば思うほど、不確実なものを嫌い、「ちゃんと」やろうとしてしまう。とくに環境保全を事業として、また計画として行おうとした場合、どうしても堅い制度やリジッドな計画に傾きがちになる。柔軟なプロセス、順応性をもったプロセスを意図的につくり出していくのは思いのほか難しい。

私たちは、どうすれば順応的なプロセスをつくり出せるだろうか。どうすれば順応性を保ちながらプロセスを動かし続けられるだろうか。前作では十分に議論できなかったこの課題を、本書では中心的に考えたい。

3　順応的なプロセスと間違わないハンドリング

順応性を保証し、プロセスを動かし続けるためには、いくつかのことが考えられる。複数の目標を掲げておく、複数の手法を並行して進める、複数の制度を用意しておく、といった複数性の担保がまず第一に考えられる。

複数のものが並行してあることは、一見ばらばらに見えるかもしれないが、じつは一つの手法がうまくいかないとき、その手法を休ませておいて、別の手法を使うことができる。複数の制度を用意しておけば、一方の制度がうまく当てはまらなくなっても、別の制度を適用することができる(前著第5章=[山本・塚 2013])。複数のものが存在することで、単線的なプロセスが陥りやすい「行きづまり」や「停滞」を救うことができる。複数のものがあることは、選ぶという主体的なプロセスを誘発する。

計画から少しはみ出すような「余地」をわざとつくっておく（あるいはわざと残しておく）ことも大事だ。

本書執筆者の一人、田代優秋は、農業用水の設計のなかで、住民が自由に使える「縁田（えんた）」をわざとつくり込んでおいた（第3章）。農業用水の本来の用途とは関係がない「縁田型護岸」をつくり、そこを住民たちが自由に工夫して使える余地をつくっておくことで、単に水を流すだけではない機能を農業用水がもつ可能性をひらくことになる。それは環境保全だったり、住民参加だったり、コミュニティの維持だったり、そうした動きを喚起する契機になる。「余地」をもっていることが、プロセスを柔軟にし、次の何かが起こるきっかけになる。

環境保全をめぐるさまざまなズレ、たとえば「生物多様性」というグローバルな価値と、とにかく地域を維持したいというローカルな価値との間のズレがあったとき、こうした「余地」は、そのズレをうまく「ずらし」てやるための「余地」となる。多元的な諸価値が存在する社会において、ズレがあることはむしろ当然だろう。そのズレを認め、道筋を少し変えてみる。そうやってずらしてみることでプロセスは再び動き出す（第5章）。「ずらす」というプロセスは、順応的なガバナンスの重要な技法である［宮内編 2013: 321–323］。

「余地」は試行錯誤を保証し、ずらしの技法を可能にする。試行錯誤の保証は、プロセスを動かし続けることにつながり、それが社会の強靱さや回復力（レジリエンス）を生む。

しかし一方で、柔軟なプロセスは、マネジメントが難しいことも事実である。柔軟であるがゆえに、うまく対応しきれず、間違った方向に行ってしまう危険性もはらむ。私たちはどうすれば柔軟なプロセスを生かしながら、間違わないハンドル操作が可能だろうか。この本の各章でこれから扱うことは、このハンドル操作に関することである。そこで指摘されるのは、主に次の三つの鍵だ。

第一の鍵は、共通目標の柔軟な設定である。

共通目標を設定することが合意形成を生みやすい、ということは、よく知られた知見である(第1章)。柔軟なプロセス管理が失敗しないためには、やはり目標設定が必要だろう。

しかし大事なのは、ここで言う「目標」は明確な最終ゴールというよりも、合意可能なものとして、そのつど柔軟につくっていくたぐいの「目標」である。

共有できる「目標」(たとえば「地域の維持」「被害の軽減」といった目標)を設定し、それへ向けて協働する。第1章では、ごみ政策の合意形成において「賛否の議論」よりも「目標設定」を重視したことが成功を導いたとしている。第6章では、集落の獣害対策において「地域の維持」という、地域にとって納得の得やすい目標を設定することが提唱される。「目標」の向こうに見ているものが各ステークホルダーで違っていても、とりあえずは構わない。その多様性を残しながら目標を設定していくことそのものが、プロセスの巧みなハンドル操作になる。

柔軟なプロセスを生かしながら、間違わないハンドル操作をしていく第二の鍵は「評価」である(第9章)。

自分たちの活動や事業がどういう効果を生んでいるのか、今、何が達成できているのかをそのつど評価することによって、プロセスがそれほど外れずに進んでいるかどうか、次は何に力を入れればよいかを自分たちで確認できる。

たとえばこんなことを評価してみよう。活動のプロセスのなかで、何を問題として認識してきたか、どんな人がどんな場に集まったか、どんなネットワークが生み出されたか、具体的にどういう行動をしてどういう効果があったか、どんな知識を使いどんな結果が得られたか。

評価は、簡便かつ多角的であるものがよい。また、その場その場で評価軸を柔軟に変えていくことも大事だ。

外部の者も加えながら、自分たちで自分たちの活動について評価する。そうした自己評価が、さらなる課題発見にもなるし、ステークホルダー間の信頼を再構築することにもなる。柔軟でありながら打たれ強いプロセスをつくり出していくために、評価という手法は有効だろう。

さらにもう一つ、間違わないハンドリングのための鍵は「学び」である。「学び」は順応的なガバナンスにおいていつも中核的な役割を担う。

たとえば、住民と外部者(研究者やNPOなど)とが協働で地域の自然や文化について調べ、再発見していく(第10章)。市民が自分たちで植生調査を行う。専門家の協力を仰ぎながら植樹後の森の測定を行う。地域の人びとの自然へのかかわりについて聞き取りを行う。地域の人びとの話を「聞き書き」というかたちでまとめる。地域の人びとの自然とのかかわりを地図に落としていく。あるいは、専門家を呼んで講義を聞く。他地域の取り組みを視察する。

なぜ、「学び」は重要なのだろうか。

第一に、「学び」はさまざまな価値を発見し、また、確認しあう場になる。地域に埋もれていた

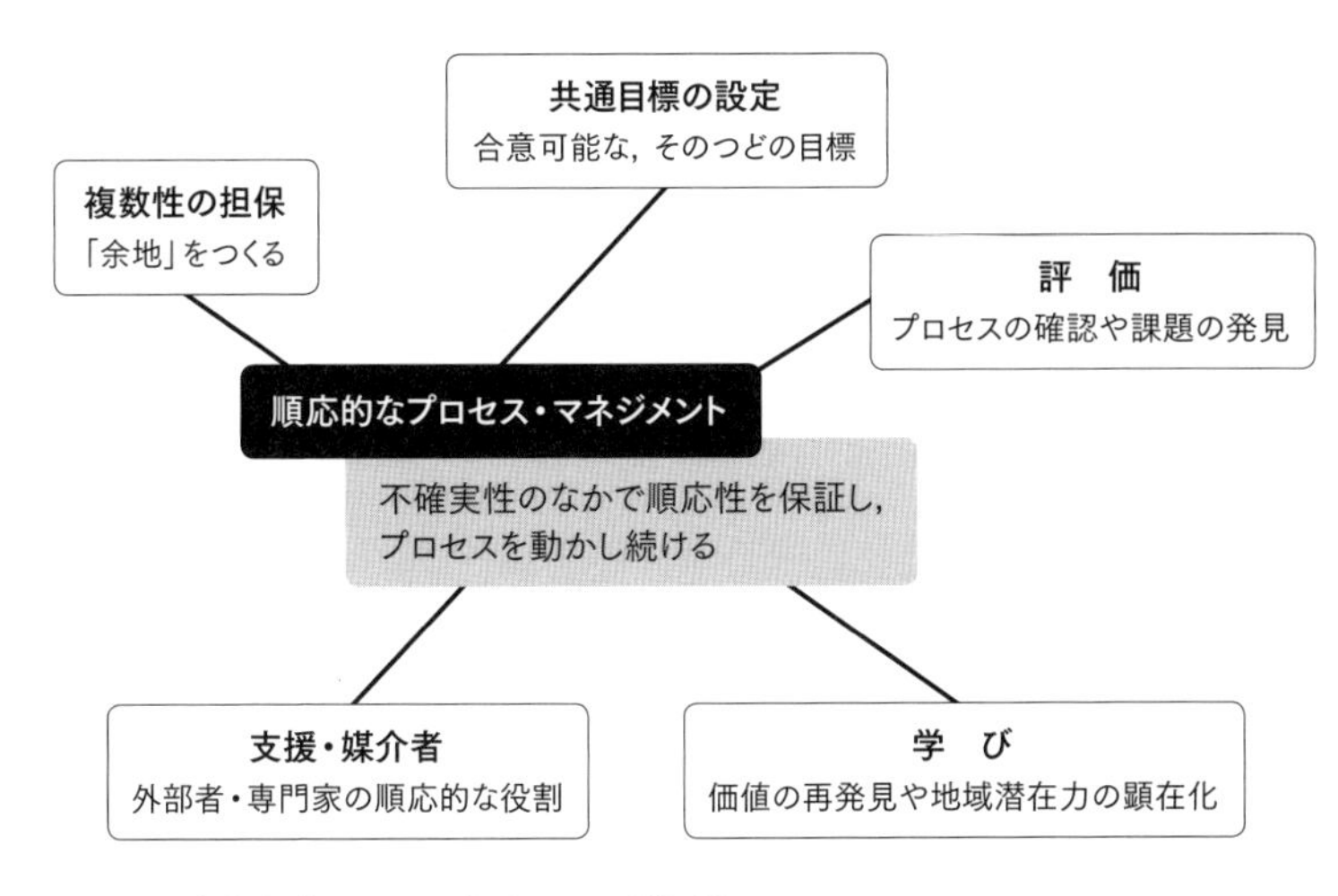

図0–2　順応的なプロセス・マネジメントの諸要件

資源を、また価値を、再発見し、地域の今後につなげていくことができる。小さくなったと考えられていた地域の環境容量が、（見方を変えることによって）じつはまだ大きかったという発見（第11章）。人材がいないと考えていたが、見方を変えればじつは人材は豊富だったという発見。学びは、環境保全にかかわる地域のさまざまな価値、さまざまな潜在力を顕在化させることができる。そうした価値の顕在化は、横にも波及していきやすい（第5章・第10章）。

第二に、「学び」はさまざまな社会的価値を生む。学びはたいてい集団的に行われるので、参加した人たちの間の相互理解や信頼を生む。地域の中の合意も生みやすい。学びは外部（専門家、行政、他組織、他地域など）とのつながりを促すので、ネットワーク構築へ結びつきやすい。他地域、他ステークホルダーへの連鎖反応も生みやすい。

こうやって学びは、環境保全の多面化、社会化を進め、そのことによって環境保全のプロセスを駆動する。

4 順応的な支援と社会の順応性

「共通目標」「評価」「学び」という三つのツールをうまく使うことによって、プロセスのハンドリングが可能になる。そのことによって、プロセスは停滞せずに動き続けることができる。

しかし、誰がそのプロセスを動かす人になるのだろうか。誰がそうしたハンドリングの主体になるのだろうか。順応的なプロセスには、中心がないことが多い。というよりも、中心はつねに変化する。だからこその順応性である。

誰がステークホルダーなのか、どういう手法が適用されるのか、どういう価値で活動を行うのか、そうしたものがつねに変化することを受容するとすれば、手法や目的の決まった単一の組織が最初から最後までやりきるのは所詮無理な話だ。ステークホルダーも手法も価値も変化するなかでは、それらをつないでいく役割がどこかに求められる。支援する人、媒介する人がそこで力を発揮する。価値と価値をつなぐ、人と人をつなぐ、外部の価値と内部の価値を相互に翻訳する、人びとの多様な思いを拾い上げる、可能な施策を手探りで提案する。そうした支援、そうした媒介者が順応的ガバナンスには必要である。

日本の農村地域においては、第4章や第5章で見るように、自治体職員(のうち、志ある人)がそうした役割を担うことも多い。外部の人がそうした役割を担うときには、すぐに事業提案をするよりも、寄りそいながら支援策を模索するといったかたちの寄りそい型支援が成功することが多い（第7章）。外部からの支援者が地域の自治体職員になったり（第8章）、地域でＮＰＯを立ち上げて中間支援を続けたり（第6章）というかたちもある。

どういうかたちの支援や媒介が有効かは、状況に応じて違ってくる。順応的なプロセスを進めるためには、外部者・専門家の役割もまた順応的でなければならない。外部の専門家、地域に定住して暮らす専門家（佐藤哲の言う「レジデント型研究者」［佐藤 2016: 55–63］）、外部のＮＰＯ、自治体、そうした多様な外部者・媒介者がいて、その状況に応じて力を発揮すること、発揮できるような仕組みが重要である。

環境保全の政策や活動に何らかのかたちでかかわったことがある人ならばすぐに理解できるはずだが、私たちが自然にかかわるということは、じつは社会にかかわることである。人間と人間の関係を抜きに、人間と自然の関係を語ることはできない。自然にかかわることは、根源的に社会的な営みである。

ここで私たちが思い出すべきは、人間社会には本来、柔軟性が備わっているということだ。順応性、複数性、重層性は人間社会の古来の特徴である。それらは、あるべき環境保全を考えるときの重要な要素である。媒介者は、この社会の順応性をうまく引き出せる人、うまく活用できる人である。私たちが提唱する順応的ガバナンスは、社会の順応性を信用するガバナンスのあり方である。

社会に本来備わっている順応性を忘れて、堅い科学、堅い制度に頼ろうとしたとたん、本来多面的な価値の束であるはずの「環境保全」は、支配の道具に堕してしまう。

本書は、多面的で多義的な社会、順応性をもった社会から出発して環境保全の道筋を考えようとする。社会の順応性は、理屈上の話というより、現場の事実である。だから私たちは、順応的なガバナンスのあり方を現場で起きていることから考えたい。多面的な社会のありようを踏まえた環境保全の仕組みを、以下の章で現場から提案してみたい。

I

合意形成の技法

――社会的受容のプロセスデザインをどう描くか

第1章

家庭ごみ減量化政策にみる市民参加と手続き的公正

札幌市における計画づくりから実践のプロセスデザイン

大沼 進

1 市民参加による計画づくり

市民参加がはらむ問題点

まちづくりや防災計画、環境計画策定など、政策策定のプロセスに市民参加を取り入れる自治体が増えてきている。環境に関連する施策においても、市民参加による計画づくりを行うことは、今ではそれほど珍しいことではない。このことは、民主的で良い取り組みであるように思われるが、では、いったい何がどう良いのだろうか。実際にどのような実効性があるのだろうか。

できあがった計画だけを見ると、その中身は市民参加をしてもしなくても大差がないように見えることが多い。同じ計画ができるのなら、お金や時間をかけないで策定したほうが合理的だという考え方もある。また、市民参加による計画づくりといっても、実際に参加している人びとは、人口全体を見渡せばごく一部だけで、しかも当該の問題への関心が強い人だけの場合がほとんどである。このような「特別な市民」だけが参加して策定した計画を、かならずしも関心が高いとはいえない市民がどのように受けとめるのかという視点が置き去りにされることが多い。

環境配慮行動を長年研究してきた筆者の立場からすると、「一人の一〇〇パーセントよりも一〇〇人の一パーセントずつを」こそが、誰もが疲弊せずに持続できる社会のあり方である。市民参加によって環境政策を策定しても、結局のところ一部の熱心な人たちだけの取り組みで終わってしまっていたら、社会全体を環境に配慮した持続可能なかたちに変えていく力としては弱いのではないだろうか。一方で、全員参加の話し合いというのは、今日の巨大な社会ではとても無理な相談である。では、どうすればよいのだろうか。

本章は、このような疑問に対して筆者の専門である社会心理学の観点から、より実効性のある市民参加のあり方を模索していくことを狙いとしている。市民参加による計画策定はすでにいくつかの自治体で実施されており、社会学や政治学といったいわゆる社会科学分野だけでなく、都市計画や社会工学など工学系でも盛んに議論されてきた。本章では、これらを念頭に置きつつも、社会心理学の視点から展開していく。

市民参加と手続き的公正

本章の話の舞台は、札幌市におけるごみ分別・収集制度の変更の事例である。詳細は後述するが、札幌市では、計画策定段階から市民参加を取り入れ、計画策定後も市民意見交換会など市民との対話を継続的に行ってきた。そして、実際に新たなルールの導入に向け、また、導入直後もその後も、行政と市民の協働の取り組みを行ってきた。

市民参加による計画策定だけを、あるいは行政と市民の協働の取り組みだけをそれぞれ取り上げれば、このような事例は他にもあるだろう。しかし、計画づくりから実施・実践に至るまでの時間軸に沿って、「市民」が参加できる機会をさまざまに提供し、また、連続的な時間経過に伴う「市民参加」の役割の変遷について整理した研究例は多くない。これから紹介する札幌市の取り組み事例は、このような点で好例であると考えられる。

この事例を読み解く際に本章で強調したい重要な観点は、非参加者からの評価である。多くの市民参加をめぐる評価は、参加者にとって、または、市民参加を運営する側からの評価が多い。しかし、制度はそのカバーする範囲の人びとに広く受け入れられてはじめて実効性を持つ。とくに、環境政策では、一人ひとりがその政策を受容して行動することで、はじめて実効性を帯びたものになるといえよう。したがって、計画策定に参加しなかった人も受容できるかどうかという点が重要である。参加しなかった人も受容できるためには、たとえば「自分と同じような目線の市民も参加しただろう」、「一部の専門家や特別な意見の人だけで決めたわけではないだろう」などと思えることが重要である。くわしくは後ほど説明するが、これを「手続き的公正」と呼ぶ。本章では、手続き的公正を鍵概念に、手続き的公正が社会的受容に重要であることを示しながら、市民参加による計画策定から実践に至るプロセスデザインのあり方について試論する。

2　市民参加による計画策定と実践

市民参加の意義

そもそも、なぜ市民参加による計画づくりが必要なのか。いわく、民主的で良い決定ができるから、一部の専門家だけで決めても一般市民がついてこられないから、市民の不満を和らげることができるから、などの理由がしばしば耳にするものであろうか。筆者の立場は、これらを否定するつもりはないが、どれとも少しずつずれている。

筆者が考える市民参加の最も重要な点は、せっかく策定された計画が「絵に描いた餅」にならず、実効性を帯びること、とくに、市民の行動が伴うようになることである。どんなに立派な内容の計画でも、市民一人ひとりがそれを実行できなければ意味がない。それどころか、市民に聞いても「そんな計画は知らなかった」という反応が来ることは珍しくない。その意味では、「一部の専門家だけで決めても一般市民がついてこられないから」という理由は部分的に的を射ていると考える。

ただし、市民参加で計画を策定すれば多くの市民もついてくるだろうというのは短絡的にすぎる考えである。そもそも、市民参加で議論をしてそれを反映したことを多くの市民が知らなければならないし、知ってもそれを納得して受け入れられると多くの市民が思えなければ意味がない。これを「社会的受容」と呼ぶ。社会的に受容されなければ、市民の行動は変わらず、せっかくの計画が絵に描いた餅になってしまう。そこで、社会的受容を高めるためには何をすべきか、どのような要件が満たされるべきかという検討が必要になる。

声の大きい一部の人たちばかりが発言して、その声が反映されたとしても、市民全体の意見を反映したことにはならない。その意味では、声の大きい一部の市民の不満を和らげるために市民参加を行うものではない。しかし一方で、単純に多数決で決めればよいというわけでもない。少数でも尊重されなければならない意見は存在するし、いきなり多数決で決める住民投票は問題がある[大沼 2014 参照]。そうでなくても、単純な多数決は社会全体に望ましくない結果をもたらす場合もある。たとえば、仮に「ごみの細かな分別は面倒だからしたくない」、「ごみはいつでもどこにでも勝手に捨てたい」という意見が多数だったとして、その多数意見をそのまま聞き入れるだけでは資源の有効利用もできず、ごみが増える一方になり、ごみ処理費用の増加をもたらすばかりである。少数意見も尊重し、多数意見にも配慮しながら、議論を深めていく場が必要なのである。ごみ問題についていえば、オピニオンリーダーとして活躍する市民、町内会などで中心的にコミュニティの問題に取り組みながらその一つとしてごみステーション問題と向き合っている人たちの声は、母集団全体の中では少数かもしれないが尊重されるべきだろう。しかし、熱心なあまり極端な意見となって、多数の市民がついていけないような内容の意見もしばしばある。これら全体のバランスを見きわめていくプロセスとして、そして多様な意見をぶつけ合いながら異なる価値も尊重しあう場として、市民参加が機能することに意味があるのである。これは結果的には民主的な決め方となっていくだろうが、あくまでも主目的は、市民が納得して受け入れられ、そして行動につながる、実効性ある制度をつくるためのプロセスデザインにある。

社会的受容を高めるために――分配的公正と手続き的公正

それでは、社会的受容に及ぼす要因は何なのだろうか。社会心理学では、「分配的公正」と「手続き的公正」の二つの公正基準が重要であることが知られている［Lind and Tyler 1988＝1995; Törnblom and Vermunt eds. 2007］。分配的公正とは、負担や便益の配分に関する公正のことで、典型例は、皆が等しく同じだけ分け合う「平等（equality）」か、貢献や能力に応じて配分する「衡平（equity）」か、といった議論がある。平等とは、全員等しく同じだけ配分したり負担したりするものであり、消費税や、組織やチームのメンバーに一律に与えられる報償などがその例である。衡平とは、貢献や能力などに応じた配分や負担のあり方で、業績に応じた給与体系や、累進課税などがよく用いられる例である。ごみの例でいうと、ごみ処理はあまねくすべての人に同じようなサービスが提供されるべきものであるから、すべての人に同じ負担を求めるものとするのが平等の考え方になる。一方、ごみを多く出す人がより多くの処理費用を負担すべきであるから、ごみを出す量に応じて料金を徴収すべきだというのが衡平の考え方になる。

また、分配的公正には、個人にとっての費用便益と、社会にとっての費用便益の問題も含まれる。したがって、公共的な意思決定をめぐる問題では、個人にとっての負担（ごみを適正分別・排出するのが面倒など）と社会全体にとっての便益（ごみ減量化につながる、再資源化率が高まるなど）との関係も、分配的公正の議論に含む［Deutsch 1975］。ごみを減量化することや、リサイクルなどの循環型社会の取り組みが推進されることは社会全体にとって望ましい。しかし、それらの社会的便益を実現するためには、細かな分別をしたりといったごみの排出ルールを細かく定め、そのルールに従うという個人にとっての負担(手間や面倒)が求められる。このように、個人の便益費用と社会全体にとっての便益費用がトレードオフの関係(一方を立てると他方が立たない状況)にあることを「社会的ジレンマ」という[Dawes 1980; Yamagishi 1986; 大沼 2007]。このように個人と社会全体との便益費用のバランスを考えるのも、広義には分配的公正の問題として取り扱われる。

しかし、世の中の決めごとは、平等か衡平か、個人か社会全体かといった負担や便益の分配の問題だけではない。その決定に至るプロセスも重要な要素となる。同じ決定であっても、為政者が一方的に強制的に決めた場合と、さまざまな人の意見を踏まえて多様な価値観を反映させた結果として決まったこととでは、納得できる度合いが異なってくるだろう。このように、決め方や決定に至るプロセスについての公正さ、すなわち手続き的公正も重要となる。極端な例では、誰かが独断で勝手に決めた場合は、その内容がどれだけ良いものであっても認められにくいだろう。同様に、多数決の論理だけで決めた場合も禍根を残すことがある。これも、手続き的公正を満たさないからだと考えればよい。たとえば、手続き的公正を満たす要素として、情報公開や透明性、参加者の代表性、発言の機会、意見の反映、決定主体の誠実さや偏りの低さなどが挙げられる[Abelson et al. 2003; Webler 1995]。これらの具体的な内容については事例を紹介しながら取り上げていく。なお、誤解のないように補足すると、ここでいう手続きとは、かならずしも法制度上のルールに照らし合わせてという限定的な意味では用いない。法制度上のルールに則っているか否かは、手続き的公正のごく小さな一部分にすぎない[Leventhal 1980]。

本章のテーマである市民参加は、まさに手続き的公正を高めるための手法の一つといえる。ただし、「市民参加による計画づくり」イコール「手続き的公正」ではない。いくら市民参加で計画づくりをしても、そこで出された意見が施策に反映されなければ意味がない。また、市民参加の場に参加した市民が市民の代表であると多くの市民が思えなければ手続き的公正を欠くことになる。別の言い方をすると、市民参加による計画づくりがうまくいくかどうかは、手続き的公正の要素をうまく取り入れられるかどうかにかかっている。


計画づくりから施策導入・実施までのプロセスデザイン

市民参加による計画づくりは、すでに多くの実践例があり、その技法もさまざまな手法が洗練されてきている。たとえば、市民参加の参加者を無作為抽出により選ぶという手法がいくつも開発され、試行されてきた。希望者だけが参加すると関心の強い人だけが集まり、とくに賛否が拮抗する係争的な問題では、賛成または反対の強い態度を有する人たちだけが参加して、そうでない人たちが参加しなくなる。そうなると、かならずしも市民全体の意見分布を反映した議論にならないし、お互いに譲らずいつまでも議論が平行線をたどって進まないことになりがちである。このような考えに基づき、無作為抽出により参加者を選ぶ一連の市民参加の手法をミニ・パブリックスと呼んでいる[篠原編 2012]。

こうした議論も重要だが、参加者の抽出についての方法論だけでは市民参加はうまく動かない。

さらに市民参加を実践する際に気をつけるべきポイントがある。ここでは二点挙げる。一つは、フレーミング(議論の枠組み)の問題である。いったい何について議論するのか、どこまでが計画に含まれるのか、といった枠組みについて、主催者は慎重に判断する必要がある[村山ほか 2007]。枠組みが狭すぎると参加者のフラストレーションが高まるし、広すぎると計画としてまとまらなくなる。

もう一つは、時間軸による市民参加型会議の役割の変遷と、計画づくりから実践への橋渡しである。もちろん、計画段階からの市民の関与が重要であることは前提である[中谷内・大沼 2002]。だが、計画づくりの場合、一回だけ実施すればそれでよいということはなく、決定プロセスの段階ごとに意義と位置づけが異なる役割がある。一方で、大規模な参加型討論を頻繁に繰り返すだけでは、いつまでも決まらない、進まないということにもなりかねない。そして、計画づくりから実践へつなぐ仕掛けが必要である。計画をつくったらおしまいではなく、それは始まりにすぎない。その計画を実践する主体もまた市民である。環境配慮行動の促進に向けて取り組む市民団体は多数おり、札幌でもごみ減量化やリサイクルの促進に向けた取り組みをしてきた市民団体は多く存在している。さらに、このような活動をしていなくても、一人ひとりが行動を変えることの重要性は言うまでもない。しかし、行動を変えられない理由が存在しているので、それを手助けする活動も重要なのである。

本章では、このように議論の枠組みづくりから計画づくり、そして施策の導入に至る一連の流れのなかで重要な段階を整理し、その段階ごとの市民参加の役割を考えていきたい。これを「プロセスデザイン」と呼ぶ。

このように、プロセスデザイン全体を踏まえた市民参加についての実証的な統計データを伴った研究例はほとんどない。幸い筆者は、札幌市のごみ減量化計画策定の一連の流れに参画する機会をいただいた。先述のとおり、札幌市では、計画策定段階から市民参加を取り入れ、計画策定後も市民意見交換会など継続的な市民との対話を進め、新たなルール導入前後に行政と市民の協働の取り組みを行ってきた。

次節以降では、この札幌市における市民参加によるごみ減量化計画策定プロセスについて紹介していく。時間軸に沿って、①計画づくりの段階、②計画決定後・実施前の段階、③導入後の協働の取り組みの段階に分けて整理できる。また、これに対応して三波の調査を実施した。以下で、それぞれの段階ごとの取り組みと主な知見について紹介していく。

3 プロセスデザイン(1) 計画策定段階——市民共通の目標を共有化する

計画策定段階の市民参加——意見反映の重要さ

札幌市では、二〇〇三年頃からごみ有料化の是非をめぐって論争となっていた。北海道新聞によれば、二〇〇三年一一月時点の世論調査では、「ごみ有料化には反対の声のほうが賛成を上まわっていた[北海道新聞 2003.11.6]。しかし一方で、ごみ減量化に取り組む主要な市民団体などからは有料化の必要性が唱えられていた[北海道新聞 2003.8.13]。ごみ有料化がごみの減量につながるならば、社会全体としては望ましい結果が得られることになるが、個々人にとっては目先の負担が増えるように見える（実際には、ごみが減量化されればそのぶん財政負担が減り、そのことは個々人にも還元されるのだが、その恩恵は感じにくい）。この限りにおいて、当時の時点では、単純多数決だけで考えると、社会全体にとって望ましいごみ減量化や再資源化の促進は実現されにくい状況であったと考えられる。

二〇〇五年度、札幌市はごみ有料化の是非を含むごみ減量化計画策定のため、第四期札幌市廃棄物減量等推進審議会（以下、審議会）に諮問した。審議会のミッションは、札幌市一般廃棄物処理基本計画「さっぽろごみプラン21」の改訂案について答申することである。このような基本計画を策定・改定する場合、通常は専門家や関連する団体等から構成される審議会で審議されるだけで済むことが、この当時はまた一般的であった。しかし、全国的な市民参加の隆盛に先駆けて、札幌市では同時期に市民自治条例の原案作成に向け、市民参加の望ましいあり方についての検討をしていた。こうした流れもあり、審議会でも市民参加によってその声を取り入れようとして、市民の意見を聴く機会を設けることにした。

ところで、当時は多くの場合、計画がとりまとめられてから、その内容について市民に意見を求めるという順番で行われることがまだ主流であった。これに対し審議会では、計画の最終とりまとめをする前に市民参加によって意見を求め、その意見を答申に反映させることとした。しかし一方で、何もない状態では議論が拡散し、建設的な議論を行いにくいという指摘もある。

そこで、審議会では、計画を決定し提出する前に、中間とりまとめ案を策定した。この中間とりまとめ案をもとに市民に議論をしてもらうために、市民意見交換会を二〇〇六年二~三月に実施した。市民意見交換会は、札幌市一〇区の各区で一回ずつ、計一〇回開催された。市民は希望すれば誰でも参加することができ、一〇区でのべ五〇〇人以上が参加した。意見交換会の場では、誰もが意見を述べられるように、少人数によるテーブル・ディスカッション形式とし、一テーブルに六~八人程度が着いて議論した。一会場あたり七~八テーブルあり、同時並行で議論をし、その後、テーブルごとの意見を会場全体の意見として集約した。各テーブルにファシリテーターを配置し、ファシリテーターはテーブルの意見をまとめる手伝いはするが意見は述べないという役割を担った。さらに一〇区全体の意見を審議会がとりまとめた。

議題は、どうすれば札幌市のごみを減量化できるか、有効なリサイクル促進につながるかであった。有料化も論点の一つではあったが、あくまでも目的ではなく手段の一つとして位置づけていた。実際に議論が始まってみると、当然、有料化についての意見も多く出てきた。たとえば、「私は有料化には反対だが、もし有料化するなら集団資源回収やステーション管理への奨励金を増やすべきだ」という意見や、「ごみ有料化をしたら違反排出が増えるだろう。有料化をするならごみステーションのパトロールを増やすべきだ」、「いや、行政の監視が増えるのはよくない。ごみステーションの見まわりは住民と行政の協働で行うべきだ」などの声が聞かれた。議論をしていくと、参加者が気にしていることは、ごみステーションの管理全般にかかること、とりわけ時間外排出者や分別区分を守らない人への不満などが中心であり、有料化に賛成の人も反対の人もほぼ同じような経験を共有していることに気づくことが多かった。議論してほしかったことは、札幌市全体のごみ減量化についてであるが、参加者の関心はごみステーションの適正管理に集中しがちなこと、また、表面的には有料化への賛否の違いはあっても、本質的な問題の認識は共通していることを確認できたことが、参加者にとっての意義であったと考えられる。ここからたどり着いた市民意見としては、後にいう「ごみパト隊」の設置と強化であった。「ごみパト隊」は、行政と市民の協働によるごみステーションの不適正排出対策である。

このほかにも、建設的な政策提言につながる内容もあった。たとえば、すでに古紙などの集団資源回収への奨励金は実施していたが(当時、一キログラムあたり二円)、その増額の要望があった。また、当時は容器包装プラスチック(以下、容リプラ)とびん・缶・ペットボトルとを同じ曜日に収集していたが、収集は別々に行われていた。そのため、びん・缶・ペットボトルの回収後に容リプラが残っており、それを見て時間外にびん・缶・ペットボトルを排出する人がいるという苦情も多かった。そこで、この二種の回収曜日を分けるという案は多数の賛同が得られていた(写真1–1・1–2)。

重要なのはさらにこの後である。市民意見交換会の中で、最も強く、また多かった意見に、ごみステーション利用者のマナーの悪さとそれへの対応があった。この意見を受け、市はごみステーション現状調査を実施し、審議会ではその資料をもとに計画を見直し、総合的施策の提出まで一年をかけて審議会で検討した。そして、市はステーション管理機材の購入助成や箱型ごみステーション設置助成などを拡充した。また後に、札幌市は答申後も収集方式について別途、検討委員会を設けて調査を実施した。戸別収集の要望に対しては、限られた時間内に全戸の収集ができきるかという収集運搬効率と費用の面から難があるが、集合住宅には専用ごみステーション設置の徹底を呼びかける、大規模なごみステーションは小規模化するなどの提案が織り込まれた。その結果、二〇〇四年には約三万一〇〇〇箇所だったごみステーション数が、二〇一一年には四万箇所超とその数が増加していった。

市民参加による討議そのものも重要であるが、その議論の結果が計画に反映されることが重要である。意見反映がなければ、単なるガス抜きではないかという批判につながりかねず、そうなると新たなルールを受け入れてもらえないどころか、機能しなくなる恐れもある。ここで時間をかけて計画を細部にわたって詰めたことが、内容面でもプロセスの面でも有益だったのではないかと考えられる。

写真1-1・1-2　市民意見交換会での議論の様子.

最終的に、審議会からの答申が二〇〇七年三月に提出され、同年秋に答申をベースにした「ごみプラン21」が議会を通過した。

非参加者からの市民意見交換会の評価──議論の枠組みの重要性

前記の市民意見交換会の参加者は約五〇〇名と大規模なものであったが、札幌市の人口約一九〇万人近くの中ではほんのわずかである。また、希望者に呼びかけるかたちで行われ、関心の高い人が集まってきたため、関心の低い人をはじめ多数の市民の意見の代表と言えるかどうかの確信が持てない状態である。関心の低い人も含め多数の市民が、市民参加の参加者は自分と同じ市民の代表と思える、あるいは、自分と似た意見の人もいただろうと思えることで、手続き的公正を高め、ひいては多くの市民の協力につながると考えられる。すなわち、多くの市民の協力を得るためには市民参加による計画づくりが受容されている必要があり、そのためには手続き的公正が重要であることを確かめる必要がある。

そこで、多数の札幌市民がこの意見交換会をどのように受けとめ、評価していたのかを知るために、アンケート調査を実施した。社会調査では、適切に無作為抽出が行われ、ある程度以上の回収率を得られれば、少数サンプルから母集団全体を推計することができる。一般に、日本全国の意見を把握するには、母集団代表性が担保されていれば、三〇〇〇程度の回答である程度の推計ができることが知られている。ただし、無作為性や母集団代表性が担保されておらず偏ったサンプルになっていると、どれだけ多くの数を集めても意味がないことも、社会調査の教科書ではかならず説明されている。今回の場合、日本では最も母集団代表性が担保できる手法として、住民基本台帳をもとに二段階抽出による標本抽出を行い、郵送による調査への回答を一五〇〇名に依頼した。そして、最終的に有効回答率が五〇パーセントを超えた。通常の郵送調査では二〇パーセントから三〇パーセント、多くても四〇パーセント程度が相場とされるなかでは、非常に高い有効回答率といえる。

この得られたデータを次のような手順で分析をしていった。まず、総合的施策が社会的にどの程度受容されていたか、ごみ有料化にどのくらいの人びとが賛成していたかを確認し、次に、社会的受容と有料化の賛否にはどのような要因が関連するかを調べた。つまり、第一に、母集団全体の意見分布を把握することが調査一般の意義である。それだけでなく、第二に、社会的受容につながるためにとくに重要な側面を明らかにすることで、ある事柄(ここでは市民参加)の評価ができることはもちろん、その評価からどのような点が有効であり、どのような点に留意すべきかということを整理でき、これらの結果を受けて政策などの改善の指針としても使える。

まず、「社会的受容」と「有料化への賛否」の違いを確認しよう。ここでいう「社会的受容」とは、有料化だけでなく、分別区分の変更や「ごみパト隊」、集団資源回収の奨励金の増額など、総合的施策パッケージ全体の受容である。これに対して、「有料化への賛否」は文字どおり、家庭ごみの有料化のみに焦点を当てた設問である。総合的施策については、過半数が受け入れられると回答しており、受け入れられないという回答は一割強だけであったことから、おおむね受容されていたと言える。一方、ごみ有料化については、賛成が約六割弱、反対が約四割強で、賛成のほうが若干多いものの皆が賛成というわけではなかった[大沼 2008]。この結果の違いから、市民参加により得られたさまざまな提案を含む総合的な施策のパッケージは社会的に受容されやすいが、有料化という論争となっている一つの個別施策だけを取り出しても賛否が分かれ、全体としての賛同は得にくいことがわかる。

次に、どのような側面が社会的受容を高めることにつながるかを調べた。結果の要点は以下のとおりである[Ohnuma 2009, 2012]。

(1) 分配的公正と手続き的公正の両方ともが社会的受容へつなげるために重要であるが、とくに手続き的公正のほうがより影響が強かった。つまり、手続き的公正のほうがより重要である。

(2) 分配的公正のどの要素がとくに重要かを見てみると、ごみ減量化につながるなどの社会全体にとって望ましい結果につながるかどうかという社会的便益の影響が圧倒的に強かった。一方、面倒だ手間だ、お金を払いたくないといった個人的費用は弱い効果しかなく、分配的公正の評価にとってはさほど重要ではなかった。

(3) 手続き的公正のどの要素がとくに重要かを見てみると、市民意見交換会が望ましいものであったか否かの評価が強く影響していた。この市民意見交換会の評価は、手続き的公正を高めるだけでなく、直接的にも社会的受容を高めることにつながっていた。

(4) 市民意見交換会の要素のうち、意見反映が最も強く影響しており、市民の意見が計画に反映されていったことが重要であった。つまり、単に市民参加による議論の場をつくるだけでなく、そこで出てきた意見を踏まえて計画に反映されていくことの重要性が裏付けられた。

また、誰でも参加できた、五〇〇人以上もの参加者がいた、といった代表性や、参加者は全員が意見を述べた、小グループで討論した、などの意見表明の機会も手続き的公正を高めることにつながっていた。

一方、有料化への賛否につながる要因を調べたところ、手続き的公正も市民意見交換会もほとんど関連がなくなり、個人にとって負担が増えると思うか、また、排出量に応じて負担すべきだという衡平が主に関連していた。つまり、有料化だけにフォーカスすると、個人にとっての負担や個人に注目した衡平ばかりに目が向き、社会全体にとっての便益には目が向きにくいこと、市民参加による決定といったプロセスにも目が向きにくいことが示された。

以上の結果をまとめると、

(1)　市民意見交換会では、有料化の是非についてというフレーミングではなく、札幌市のごみを減量するにはどうすればよいかという目標設定に主眼を置いたこと

(2)　その目標を達成するための手段として複数の施策パッケージをまとめ、有料化はその一つにすぎないという位置づけにしたこと

が、功を奏したと解釈できる。もし、有料化だけに焦点を当て、その是非について市民の討議を行うというフレーミングであったならば、市民意見交換会の効果は弱かっただろう。起こらな

かったことを類推して発言することは憚られるかもしれないが、有料化の是非についてだけ議論していたら、市民を分断するだけで終わってしまい、あまり多くの市民が協力せず、ごみ減量化も達成できなかったかもしれない。この経験から、何でも市民参加によって計画策定をすればよいという単純な民主主義原理だけでは不十分で、市民参加により、多くの市民が社会全体にとって望ましいことは何かを考えるという、共通目標に目を向けた議論ができるようになる話し合いの場のデザインが重要であるという提言ができよう。

4 プロセスデザイン(2) 計画決定後・導入前——繰り返しの対話の重要性

計画策定後・導入前の市民参加の意味——多数の市民の巻き込み(involvement)

市民参加による計画づくりの研究や実践例は、ほとんどが計画をつくったところで終わってしまう。しかし、重要なことは、策定された計画が実装され、さらに実効性を帯びるところまでフォローアップすることである。今回のごみ分別収集ルールが変更される場合のように、制度が変わるときには行政はさまざまな媒体を使って周知徹底を図る。しかし、それは一方向的なコミュニケーションにすぎず、「わかってください」と説明しているだけで、市民と双方向の対話をしているわけではない。計画が決定された後でも、さまざまなチャンネルを通じた行政と市民の対話は必要である。

しかし実際のところ、行政にしてみれば、すでに決定されたことを覆すような意見を言われても、担当者としてはなすすべがないため、この時期に市民参加による取り組みを実施することに意義を見いだすことは難しいかもしれない。それどころか、やり方を間違えるとかえって逆効果になるおそれもある。しばしば生じる例として、計画が決定した後で市民参加型の議論をしても、決定に影響を及ぼせないため、不満を抑えるためのガス抜きにすぎないと批判される。

それでは、計画が策定された後では、市民参加による議論は意味がないのだろうか。単に市民参加によって計画がつくられただけでは、多くの住民にとってルール変更はただちに当事者意識をもってとらえることができない可能性がある。社会心理学の研究では、社会的なリアリティ(現実味)をもって受けとめられるためには、単にニュースなどの情報に接触するだけでは不十分で、身近な人と話題にしたり、身近な人がかかわったりする必要があることが知られている[池田 2013]。いくら行政の発する広報に接触しても、それを自分のこととしてとらえ、行動を変えようと思うにはそれだけでは不十分なのである。

札幌市は、計画決定後の二〇〇七年秋から、新ルールが施行される二〇〇九年六月までの間に、区ごとよりも細かいまちづくりセンターくらいの地区の規模で、市民意見交換会を計二二三回実施し、のべ八〇〇〇人以上の市民が参加した。加えて、説明会をのべ二七〇〇回開催し、出席者数一三万人となった。筆者が知る限り、政令指定都市級の人口を抱える大都市で、これほどまで多くの市民を巻き込んだ実績はないだろう。七パーセントというと少ないように感じられるかもしれないが、参加者と接触があり、話題にしたり耳にしたりする可能性のある人は相当数にのぼると推定され、社会的現実感をもって普及させるには十分な多さである。

この時期の市民意見交換会では、有料化について触れている人が約半数で、有料化について触れていない人も約半数であった。有料化について触れられている意見の内訳を見ると、肯定的な意見と否定的な意見はほぼ同じくらいであった。しかし、何を有料化して、何は有料化されないのかという点については、かならずしも正しく理解されていなかった部分もあり、その誤解を解くという役割もあっただろう。燃やすごみと燃やさないごみは有料化されるが、資源として回収されるものは有料化されないこと、従来は燃やすごみに含まれていた「雑がみ」と「枝・葉・草」が新たな分別区分として無料で資源回収されることなど、詳細についてはすべての住民が理解していたわけではなかった。そして、有料化ばかりではなく、やはり、市民意見交換会での大きな話題の中心はごみステーション問題であった。計画策定時の市民意見交換会と同様、今回の市民意見交換会でもルールを守らない人への不満や懸念は少なからずあった。こうした議論から、行政（清掃事務所）は早めにごみステーション対策を立てることができた。管理状況のひどいごみステーションをどうするかを具体的に検討し、地元住民の協力を得ながら「ごみパト隊」の準備を進め、重点的にパトロールすべき場所などを特定することができた。このような取り組みが、後に述べるように、新ルール導入直後に急速に違反ごみを減らすことにつながったと考えられる。つまり、繰り返しの市民意見交換会や説明会により、名目だけでなく具体的・実質的な協働の取り組みやごみステーション対策が可能となっていったといえよう。

非参加者からの評価——参加者の多さの重要性

このように、非常に多くの市民が何らかのかたちでこの時期に加わったのだが、それでも非参加者からの評価は欠かせない。とりわけ、これだけ大規模な意見交換会と住民説明会が開かれたことによって、どのような影響があったのかを確認しておく意義はあるだろう。二〇〇九年五月、新ごみルール導入直前（同年七月一日施行）に、札幌市在住者を対象に、住民基本台帳より三〇〇〇名を抽出したアンケート調査を実施し、五〇パーセントを超える有効回答を得た。

今回のアンケート調査の結果から、説明会や意見交換会を知っていた、あるいは家族や知り合いに参加した人がいるなど、接触度の高い人ほど、内容評価や手続き的公正を高く評価しており、また、この接触度は社会的受容に直接影響していた。つまり、自分は参加していなくても、周囲に参加者がいたり話題に接したりすることが、社会的受容を高めることにつながっていた。また、手続き的公正を規定する要因としては、市の誠実さと努力への評価が最も高かった。行政が一方向的な説明だけでなく、市民の意見を聴こうとする姿勢が評価されたと考えられる。この結果から、計画策定後も、行政が市民の声に傾聴する姿勢を示し続けるという手続き的公正の要素が重要であることが裏付けられた［Ohnuma 2010, 2012］。

一方、制度変更にかかる正確な知識は、これらの要因との関連がまったく見られなかった。つまり、新ごみルールについての正確な知識があるかどうかは、社会的受容にも内容の評価にも関係していなかった。このことから次の示唆を補強できる。すなわち、しばしば専門家や行政担当者の中には、「正確な知識」を市民へ伝えればよいと考えがちな人がいるが、「正確な知識」を植え付けても制度やルールの受容には結びつかないことを認識する必要があるだろう。重要なことは、正確な知識を理解してもらうことではなく、傾聴する姿勢を示し続けることである。これはリスク・コミュニケーションの分野でいわれてきた、双方向的コミュニケーションを重視すべきという知見とも整合する。

5 プロセスデザイン(3) 新ルール導入後——参加から協働の取り組みへ

二〇〇九年七月一日、新ごみルールが施行された。その当日から一〇日間、札幌市職員約五〇〇〇人とクリーンさっぽろ衛生推進員(町内会長とは別に選出され、町内会等で住民がごみの適正分別等の推進と連絡調整を図る役割)など約五万五〇〇〇人が早朝啓発活動を行った。クリーンさっぽろ衛生推進員の支援やごみステーション助成などの増強もされた。衛生推進員が集まる地区懇談会の開催頻度も増えた。また、前述のとおり、「ごみパト隊」が増員され、違反ごみ開封作業増などによる行政と市民協働の取り組みを強化した。さらに、賃貸住宅業者と行政の協働による集合住宅における「クリーンアップキャンペーン」などの取り組みも行われた。このような取り組みの結果、違反排出による残置ごみは新ごみルール導入後の一年間で約半分に減った(写真1-3・1-4)。

以上のような取り組みが、大きな成果に結びついた証拠として、札幌市全体としては大幅なごみ減量化に成功した。具体的には、新たなごみ資源の分別回収ルール変更後の半年間の実績として、前年比で、燃やせるごみと燃やせないごみは三五パーセント減、資源物は二三パーセント増、ごみと資源物をあわせた総回収量は一八パーセント減となった。一人一日あたりのごみ回収量は六三三グラムから五四四グラムとなった。さらに、ごみの減量化が確実に見通せるようになったことにより、老朽化した清掃工場を一つ閉鎖し、新たな焼却施設を造らないこととした。焼却施設一基を造る費用は四七〇億円と試算されており、これだけの費用削減にもつながった。また、

写真1-3 単身者向け集合住宅におけるごみの不適正排出の事例.
近隣とのトラブルになる例もしばしば.
地域住民だけでなく不動産管理会社などとも連携して取り組みを実施した.

写真1-4 カラスよけ網や囲いなどは,
新ルール導入にかかわらず市の助成がある.
しかし結局は排出者の心がけが重要.
新ごみルール導入後にはこうした行動にも変化が見られた.

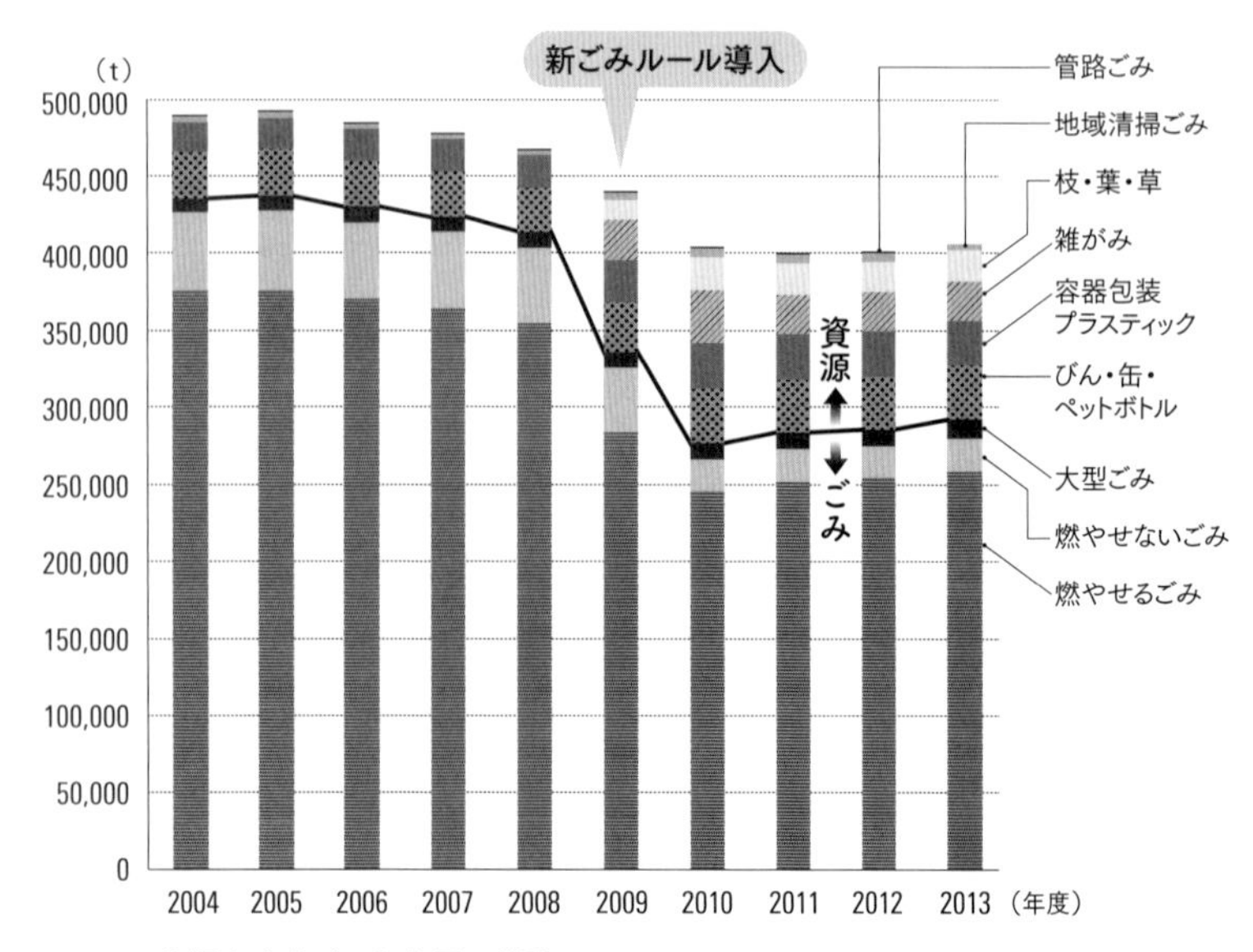

図1-1　札幌市家庭ごみ収集量の推移

ごみ有料化を実施すると、翌年はよいが、その後また元に戻るというリバウンドの発生が懸念されていたが、札幌ではリバウンドは見られていない（図1-1）。

さて、市民が新たなルールを受容するには、導入に至るまでのさまざまな市民参加のプログラムがあったことと、施行後のさまざまな協働の取り組みを行ったことの、どちらがより重要だったのだろうか。新ルール導入前に大規模な市民参加により手続き的公正が高まり、社会的受容につながったならば、その後の取り組みはなくても大丈夫なのだろうか。この疑問を明らかにするため、新ごみルール導入後にパネル調査を実施した。パネル調査というのは、同じ回答者から時間をおいて繰り返し質問することで、時間経過に伴う意識の変化を測定できる。

二〇一〇年二月に、前回(二〇〇九年五月)に回答していただいた方を対象に、再度調査を実施した。

分析結果から、個別の段階での手続き的公正は社会的受容と強く関連していたが、前の時点の手続き的公正は後の時点の社会的受容にはほとんど影響していない、つまり、市民参加による手続き的公正の効果は長続きしないことが明らかになった。新ルール導入後には、行政と市民が協働で「ごみパト隊」の取り組みを行っているなど、行政の誠実さや取り組みの評価が手続き的公正の重要な要素となっており、これらの評価が高いことが社会的受容につながるのであって、市民参加で計画づくりをしたから導入後も受容し続けているわけではなかった。この結果は、市民参加による計画づくりだけでなく、その計画から行政と市民の協働の取り組みの実践へと、継続的・連続的な参加と協働のプログラムの重要性を示唆している。このプロセスで多くの市民を巻き込んでいくことが肝要である[Ohnuma 2011, 2012]。

6 おわりに——プロセスデザインの重要性

制度はつくられたらそれで機能すると考えるのは机上の空論である。その制度の対象となるすべての人びとにとって、社会的リアリティをもち、それが当事者意識をもてるようになってこそ、その制度が実効性を帯びる。計画づくりであれ、まちづくりなどの実践であれ、こうした取り組みは参加者に焦点が当てられがちである。しかし、重要なことは、参加者はもちろんのこと、非参加者もそれに納得でき、そして行動を変容できることである。初めは一部の熱心な人の取り組

表1-1　時期に応じた多様な市民参加の形態

時期	実施内容	市民の層	機能
計画策定時	・市民意見交換会……10区でのべ500人が参加，参加者全員が発言，テーブルごとに意見集約 ・議論を受けてごみステーション再調査	ステークホルダー型，オピニオンリーダー型	多元的な価値観に基づく意見集約
決定後・実施まで	・市民意見交換会……223回，のべ8,000人以上の市民が参加 ・説明会……のべ2,700回開催，出席者数13万人	オピニオンリーダー型，地域密着型	多数者の巻き込み
実施後	・新ごみルール導入直後，7月1日から10日まで，札幌市職員約5,000人とクリーンさっぽろ推進員約5万5,000人が早朝啓発活動 ・「ごみパト隊」増員による違反ごみ開封作業増など，行政と市民協働の取り組みを強化	地域密着型，活動中心型	実践・行動変容

みから出発するにせよ、ある時間軸のなかでそれが普及していくには、参加者以外にも目を向ける必要がある。

本章では、札幌市のごみ分別・収集ルールの変更を題材に、計画づくりの段階から、施行前、施行後のそれぞれの段階ごとの市民参加と協働の重要性を示してきた。市民参加による計画づくりが実効性を帯びるためには、一度限りの市民参加による計画づくりだけでなく、計画策定時、計画策定後、そして実際の施行後に至るまで、多様な市民が関与できる場が必要である。ただし、この際、ただ闇雲に市民参加を実施すればよいというわけではない。

表1-1に示すように、プロセスごとに市民の層や機能が異なる。計画策定時には、区レベルで意見の集約を行った。このときには、市民グループや町内会で熱心に活動

している方々など、関心の高い人（ステークホルダーやオピニオンリーダー）が集まりやすかった。このときには、市民の意見から出てきたさまざまな案をパッケージとして施策に含めたように、多元的な価値を包括的に計画の中に織り込むことが重要であったと考えられる。手続き的公正の観点から言うと、意見反映の重要性が確認された。次に、計画が決定された後は、多数の市民をいかに巻き込むかが重要であった。さまざまなチャンネルで多くの市民が発言でき、行政（環境局や清掃事務所職員など）との対話が繰り返された。一方向的な行政の説明だけでなく、双方向的なコミュニケーションは、行政の誠実さという手続き的公正の要素を高めることにつながった。そして、新たなルールが実施されるときには、地域に密着した実践活動に行政と住民が協働で取り組んだ。このような協働の取り組みによってはじめて市民全体の行動変容に至ったと考えられる。

以上を総括して、プロセスデザインの重要性を強調したい。制度をつくり、実効性をもたせていくための公共的な意思決定には、計画策定からその実施に至るまでの時間軸のなかで、さまざまな層の市民が参加し、関与していくことが重要だろう。この考えは段階的・協調的アプローチ［OECD 2010］の考えにも通じる。段階的・協調的アプローチでは、行政と政策の実施主体と住民のパートナーシップを強調する。また、市民がその関連する問題について適切なリテラシーを獲得できるよう、十分な時間をかけることの重要性も力点が置かれている。当然のことながら、主要なステークホルダーが適切に関与していくことに加え、価値の異なるステークホルダーが相互に尊敬しあって進めていけるよう配慮することも述べられている。このように、OECDが主張する段階的・協調的アプローチは、手続き的公正の基準を満たすことと親和的である。すなわち、誰もが発言できる機会を提供し、市民の意見を計画に反映する、行政が誠実に市民と双方向的なコミュニケーションを継続的に行う、行政と市民が協働実践の取り組みをしていく、などである。こうしたことは、言うは易しだが、行うは難い。実際の公共的意思決定場面で、これだけのことを社会に実装していった例は日本ではまだ多くはない。

本章では、札幌市の家庭ごみ分別収集制度の変更の事例に基づき、市民参加による計画づくりから、その場に参加しなかった市民も受容でき、行動変容をしていく道筋を紹介した。このように、実効性を伴うルールづくりのプロセスデザインについて、今後、さらなる事例を積み重ねていく必要があるだろう。

謝辞

本研究は、旭硝子財団の研究助成(平成二一年度人文・社会科学系・研究奨励とステップアップ助成(平成二三—二五年度))、科学研究費補助金(平成一九—二一年度:若手研究Bと平成二二—二四年度:基盤C)を受けて行われたものである。

第2章

再生可能エネルギーの導入に伴う「被害」と「利益」の社会的制御

東京都八丈島の地熱発電事業計画における取り組みを中心に

■丸山康司

1 再生可能エネルギーのもたらす社会的課題

再生可能エネルギーへの期待

本章では、再生可能エネルギーの利用が地域に何をもたらすのかを明らかにし、適切なガバナンスを構築する具体的な方法を検討したい。

気候変動などのグローバルな環境制約や資源枯渇への対策は国際社会の吃緊の課題であり、その手段として再生可能エネルギーの利用が進められている。日本においては東日本大震災を契機として脱原子力を実現する手段としての期待もある。地域開発の手段として急速に導入が進んでいる地域もある。

こうした期待を支えているのが資源や技術の特性である。再生可能エネルギーは大気や水の循環、あるいは地球の熱や引力といった自然現象に由来している。このため、原理的には永続的な利用が可能である。原料となる資源そのものは無料である。価格も変動しない。環境への影響は相対的には少なく、事故の影響範囲も限られている。温室効果ガスの排出も少なく、地球温暖化防止策にもなる。国産資源であるため、資源争奪のための国際紛争とも無縁である。

このようなエネルギー資源としての特徴に加えて、従来とは異なる開発を実現する手段としての期待もある。量や質の差はあってもほぼすべての地域に何らかの資源が存在する。事業化に必要な初期投資の額は最少で数百万円から数千万円であるため、地域内での資金調達も可能である。発電して電気として販売する場合には買い取りと価格が保証されており、市場リスクはない。このようなことから、地域が主体的に取り組む内発的発展を実現する手段となる潜在的な可能性がある［丸山 2014］。

再生可能エネルギー利用に伴う懸念

このような期待の一方で、懸念が提示されることもある。程度問題ではあるが、これまで未利用であった土地に何らかの設備が立地することになる。建設に伴う植生の改変など何らかの変化が発生すること自体は避けられない。そのなかには、風力発電による騒音や鳥類への影響など、すでにメディアで報道されているような問題もある。このような未知の現象に対して人びとの懸念が存在すること自体は当然である。

現段階で指摘されている課題は表2−1のようにまとめられる。環境への影響は、生態系をはじめとする自然環境そのものへの影響と、騒音や景観など生活環境への影響の二つにまとめることが可能である。環境への直接的影響が存在しなかったとしても、土地利用などをめぐる利害の調整が必要になることもある。小水力と水利権の関係や、地熱と温泉利用の関係などが知られている。太陽光や風力の事業と農業の兼ね合いや、洋上風力発電と漁業の両立なども、利害調整上の課題とみなすことができる。

これらを争点とする反対運動や苦情も存在し、風力発電や太陽光発電の立地をめぐる問題も増加している。風力発電は日本における普及も早かったことから問題の件数も多く、五九事業で計画段階における環境紛争が発生している［畦地 2014］。また、運転開始後における異議や苦情も三〇件は存在する。

表2−1　再生可能エネルギーの利用に伴う懸念

	自然環境（生態系など）	生活環境	資源管理など
太陽光	植生など ［土壌への影響］	日照権 景観 光害 ［水源］ ［土砂災害］	［農地］
中小水力	水生生物	騒音・震動	水利権 ［漁業権］
風力	植生など 鳥類（バードストライク）	電波障害 騒音・振動 景観	［農地］ ［漁業権］（洋上）
地熱	［植生など］	景観 騒音・震動 臭気	温泉資源 ［自然公園］
バイオマス	［植生など］	騒音・震動 臭気 ［温廃熱］	食糧生産（燃料作物の場合） 持続性（木質）

＊懸念そのものが存在しない場合もある事項は［　］で記載した.

これらの異議申し立ては、影響そのものへの危惧だけではなく、事業者とのコミュニケーション上の問題に起因する可能性もある。風力発電についての調査結果では、同じ都道府県内で問題提起があると地域内で波及しやすいという連鎖的な影響の可能性も指摘されている[畦地ほか 2014]。

2 再生可能エネルギー事業の環境影響と規制

規制の正当性と社会的合意

このような現状に対応して、問題解決のために規制の導入や強化が求められることもある。二〇一一年からは、一定程度の規模を超える発電事業では環境影響評価(環境アセスメント)が義務化されている。太陽光発電は環境影響評価の対象ではなく、建築物でもないため、情報公開や意見交換は事業者の方針に左右される部分が大きい。近年では太陽光発電の造成工事や景観等への影響が問題視されることもあるため、太陽光発電を対象に含めるべきだという指摘もある。ただし、環境影響評価は手続きを定めた制度であり、合意形成そのものを目的としてはいない。また事業の可否そのものを判断する手続きでもない。このため、環境影響を相対的に軽減させること以上の効果は期待しにくい。

ただし、これはかならずしも法制度の機能不全というわけではない。再生可能エネルギーに伴う環境影響には、事実としても価値判断としても白黒の判別が難しいグレーな領域が存在する。このため、規制の正当化が困難であったり、規制の有効性が限定的であったりする。その意味で、近代社会における社会の仕組みとの相性の悪さのようなものが存在している。

行政による規制の根源にあるのは、公共の福祉に反する場合には自由権を制限できるという考え方である。原因者と被影響者が分離しており、規制によって守るべきことが明確であり、その因果関係が科学的にも明確であれば、規制の導入は合意されやすい。また、規制による問題の制御も容易である。食品衛生はその典型例であり、食品の供給者と消費者は分離しており、目的は生命・健康という基本的な権利の保護である。対象となる物質と健康被害の関係も比較的単純であり、悪影響が現れ始める無毒性量といわれる値が存在する。これを参考にしながら許容可能な摂取量を定めることが可能である。

その一方で、規制の必要性そのものが議論になることもある。景観のように条例による地域ごとの対応が中心となっている課題もあるし、「自然の権利」[Nash 1989＝2011]のように新たな権利として位置づけようという働きかけの最中のものもある。このような課題では、規制の導入と新たな価値基準の導入の両方が議論の対象となる。

因果関係が複雑な問題も規制は難しい。騒音を例に考えてみよう。ある音が不快であるとされる要因は多様である。音量や音質だけではなく、受けとめる人の状況や認識の影響もあり、その結果、主観的評価としての「被害」が存在する。東京都が実施した音と不快感の関係の調査では、両者の曖昧な関係を読み取ることができる[門屋・末岡 2007]。全国のべ九六カ所(回答数のべ約六〇〇〇人)で実施された音量と不快感の関係についてのアンケートの結果が図2-1のように音源別に整理されている。

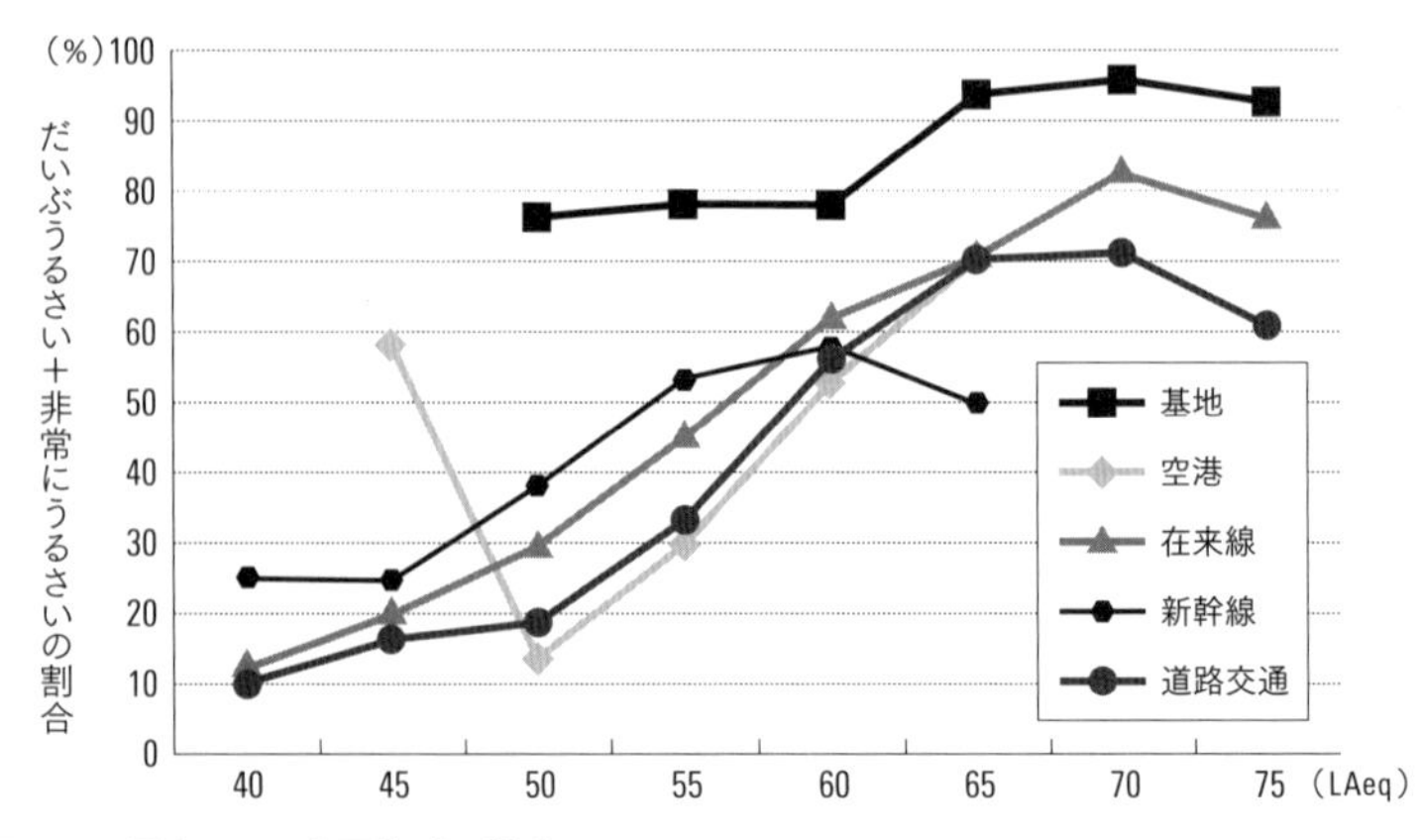

図2-1　騒音レベルと不快感の割合

出所：門屋・末岡［2007］

注目すべき点は二つある。一つは、あらゆる音源と音量で「被害」が存在することである。四〇デシベルという値は図書館内に相当するが、それでもうるさいと感じている人は存在する。もう一つは、音量以外に「被害」の原因が存在する可能性である。同じ音量でも、音源によって不快感を示す人の割合は異なっている。航空基地の「被害」が高めであることから、音質や頻度といった要因の影響も考えられる。ただし、音の性質が類似していると考えられる空港との違いもあり、さらに別の要因が存在する可能性も否定できない。このように、要因が複雑で被害の有無が分かれる値が見つからない問題では、規制の科学的根拠は曖昧となる。「被害」を完全に防ぐような規制値の設定も難しくなる。

その一方で、不十分な規制であっても原因者は法的責任を免れるため、受忍限度といわれるような合法的な「被害」が存在することもある。もちろん、このような状況が望ましいわけではなく、疑わしきものには対処するという事前注意原則（Precaution Principle：予防原則）に従って規制が導入されることもある。ただし、交通機関による騒音のように、規制の強化によってその公益的機能が損なわれることが問題になる場合もある。こうした公共的利益と私的不利益の齟齬をどう考えるかは、新幹線公害［船橋ほか 1985］などで問われてきたが、再生可能エネルギーによる環境への影響でも同様の問題構造がある。再生可能エネルギーが社会全体にとって望ましいものであるとしても、そのことによって立地地域における「被害」が正当化されるわけではない。

被害認識と社会の仕組み――主観的評価による「被害」

ここまで述べてきたように、再生可能エネルギーによる環境影響は主観的評価による「被害」が存在するため、規制による制御は容易ではない。問題はより複雑になるが、同じ現象が「被害」とは逆方向の「利益」と認知されることがある。また、原因者と被影響者が分離していない場合もある。たとえば**写真2-1・2-2**のような風力発電の設置状況がある。写真AとBは手前の住居からの距離が同程度であり、景観や騒音といった物理的影響もおおむね同程度と考えられるだろう。ところが住民の反応は正反対となっている。Aの風車は手前に見えている住居の住人が自らの敷地内に設置しているもので、景観や音の「被害」は存在しない。住民は農業を営んでおり、自らが自分の所有する土地に建てた風車が冬場の収入源となっている。このためか、むしろ積極的に望ましい「利益」と認識されている。一方、敷地外に設置されたBでは住民への利益はなく、そのためか「被害」が存在する。

こうした現象は量的調査でも確認されている。地域外の企業が所有する風力発電事業と地域所有の事業を比較すると、前者も許容されてはいるが、後者では積極的に景観が良いとする評価が多数を占めるという［Warren and McFadyen 2010］。迷惑施設の要素もある風力発電を、当事者である住民が「利益」とみなして積極的に導入することもある［Jobert et al. 2007］。このような場合、「被害」を防ぐための余裕を大きく見積もった規制を導入すると、当事者が自らの責任で「被害」を「利益」

写真提供：本巣芽美氏

写真2-1・2-2　風力発電による「利益」と「被害」．

に転化する機会を阻害することになる。たとえば、ドイツのバイエルン州では風力発電による騒音問題への対策が強化され、新規事業はほぼ不可能となった。この規制の根拠や実効性には疑義も存在する。ドイツの陸上風力研究所はドイツとスイスの風力発電所の近隣住民にアンケート調査を実施し、騒音被害の有無と距離との間には統計的に意味のある関連は存在しないことを明らかにしている[Hübner and Pohl 2015]。さらに、プロジェクトへの評価には、「被害」の有無だけではなく、立地場所やレイアウトを決定する過程での情報公開や幅広い意見収集の機会の有無も影響しているという。

このように「被害」が社会的要因の影響も受けている場合には、物理的要件による単純な規制は機能しにくい。また、問題構造に曖昧さが残るなかでは、「利益」への期待を抑制することを正当化することは容易ではない。

ガバナンスを機能させるための条件

ここまでの議論の概要は表2-2のようにまとめられるであろう。環境を守るための法制度はもともと、表の「評価項目」に整理されるような問題を扱ってきており、公害問題や都市環境、あるいは自然保護の問題に対しては一定程度機能してきた。防止すべき被害が明確で、その要因が単純であり、被害が発生するメカニズムや原因と考えられる現象と被害の関係についての科学的知見が確かな場合には、規制は被害防止策として有効に機能するだろう。

その一方で、規制的手法が機能しにくい場合もある。景観のように、評価の幅が「被害」の有無

表2-2　科学的不確実性と合意形成

評価項目	規制が機能しやすい場合	ガバナンスが機能しやすい場合
事象の不可逆性	不可逆的	可逆的（再生可能／代替可能）
発生原因の不可逆性	制御不可能	制御可能
因果関係	確定的・確率的（モデル化可能）／しきい値 線形	確率的（ランダム） 非線形／複雑系
科学的知見の信頼性	高い	低い
受苦－受益の分離	大	小
被害の構成	既存の法体系における正統性（生命・健康・財産）	新しい権利・精神的価値 文化……

だけではなく、積極的に望ましい「利益」にまで拡がるような課題もある。騒音のように、同じような現象に対する人びとの反応に幅がある課題も存在する。これらに関して自然科学的データの説明力は弱く、科学的な知見に基づく線引きが難しい。

このような曖昧さが存在する問題では、汎用的なルールの設定は難しいだろう。再生可能エネルギーの資源は薄く広く分布しているため、面積あたりの出力は小さい。そのため、相対的に小規模な設備が分散的に存在することになる。立地に伴う問題の所在も分散的となり、それぞれの問題を解釈する地域の状況や人びとの価値観も多様にある。以上を踏まえると、何が問題であり何が望ましいのかという問題の立て方から当事者の合意に基づきルールを決めるようなガバナンスのほうが機能しやすいのではないだろうか。

もちろん、これを機能させるための具体的な取り組みや仕組みづくりは必要である。多様な価値を意思決定に入れ込むためには透明性や公平性を担保する必要がある。そこでは行政にも重要な役割がある。研究者の役割についても同様であり、不確実性があったとしても機能する局面や役割は存在する。

次節以降において東京都八丈町(はちじょうまち)(八丈島)における地熱利用の事例を紹介しつつ、ガバナンスの具体的方法とそこでの行政の役割について明らかにしよう。この事例は筆者自身も専門家としてかかわっており、研究者(あるいは科学的知見)の役割についてもあわせて紹介したい。

3 八丈島の地熱利用事業計画

東京都八丈町の地域概要

八丈島は東京都の中心部から約二九〇キロメートル南に位置しており、全域が東京都八丈町に属している。面積約七〇平方キロメートル、周囲約六〇キロメートルであり、西山(八丈富士)と東山(三原山)に挟まれた平地に市街地がある。島の大半は富士箱根伊豆国立公園に指定されており、総面積の約九二パーセントを占めている。

人口は一九五〇年の一万二八八七人をピークに減少に転じており、二〇一六年六月の時点で七七四四人である。世帯数は漸増しており、二〇一六年八月一日現在四四二六世帯である。二〇一五年四月一日時点での年齢別人口は年少人口一五歳未満一一・七パーセント、生産年齢人口(一五~六五歳未満)五〇・八パーセント、高齢人口(六五歳以上)三七・五パーセントとなっており、全国平均よりも高齢化率が高い［八丈町 2015］。

第三次産業が全体の約六割を占めており、全体としては卸売・小売業、飲食店・宿泊業など、サービス業の従事者が多い。第一次産業では農業者が多数を占めている。観光業は主要産業の一つであり、一九九〇年代には平均して一七万人程度の来島者（住民の移動も含む）があった。その後、来島者数は減少に転じ、二〇一〇年時点では一〇万九五〇八人となっている。

八丈島のエネルギー供給で中心的な役割を果たしているのは化石燃料である。燃料用のプロパンガスや灯油、自動車や船舶用のガソリンや軽油だけではなく、発電用のエネルギーも化石燃料が主力となっている。ディーゼル発電はピーク時である夏期の需要約一万キロワットの約七〇パーセントを供給している。これ以外は地熱などの再生可能エネルギーによって供給されている。そのほか、小型風力発電や個人用の太陽光発電がある。

一九九九年三月に運転開始した八丈島地熱発電所は島最大の再生可能エネルギー設備である。エネルギー源としても大きな割合を占めており、定格出力三三〇〇キロワットは夜間の電力需要に相当する。離島における地熱発電所としては日本国内でも唯一のものである。発電に伴い発生する温排水は発電所周辺に立地する農業ハウスへと供給され、冬季の加温に利用されてきた（二〇一六年現在、供給を一時停止中）。そのほかに、タワー高四〇・三メートルの風力発電が八丈島地熱発電所敷地内に一基設置されていた。また出力安定化の実証実験の目的で、蓄電池（容量四三〇キロワット）が二〇〇一年に設置されている。

地熱の利用拡大計画

二〇一二年現在のエネルギー自給率は二二・〇二パーセントであり、東京都の市区町村では第三位である［千葉大学倉阪研究室・環境エネルギー政策研究所 2013］。相対的には再生可能エネルギーの利用が多いが、その背景には化石燃料への依存度を下げる社会経済的な動機が存在する。一つは費用的な問題である。島嶼部の物価は一般的に輸送費用などが上乗せされて高くなる傾向がある。電力は規制価格であるため、電気料金そのものは本土と変わらないが、島での収支だけを見れば経済性は高くない。電力以外の部分でも化石燃料への依存度が高く、島外と比較して光熱費も割高になるという課題を抱えている。

化石燃料への依存は、エネルギー供給という社会基盤の脆弱性も意味する。悪天候により船や飛行機が欠航となることも多く、その際には物資の供給も滞ってしまう。悪条件が重なり欠航が続くこともある。もちろん備蓄などの備えはあるものの、島外からの資源供給への依存に伴う問題が残されている。原油などの価格が上昇すると、燃料価格そのものと輸送費の両方に影響するという島嶼部ならではの課題もある。一九九九年に運転開始した地熱発電はこのような問題意識にも基づいており、地域資源の有効活用という意義も意識されている。二〇一〇年には小型風力発電機を活用した電動自転車のレンタサイクル事業「島チャリ」など、島のエネルギー資源を活用して観光の活性化にも結びつけようとするNPO法人の取り組みも始まっている。

町行政も基本構想の指標の一つとして「クリーンアイランドを目指す町」を掲げ、再生可能エネルギーの利用拡大に努めてきた。二〇一一年の東日本大震災は島のエネルギー問題について再確認する機会となり、「島チャリ」に取り組んでいたNPO法人八丈島産業育成会などが事務局となって「八丈島クリーンアイランド構想」〔八丈町 2012〕を策定し、自然資源を観光とエネルギー創出の両面で活用し、「自然エネルギーの調査・研究の場として世界に先駆けたクリーンエネルギーのモデル島を目指す」というビジョンとロードマップを提示した。

NPO法人はその後、地熱資源の利用拡大の実現可能性に特化した調査を進め、蓄電なども活用しながら地熱を最大限利用しようとした場合には、島内の電力需要の大半を地熱発電で供給可能であると報告した。このような動きと並行して、東京都は島嶼部での再生可能エネルギー推進策を進めており、八丈島での取り組みを具体化すべく、町とともに二〇一三年に再生可能エネルギー利用拡大検討委員会（以下、拡大委員会）を組織しようとしていた。この委員会は有識者や地域の関係者から構成され、主として地熱利用の技術的・経済的妥当性や地域での利益を拡大するための方策について検討することとした。筆者も委員として地域貢献策やガバナンスの方法について知見を提供してきた。

地熱利用に伴う課題——臭気問題をめぐって

委員会の発足前後に、当時の東京都知事が年頭会見において八丈島の地熱利用拡大について言及したため、メディアを通じて大きなニュースになり、島内外に認知されるようになった。これを受けて東京都と八丈町は地元住民向けに説明会を実施したが、そこで問題になったのが既存の地熱発電所からの臭気である。新事業の発電能力は既存施設の三倍程度と発表されており、設備容量の拡大に伴って臭気の問題も悪化するのではないかという懸念が提示された。また、そもそもの問題として現状にかならずしも納得していない住民も存在することが指摘され、地域住民や議会への説明もなく都知事の年頭会見で構想が公表されたことへの疑義も提示された。説明会の開催後、住民の懸念が払拭されない限りは新事業の実現は困難であるということが東京都と八丈町の職員の間で共通認識となった。

住民説明会で提示された既設事業への疑義は、臭気そのものの問題であると同時に、それを制御する制度などの社会的仕組みや方法への疑問でもある。臭気の原因となっているのは硫化水素であり、俗に「卵の腐った臭い」や「温泉街の臭い」と表現されるものである。島内に数カ所存在する温泉では臭気が少なく、地熱発電所の開発に伴い初めて問題化した。

地熱泉の掘削後に井戸内の堆積物を放出する噴気試験の段階で近隣住民から苦情があり、予定よりも早く試験を終了させるということがあった［南海タイムス 1997.11.23］。二〇〇一年の運転開始後も問題は継続したが、事業者は硫化水素除去装置の設置などの対策を行っている［南海タイムス 2010.5.28］。ただし技術的課題が多く、完全な解決には至っていない。日本の地熱発電の中でも八丈島の地熱泉の硫化水素濃度は一番高く、対策は容易ではない。加えて、立地制約上の理由から発電所と民家の距離が相対的に近く、希釈の効果も限られている。このような制約はあるものの、追加的対策の効果はあり、相対的に臭気を感じる頻度や程度は低下した。その効果も手伝い、結果として臭気への苦情そのものは減った。

ただし、このことは「被害」がなくなったことを意味しない。少数ではあっても許容しがたいと感じている住民は存在する。そのなかには目や肌への刺激に伴う健康被害との関連を懸念している人もいる。また、自分自身は許容可能であるとしても他者の「被害」をどう考えるかは別問題であり、同じ島民として問題なしと判断することへの躊躇を表明する住民もいる。

硫化水素は金属の腐食を進行させているのではないかという疑問も提示されている。島ではもともと塩分を含んだ風の影響で金属が腐食しやすいため、硫化水素の影響と切り分けることは容易ではない。このように、原因者と責任の所在の特定は困難であるものの、広義の「被害」は存在する。行政の立場からみると、課題そのものの存在を認識していても、法的な権限を伴う明確な対応は難しい。

これと関連するのが信頼の問題である。地域住民は、事前の説明と現実に起こった事態との間に齟齬があることと、その対策には限界があるということを経験として学んでいる。齟齬の原因は、事業者の怠慢というよりは当時の知見の限界の結果といえるが、一般論として予測にはつねに不確実性が存在する。また、予測すべき事態の想定には想像力の限界が存在する。その不安に対置されうるのは主体そのものへの信頼である。具体的には、望ましくない結果に対する責任の所在であり、曖昧な問題に対して誰がどのように対応するかという姿勢であり、補償や原状復帰といった対応を誰が担保するのかという問題対応への期待である。

4 地熱の利用拡大に伴う課題の社会的制御

課題解決のためのガバナンス

新規の地熱利用にあたっては、電力系統への影響といった技術的課題とは別に、臭気に伴う広義の「被害」を回避する方法や「利益」を最適化する方法、そして意思決定の過程が課題であると認識された。この課題を解決するために拡大委員会で提案されたことは大きく分けて三点である。それぞれワーキンググループが設けられ、重点的な課題として具体策や意見が行政に対して提示された。一つは、臭気の問題に対する地元地区の合意である。もう一つの課題は、地域社会への利益還元と、これを制度的に実現する方法である。さらに、電力系統への影響や臭気対策なども含めた諸条件を設定した上で、技術的あるいは経済的に事業が成立するかを評価した。

委員会やワーキンググループとは別の取り組みとして、各種調査も実施している。これは八丈島の地熱発電利用拡大検討協議会(以下、協議会)というコンソーシアムが主体になっている。協議会の幹事は八丈町商工会であり、地元のNPO以外に研究機関も参加している。経済産業省の補助金を受け、臭気の調査と地域住民とのコミュニケーションを行った。商工会や地元NPOは座談会形式の小規模な会合を通じて地域住民の疑問や懸念を集約しつつ、勉強会を通じた普及啓発を行った。勉強会のプログラムは、筆者も含めた専門家による一般的知見の提供や臭気調査などの説明と質疑で構成されており、のべで一〇回程度開催された。行政は協議会の構成メンバーではないが、相互に協力する関係にあり、調査結果などは委員会を通じて行政にも随時共有されていた。行政・委員会・協議会の協力関係は図2-2のようになっている。調査の実施が協議会、各種の検討と提案が委員会、地熱事業そのものの枠組みを決定したり進行するのが行政という分担

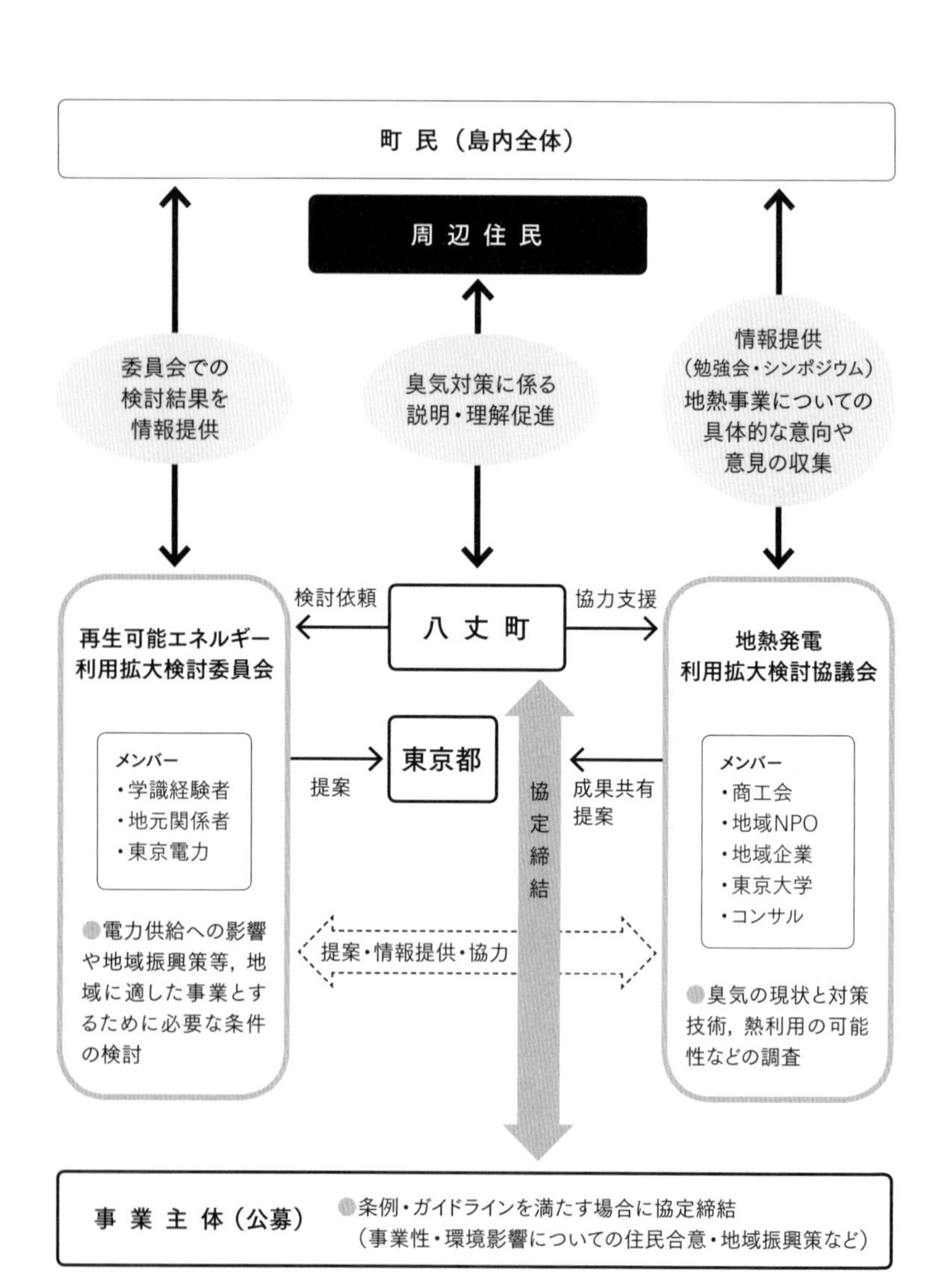

図2-2　八丈島における地熱事業の推進体制

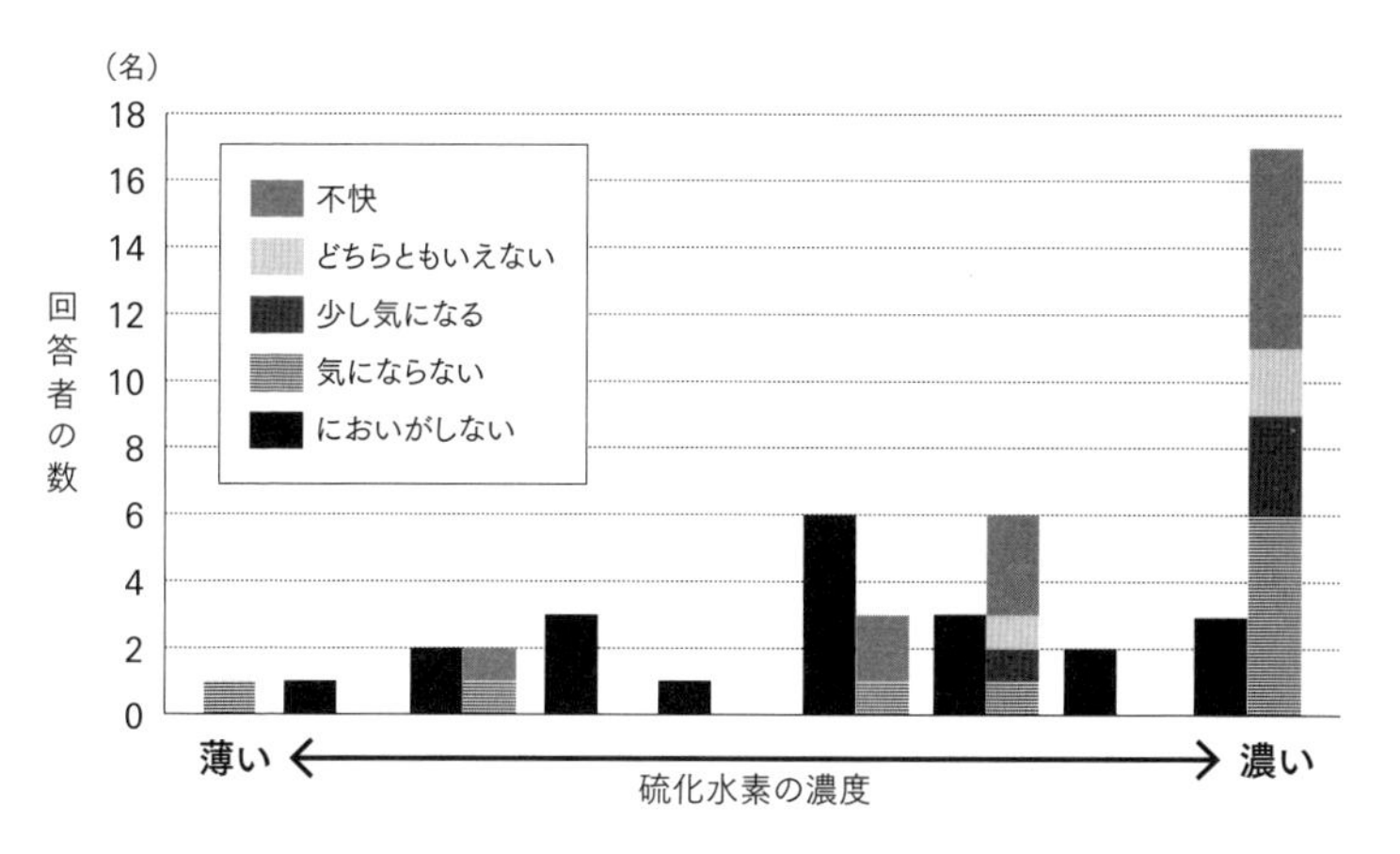

図2-3　住民説明資料に掲載された臭気調査の結果

である。

臭気についての調査では、臭気濃度の実測やシミュレーションなどの自然科学的調査と不快感についての調査が行われ、両者の関連の有無や程度が分析された。実測では気体サンプルを収集し、その分析に基づいて硫化水素の濃度を測定した。サンプル取得と同時に臭気判定士による臭いの評価を行い、臭気濃度と臭いとの関連を大まかに把握した。その上で気象シミュレーションと社会調査に基づいて、地域住民が臭いを感知したり不快に感じる臭気の濃度を推定した。社会調査ではモニタ調査と定点聞き取り調査を実施し、主観的な評価である不快感についての情報を収集した。モニタ調査は三回実施し、それぞれの回で既存の地熱発電所周辺の地域住民約三〇名から日々の臭気の状況について一カ月の記録を依頼している。調査項目には、室内外の臭気の状況以外に洗濯物への臭気の付着や眼球への刺激など、予備的に実施した聞き取り調査の結果得られた問題も含まれている。定点調査は比較的臭気がとどまりやすいと指摘されていた商店の店頭で実施し、来店者に不快感を尋ねるという方法で調査を行った。

調査データを時間毎に集約することによって、硫化水素濃度の推定値ごとの不快感の分布を把握することが可能になる。図2-3はその一例で、二〇一四年一〇月に実施した調査結果をまとめたものである。同じ濃度と推定される場合でも、臭いの認知や不快感には差があり、推定濃度の誤差や個人の感受性の違いなども存在すると考えられる。このような制約はあるものの、濃度と不快感の間に関連があることと、多数の人が臭気を認知しなくなる濃度が存在することは明らかになった。

「地域再生可能エネルギー基本条例」

科学的手法によって現状を把握した結果、ある程度の確度で問題を制御する可能性は見いだされた。これが技術的に可能であることと、経済的にも合理的な範囲で実現可能であることも確認された。問題はそれを具体化する方策である。既存設備程度の臭気であれば、追加的な臭気対策を行うことを行政が強制することは難しい。このため、規制を越える対策を取ることが事業者にとってむしろ合理的となるように、内在的な動機を生み出す方策が必要となる。

経緯としては前後するが、そのための仕組みとして八丈町が取り組んだのが、二〇一四年に策定された「八丈町地域再生可能エネルギー基本条例」である。これは理念条例であるが、地域にとって望ましい事業の条件を定義し、これを実現するための自治体の責務と権限を明示している。

具体的には、資源利用の持続性や地域社会への利益の還元、さらには環境影響における当事者の合意などを定めており、こうした条件を満たすものを「地域再生可能エネルギー事業」としている。これを実現するための自治体の責務と権限を定めた上で、事業者などの主体に対しても利害関係者への説明や持続可能性への配慮、あるいは地域貢献などの努力義務を設定している。

再生可能エネルギー関連の条例は、独自の環境基準などを設けたものや環境影響評価の義務化を定めたものが先行していた。二〇一一年以降は再生可能エネルギーに特化した条例が導入され、二〇一四年時点で少なくとも二八件の事例が確認されている。数としては独立会計の基金を設ける基金条例や理念を定めた条例が多い。また、公共施設の屋根を太陽光発電用に提供することの正当化や、基本計画の策定など、行政の役割を定義したものもある［西城戸ほか 2015］。市町村単独の取り組みが多いが、長野県のように県が条例のひな形を作成するような支援もある。

八丈町のように理念や行政の責務が提示されているものとしては、滋賀県湖南市や長野県飯田市の条例がある。飯田市の例では、生存権と関連づけるかたちで地域環境権という新たな権利を定め、これを支援することを行政の責務としている。

これらの事例では、単なる再生可能エネルギーではなく、地域住民の福利に資する利用方法や、持続可能な資源利用に配慮している点に特徴がある。八丈町の条例では、当事者の合意に基づく環境基準の強化の余地、持続可能性への配慮、地域貢献や地域への利益分配、自然保護団体などのステークホルダーとの協議を定めた点などが特徴である。

非強制的手法の合理性と実効性

条例という手法の課題は実効性である。多くは理念条例であり、罰則を伴う強い義務は課していない。規制を導入しようとしても、根拠となるような事実関係には曖昧さが存在するため、正当化は容易ではない。八丈町においても状況は変わらず、再生可能エネルギー条例は理念条例であるし、条例の施行細則であるガイドラインでも罰則を伴うような義務は含まれていない。

このことを踏まえて八丈町で検討されたのが協定書という手法である。これは行政と事業者が合意事項を取り交わす契約である。硫化水素の濃度については協定書の項目に反映させる予定であり、その濃度規準を公募要領に明記した上で事業者を公募している。応募にあたって事業者が提案すべき内容は多岐にわたっており、発電事業についての計画以外に、臭気対策の考え方と対策内容、臭気のモニタリングの方法、地域主体の参画方法、経済的貢献や利益還元の方法などが要求されている。提案に対する審査を経て、協定書を締結する事業者が選定される[八丈町 2016]。

法的義務としてあまねく適応できないことであっても、当事者の合意の結果としてこのような条件を設定することは可能である。協定書という手法は公害防止協定などで多くの事例があり、法的な拘束力を認める最高裁判決もある。ただし、罰則規定がない場合に強制力が限定的であることには変わりはない。この課題を解決するために、八丈町ではガイドラインの遵守が事業者にとっての利益となるように配慮されている。

一つは、時間という費用の軽減である。利害関係者との合意形成は事業者にとっても見通しを立てにくい。人件費などの固定的な経費は事業収入の有無にかかわらず発生するため、合意形成に要する時間は事業開発におけるリスクとなる。程度問題ではあるが、ガイドラインを遵守することによって合意形成の可能性が高まることは経済的にも合理的となる。もう一つは、より直接的な利益である。協定書を結ぶことによって事業者は行政からの支援を受けられるようになり、たとえば検討委員会で参照されたデータや報告書の利用なども可能となる。そのなかには、電力会社との系統連系の可能性など、事業を行う上では必須の支援も含まれている。このような支援を受けることは、成果物そのものの作成に要する経費や時間といった費用を節約することになる。

さらには正当性や信頼を継承することも可能になる。条例やガイドラインは、利用拡大検討委員会での議論や協議会の活動を経て作成されている。東京都や八丈町の行政は折に触れ説明会を実施し、地域住民とのコミュニケーションを通じた合意形成に努めてきた。その結果、既設の設備からの臭気には不満を感じている住民であっても、新設の事業に対しては一定程度の信頼と理解がある。協定を遵守することは、こうした経緯を継承することも意味しており、短期間で構築することが困難な一般的信頼に基づいて事業を行うことが可能になる。事業者は、技術面や資金面といった狭義の経済活動に必要な専門性は有していたとしても、社会とのコミュニケーションには長けていないこともある。そのような事業者にとって、合意や信頼が予期されていること自体が利益となる。

協定書の内容を遵守しないことは、これらの利益を失うことにもなりかねない。そのため、非強制的な条件であったとしても、事業者にとって協定を遵守することが経済的にも合理的になる。そのなかには信頼のように経済的費用に換算しきれないものも含まれている。

5 おわりに

本章では、再生可能エネルギーの導入に伴う諸影響を適切に制御する方法について考察してきた。物理現象としては同じでも、人びとの主観的評価の結果として「被害」が認識されることもあるため、規制や義務という強制的手法によって制御することは容易ではない。けれども、主観的に構成されるのは「利益」も同様である。このため、何が望ましいかを定義した上で誘導的手法を用いて事業を制御するガバナンスは可能である。その結果として「被害」が「利益」との相対的な関係で判断され、被害原因の最小化以外の対応方法が生まれてくることもある。この手法の利点はもう一つあり、環境配慮など地域が望む項目において事業者間の競争を促すことが可能になる。不確実性が残る問題では、規制の導入そのものや厳格な基準の設定は難しくなる。そのような規制値であっても事業者にとっては目標となり、より安全に配慮した対応をする動機は生まれにくい。環境配慮の内容で競うような誘導的手法であれば、このような問題を回避できる。

誘導的とはいってもかならずしも金銭的誘因である必要はない。八丈島の事例では、時間という費用や合意形成の不確実性に注目することによって、補助金などを支出せずに誘因を設定している。事業者などの経済的主体にとっては、費用や事業リスクの軽減など、全体としての経済合理性に関連しうる事柄はすべて誘因になりうる。このような手法を通じて環境配慮と経済的合理性を両立することは、財政面での制約が厳しい自治体であっても十分可能である。

二〇一六年現在、東京都八丈町の取り組みは事業者募集の途上であり、最終的な評価のためには運転開始後の状況も把握する必要はある。少なくとも今後数年間の留保は必要であるが、行政が関与することによって、地域が主体となって望ましい事業のあり方を定義し、地域が事業者を選ぶ仕組みを整えた事例とみなすことが可能であろう。ガバナンスを機能させている具体的手法は、条例、ガイドライン、協定書という方法である。条例やガイドラインによって事業のあり方と役割を定め、その上で事業者と行政が協定を結ぶことによって条例で定めた努力義務の実効性を担保しようとしている。

この事例が既存施設の臭気問題に対するガバメントの限界という状況から出発していることや、東京都や八丈町という行政セクターの関与によって実現しているということも注目に値するだろう。行政の役割はもっぱら制度設計という従来の機能であるが、その対象は合意形成過程における情報共有の透明性や公平性の担保である。つまり、ガバナンスを機能させる役割を行政が担っているといえる。

また、筆者を含めた研究者の役割も既存の事例とは異なっている。不確実性のある臭気という問題に対する直接的な判断は行っていない。実際に関与しているのは、科学的調査によって知りうる範囲の情報は厳密に明らかにすることと、その知見の限界を提示することであり、決定に関しては地域の主体に委ねている。これを実現できるよう、地域のルールづくりを先行させたことや、事業を選ぶ仕組みの構築など、プロセスのデザインには関与している。その背景に存在するのは既存の事例についての専門性である。社会科学は事後的な調査と説明を得意とするが、その知見を現在進行中の課題に応用した事例でもある。

ガバナンスを機能させた要因として行政や研究者の機能以外の部分をみると、NPOの活動や再生可能エネルギー全般への関心、あるいは地域の人びとが地域に対して抱く将来像など、さまざまな事情が考えられる。そのいずれもが重要である。

加えて、このようなことが可能となったのは、比較的早期の課題認識が可能であったからでもある。住民説明会で臭気の問題が課題であると認識されたことが、結果的にはガバナンスを実現する上で有効に作用した。事業に伴う問題があったとしても、事後的な対応には限界がある。一方で、課題を網羅的に把握することが可能であれば、そのために必要な条件を整備することは困難ではない。今回の事例で実施したことは、地域にとって何が望ましく、何が望ましくないかを確認し、それを制度化したにすぎない。その意味では特別なことが行われているわけではない。

地域の側が主体的に意思決定する意志を失わなければ、再生可能エネルギー利用のガバナンスは決して難しくない。エネルギー源となる自然現象そのものは地域に永続的に存在し続けるのである。時間をかけて地域の納得感を醸成する時間を優先したとしても、資源そのものが失われるわけではない。

謝辞

本稿は、二〇一〇年度三井物産環境基金「持続可能な風力利用のための統合的ガイドラインと支援ツール」および科学研究費「多元的環境正義を踏まえたエネルギー技術のガバナンス」(基盤研究(B)課題番号26282064)による成果の一部である。

II 余地の創造

――価値のずらしから描く協働と共生

第3章

農業土木でなぜ環境保全はうまくいかないのか

農業水路整備と絶滅危惧種カワバタモロコ保全の間にみる「工夫の余地」の創造

田代優秋

1 農業土木事業でなぜ環境保全は揉めるのか

筆者は土木技術者である。それも「農業」の土木技術者だ。土木といえば、道路を造り橋を架けたり、川の護岸を整備したり、はたまたダムや高速道路といった大規模構造物の建設や埋立地造成などがある。そうした社会にとって必要なモノを形にし、まさしく国土をつくるのが仕事だ。ただし、実際の土木工事の現場で作業をするのは、土木施工業者。土木技術者ももちろん現場に出向くが、簡単に言ってしまえば、どんなモノをどう造るかを決める。つまり、「設計図を描くこと」が最も大きな仕事である。そして「農業」の土木技術者といえば、水田や畑地といった農地や、農業用に使われる水路や農道を造り、新しい形や配置を決めるための設計図を描くことが仕事だ。

本書の趣旨は、自然環境や地域資源をいかに守り、それをどのように順応的に維持管理していくかを考えるというものである。その中にあって、土木技術者はむしろ壊す側の立場であろう。くねくねと曲がる農業水路をまっすぐにし、不揃いな形の田んぼを真四角にする。農家や社会の大多数の人びとが使いやすく、頑丈で長持ちし、それでいて後々の手入れがかからない。社会がより良くなるためのモノを農業土木技術者は造る。そのなかで、声なき生きものや、のどかな風景が犠牲になることを「仕方のないことだ」と考える技術者もいる。一方で、そう簡単には割り切れない技術者もいる。なぜなら、土木構造物はひとたび完成すれば五〇年も一〇〇年ももつ。そこに暮らす人びとがすっかり入れ替わった時代を見据えなければならない。そして、今の時代の要望に応えることはもちろん、次の時代にも引き継ぐべきもの、守るべきものは何かを考えなければならないからだ。「それなら、いっそのこと土木工事などしなければいい」と事業の是非自体を問われても、現在の社会も良くしなければならない土木技術者は、やらねばならない。

こうした土木事業の実施を前提として、予算にも人材にも期間にも制限があるなかで、「どうすれば環境保全はうまくいくのか」をひたむきに考え続けている技術者もいる。どれだけ困難な現場であっても、かならず形あるモノを造りだす責任を負った技術者が描く設計図には、もしかしたら本書の読者にとって何か得るものがあるかもしれない。

ここで取り上げる話題は、絶滅したと思われていた小さな魚がひょんなことから農業水路で再発見されたが、その水路を改修工事しなければならなかった事例である。筆者はこの改修工事に約一〇年間にわたって取り組んだ。しかし、結果的に「誰がこんな水路を造ったんだ、訴えるぞ！」と地区の代表農家が激高してしまった。どうにもこうにもうまくいかなかった。その難しさとはいったい何だったのか。何をめぐってこじれてしまったのか。以降、順を追って述べていきたい。ただ、本章では、一般的になじみのない農業土木事業を事例に取り上げているため、本題に入る前にいくつかの前提条件を説明しておきたい。

2　小さな魚「カワバタモロコ」をめぐって

本章の主役となる小さな魚は、体長がわずか三センチメートル程度の淡水魚、カワバタモロコである（写真3−1）。本種は、静岡県以西から北九州までの二府一三県に生息しているが、いずれの府県でも絶滅危惧種に指定されている。舞台となる徳島県では一九四六年以降の発見記録がなかったために、二〇〇一年発行の徳島県版レッドデータブックで「絶滅」と判断された。ところが、その三年後の二〇〇四年八月、とある淡水魚愛好家が県内各所をめぐっていたところ、鳴門市大津町段関地区と大代・大幸地区の一部（以下、これらをまとめて大津町）においてカワバタモロコらしき魚を見つけた。その連絡がただちに専門家ら（徳島県立博物館と徳島大学の研究者）に寄せられ、正式な再発見となった。じつに五八年ぶりの再発見は「幸せなニュース」として県内で大々的に報道された［徳島新聞 2005.3.16］。ただし、この当時は密捕獲への懸念から、発見場所の地名の公表は控えられた。

問題はその後だった。生息していた水辺は川やため池ではなく、もっぱら農業用に使われる水路だった（以下、農業水路）。再発見された場所を含めて県の北東部では四国横断自動車道の建設（以下、高速道路建設）が計画されており、再発見の地ではそれに伴う農業水路の改修工事（以下、水路改修工事）が決まっていたのである。この水路改修工事は、カワバタモロコが泳いでいるまさにその場所で行われるものだった。

この事例の問題構造は、一見すると、土木工事で自然が破壊されるというよくある話に聞こえるかもしれない。せっかく再発見された珍しい魚が土木工事によって再び絶滅してしまわぬよう農家や行政や自然保護団体などが連携・協力した結果、保全できたというハッピーエンドな話かといえば、そうではなかったのだが……。

写真3–1　再発見されたカワバタモロコ．
写真提供：徳島県立博物館

3　農業土木事業とは？

ここで、農業土木事業について説明しておきたい。「土木事業」という言葉の印象から、国や地方自治体などが資金を出し、道路、橋梁、上下水道など公共の用に資する施設を整備するいわゆる公共土木事業が連想されることだろう。この原資には税金が使われるが、造られる施設は広く社会全般に利用され、その便益は社会全体に還元される。

ところが、農業に関する土木事業は公共土木事業とは異なり、じつは農家が工事費の一部を払っている。農地、農道、農業水路など農業を営む上でなくてはならない施設（専門的には農業基盤施設）を整備する農業土木事業（専門的には農業農村整備事業）は、その土木事業によって特定の個人が高い利益を得る。

たとえば、とある農家が所有する農地が小規模で散在していたり、いびつな形で使いにくかったり、あるいは四方を他人が所有する水田に囲まれていたりする。一人の農家だけなら、一つにまとめて造り替えたりできず、もはやどうしようもない。しかし、その集落の農家の多くがそうした農地だったらどうだろうか。集落で話し合いが持たれ意見が一致すれば、農地の区画を一度すべてなくして新たに大区画かつ整然と再配置し、使いやすいように農道や農業水路を付け替える土木工事（専門的には圃場整備事業）が可能となる。じつは、こうした農業土木事業が日本全国で日々行われている。こうした農業土木事業がなされれば、当然、この集落の農家は高い利益を得ることになる（もちろん、農業の効率化により安価な食料を大量生産することが可能となり、社会に還元される面もある）。そのため、工事費用の大部分は税金で賄われるが、利益を得る農家がその一部を負担すべきと考えられている。これは「受益者負担の原則」と呼ばれ、自治体によって差があるものの総工事費のおおよそ一〇～一五パーセント程度を集落の農家がそれぞれ分担して賄う。

農業土木事業にかける農家の思いをここから容易に察することができる。このように工事費用をわざわざ負担してまで農地や農業水路を造り替えたいと思う農家は、できるだけ便利な農業を目指す。農道の草刈りや水路掃除といった日常的な管理作業をできるだけ減らしたい。そうした場所に棲む生きものに対しては、「普通に見られるあんな雑魚の何が大切なのか」、「昔からいるのだから、わざわざ保護の必要はない」〔風間 2010〕と、保護・保全の必要性そのものが疑問視される。工事をめぐっては、農家から「環境配慮の必要性は充分に認識しているものの、営農効率を犠牲にするような環境配慮策には抵抗感がある」〔田村ほか 2006〕と明確に忌避される。このように、農家にとっての農業土木事業は、自分たちが費用を負担して自分たちのために使いやすい農地や水路に造り替えるためのものである。本事例を取り上げる前に述べておきたかった点はここである。

4 対象地域の水路環境――地元農家不在の「保全」

水路改修工事の工法を決める「七者協議会」の設置

さて、いよいよ話を進めたい。カワバタモロコが再発見されたものの、その生息地では高速道路の建設と、これに伴う水路改修工事が決まっていた。このため、二〇〇六年五月、高速道路建設を行う西日本高速道路株式会社から徳島大学と徳島県立博物館の研究者らに対して、「工事によってカワバタモロコやその他の絶滅危惧種全般にどのくらいの影響があり、どのような保全策を講じればよいか」を明らかにする調査研究が委託され、二〇〇六～二〇〇七年度の二カ年にわたり実施された(1)。この調査研究は主として研究者らが行い、逐次、関係者への報告と議論がなされた。そのメンバーとして、前述の二者に加えて、水路の改修工事を担当し主に事務局としての役割を担っていた徳島県農林水産部局（農山村整備課）、高速道路に関連した土木部局（高規格道路推進局）、希少種の保全を管轄する環境部局（環境首都課自然共生室）、カワバタモロコの緊急的な保護・増殖を依頼することになる水産研究所、再発見地の当該市町村として鳴門市（高速道路対策課）がおり、通称「七者協議会」と呼ばれた（括弧内はいずれも当時の部署名）。この七者協議会は水路改修工事にかかわる行政機関がすべて参加していたことから、その後のカワバタモロコの土木技術的な保全策、つまり水路の形を決める重要な場となっていった。

この委託研究による一連の調査から、カワバタモロコが再発見されたとはいっても生息環境は悪化しつつあり、「〝再〟絶滅」という不名誉な事態になりかねない状態であることがわかってきた。これは、対象地域の地形的条件を背景としていた。そもそも、カワバタモロコは流れがあまりない低湿地帯に生息する魚である。再発見された大津町はまさにそうした吉野川の最下流部の低湿地帯に位置し、川の増水によってすぐに冠水する洪水常襲地帯であった。こうした場所は農家にとって肥沃な農地でもあり、低湿地環境に適して商品価値の高いレンコンが一九六〇年代以降に徐々に栽培されるようになった。また、対象地域は周辺地域よりも標高がさらに〇・五～一メートル程度低く、水路の排水性に乏しいこともあり、肥料を多投入するレンコン栽培と相まって、水質は慢性的に悪化していた。そして、二〇〇五年に行われた用水のパイプライン化事業により上流域からの良好な用水が確保されたため、それまでのように農業水路の維持管理の必要性が薄れ、水路の泥浚いや草刈りなどが徐々に粗放化されるようになった。これによりいっそう、水質と底質の悪化が進んだといえる。

「保全か開発か」の二項対立での報道

二〇〇六年八月一〇日、地元紙「徳島新聞」によってなされた報道「絶滅の恐れある淡水魚カワバタモロコ　生息地ピンチ　県内環境団体　保護求める声」で事態が大きく変化した。カワバタモロコの再発見地が高速道路建設と水路改修工事の予定地であったことから、地元紙がそれを大きく取り上げ、保護の必要性を前面に打ち出す報道を行った。その記事は「生息地周辺は、大雨になると上流から雨水が流れ込み、道路まで冠水するなど水はけが悪く、農家の間で水路をコンクリート三面張りに改修することを求める声が出ている。しかし、水路改修が進むと貴重な生息地が失われる可能性もある」などと、「環境か開発か」という典型的な二項対立の図式での報道であった（図3−1）［徳島新聞 2006.8.10］。

絶滅の恐れある淡水魚

カワバタモロコ

生息地ピンチ

四国横断道延伸で

鳴門市　用水路改修を検討

県内環境団体　保護求める声

徳島県のレッドデータブックで絶滅と判断されたあと、鳴門市大津町の水路に生き残っていることが分かったコイ科の淡水魚・カワバタモロコの生息地が、四国横断自動車道の延伸に伴って開発の危機にさらされていることが分かった。横断道を建設する西日本高速道路会社は徳島大学に委託して現地でカワバタモロコの生息調査を進めている。周辺整備を受け持つ鳴門市も近自然工法による用水路の改修を検討しているが、カワバタモロコが絶滅の危機に立たされているだけに、県内の環境団体から保護を求める声が上がっている。

カワバタモロコが生息しているのは、大津町大幸、段関両地区にある水路。二〇〇四年八月に県の調査で見つかり、遺伝子を調べた結果、外部から持ち込まれた可能性が低いことも分かった。

生息地は、コンクリート張りの水路が少なく、なだらかな岸に水生植物が茂る土の水路が多い。水生植物が豊富なことから天敵から逃げる隠れ場がたくさんあり、生息の絶好地になっている。

しかし、西日本高速道路による有料道路方式で建設される四国横断道の本線が通るほか、水路改修など周辺整備事業の対象に入り、本線工事の用地買収や周辺整備の話し合いが始まっている。

生息地周辺は、大雨になると上流から雨水が流れ込み、道路まで冠水するなど水はけが悪く、農家の間で水路をコンクリート三面張りに改修することを求める声が出ている。しかし、水路改修が進むと貴重な生息地が失われる可能性もある。

このため、西日本高速道路徳島工事事務所では「徳島大学の調査結果をみた上で具体的な工事方法について検討したい」としている。また鳴門市は「水路改修とカワバタモロコの保護を両立させるため、できるだけ自然環境を保てる工事方法を考える」と話している。

工事計画変更を

角野康郎・神戸大学理学部教授（生態学）の話　工事計画を変更し、カワバタモロコの保護を第一に考えるべきだ。もし変更ができないなら、カワバタモロコを他の場所へ移すなど別の手段を取る必要があるだろう。

◆カワバタモロコ◆　全長30～60ミリの日本固有種。静岡県以西の本州太平洋側、四国、九州の平野部にある河川や池、沼、水路に生息するが、コンクリート三面張りの河川改修が進み、すみかが減ったほか、ブラックバスなど魚食性外来魚の侵入で全国的に数が少なくなり、国のレッドデータブックでは「絶滅種」に次ぐ「絶滅危惧Ⅰ類」に位置づけられている。

カワバタモロコ（徳島県提供）

カワバタモロコがすんでいる水路＝鳴門市大津町

図3−1　カワバタモロコが「開発の危機」にさらされていると報じる新聞記事（「徳島新聞」2006年8月10日）.

それまではカワバタモロコの発見地は非公表とされてきたが、この報道によって対象地域の農家は突然知ることになった。その後、水路改修工事を担当する農林水産部局と研究者らが、大津町の地元代表農家に対して再発見の状況を「正式」に説明する会合が持たれた。行政部局や研究者らは、絶滅したと思われていた魚に希少価値を認め、農業土木事業には環境配慮が原則化されていたことを正当な理由として「水路改修工事における保全の必要性」を地元農家らに要請した。一方、地元農家は、高速道路建設と水路改修工事自体は再発見時よりもはるか以前に計画され、すでに事前の環境調査も終了していたにもかかわらず、誰かもわからない一般の淡水魚愛好家が発見したことに、「事前調査で見つかっていないのに、なぜ今頃になって発見されたのか」と不信感を抱いた。また、カワバタモロコが成魚でも三センチメートル程度で、体色も地味でフナやタナゴ類とよく似ていたため、「昔、水路で魚捕りをしたけど、こんな魚は一度も見たことがない」といった意見が出された。さらに、前述の対象地域の地形的特徴や新聞記事にもあるように、地元農家の立場からすれば、重労働である維持管理作業から解放される念願の水路改修工事であり、「研究者は自然が残った「いい地域」というが、それは違う。ここは「未開の地」だ」、「工事を止めたり、縮小するつもりか」との峻烈な反発感情が叫ばれた。地元農家は、自分たちがより良い農業をするための工事なのに、出所不明の魚[2]をなぜ保全しなければならないのか、と考えていたのである。こうして、行政部局や研究者らと地元農家とのファーストコンタクトは失敗に終わった。

地元農家不在の「カワバタモロコ保全の提言」

地域環境の調査研究を行った研究者五名(それぞれの専門分野は水理学、魚類学、環境工学、保全生態学であり、筆者は農業土木工学を専門とする農業土木技術者として参画)は、二〇〇八年一月、最終的な成果として七者協議会に対する提言書(「カワバタモロコ保全のための水路改修等のゾーニング(環境配慮対策)に関する提言」)を提出した。この提言はおおよそ次の三点にあった。まず、地域内の食品加工場や家庭からの排水、水田や畑地からの肥料分流入などにより、農業水路の水質が悪化しているため、通水性確保のための水門開閉操作、水質改善のための清水導水などが必要なこと。次に、カワバタモロコの生息に適した工法を適応し、水路同士がつながるように改善が必要であること。最後に、カワバタモロコを含めた希少な動植物の生息にはワンド(湾処)や人工池が有効であり、それを地域内で協議して設置すること、である。

この提言内容からもわかるように、カワバタモロコの持続的な生息のための技術的な解決策が提示されている。研究者らに対する委託研究の目的からも、あくまで「工事実施上の保全措置の検討」であった。事実、委託研究の中では、カワバタモロコの生息環境要因を特定するモデル構築や、水路の流れを解析するシミュレーション、環境配慮区間や水路の分断箇所を特定する水路ネットワーク解析など高度に専門的な検討が加えられた。このため、七者協議会は研究者らが専門的な成果を報告する場となり、当事者であるはずの地元農家に対しては、ファーストコンタクトの失敗もあり、最後まで参加要請がなされなかった。

地元説明会で浮き彫りになった研究者と地元農家との認識のズレ

地元農家に対して七者協議会への参加要請はなかったが、「地元説明会」は開催された。この説明会の主催者は地元農家側の工事担当の代表も兼ねていた地区の総代であり、地元農家らに向けた状況説明として三回ほど行われた。そこに水路改修工事を担当していた徳島県農林水産部局と研究者らを招くかたちをとり、地区総代と地元農家らが毎回二〇名程度参加していた。第一回の二〇〇七年一〇月は、カワバタモロコ以外にも湿地性の絶滅危惧植物などが生息する自然豊かな場所であるという地域環境の現状説明、第二回の二〇〇七年一二月はカワバタモロコを保全する上での考え方や工事対策案、そして「提言書」作成後の第三回の二〇〇八年二月では、具体的な水路の工法案やどこからどこまでの水路範囲を保全区間にするかといったゾーニング案が示された。

この地元説明会において、地元農家は明確に「保全反対」という反応であった。研究者にとっては、カワバタモロコの再発見は生物学的に「幸せなニュース」と映り、その後に水路改修工事が把握されたため、「工事をするならば、カワバタモロコの保全に最大限の配慮がなされるべき」との認識だった。このため研究者は、説明会での使命・責務を「科学的に正しい事実を明らかにし、それを説明し、地元農家に理解してもらうこと」と引き受けていた。一方、地元農家にとっては、水路改修工事は以前から決定されていたものであるにもかかわらず、突然の話として「カワバタモロコの再発見」が地域外から、しかも後から持ち込まれたかたちとなり、カワバタモロコは「決定事項に文句をつける厄介者」との認識となる。また、地元農家は再発見自体に疑念を持っていたにもかかわらず、説明会を通じて研究者から一方的に迫られる保全措置などはとうてい納得のいかないことであった。つまり農家にとって、研究者らは厄介者の肩を持ち、保全を理不尽に迫り、工事を妨害する(過激な)環境保護団体のように見えていたのである。したがって、「提言書」に基づいた具体的な工法やゾーニング案は内容の善し悪しにかかわらずすべて拒否された。

二〇〇四年の再発見から二〇〇八年の地元説明会までをみると、研究者と地元農家との間で

「カワバタモロコの再発見」のとらえ方にズレがあったといえよう。それが双方に認知、修正されぬままに具体的な工法案が提示されたことで、事態は「ファーストコンタクトの失敗」から「明らかに揉めている困難な状況」へとさらに深刻化してしまった。

5 水路改修工事の着工——合理的な「技術的解決策」?

工事実施に向けた解決策の模索

二〇〇八年冬季からいよいよ工事が進められることとなった。しかし、研究者らによる二年間の調査研究に基づいた提言書は地元農家からすべて拒否され、具体的には何も決まっていなかった。農業土木技術者は研究者と役割が異なり、「提言」をすれば終わりというわけにはいかない。最終的には工事完了が目標となるため、「揉めている困難な状況」そのものを改善しながら、解決策を具体的に提示しなければならない。つまり、理想としては、農家の要望を丁寧に拾い上げながら、本来の目的である農業生産性の向上や維持管理作業の軽減を果たし、なおかつ、カワバタモロコの保全に配慮し、地域の自然環境を著しく損なわないで水路改修工事が完了することが求められる。

この困難な状況を改善するために、まず行うべきことは、カワバタモロコが生息することで農家にも何らかのメリットが得られる「社会的な仕組み」の提案と実践である。二つ目は、そうした仕組みを実現するために工事をどう進めるか、そのための設計図を作ることである。複数ある水路を、どのような順番で、どのような形に、どんな方法や材料を使って、いつまでに造るか。こうした具体的なことを盛り込んだ「技術的解決策」である。

「社会的な仕組み」の提案と実践——失敗に終わる地元懐柔

困難な状況が見え始めた二〇〇七年夏頃から二〇〇九年にかけて、農業土木技術者である筆者と一部の中立的な地元農家はともにさまざまな活動を展開していくのだが、またもやすべて失敗に終わってしまう。いくつかを例示したい。

まず、「環境か開発か」という二項対立に陥ったことで、徳島県農林水産部局を通じて「地元検討会」として対話の場を持ちかけた。地元検討会では、中立性を担保するために地域外のファシリテーターを加えることを提案したが、「身内の恥なのに、なぜ外部に開かねばならないのか」と拒否され、あえなく頓挫してしまう。

次に、水路やレンコン田に魚がいることで農家が何らかのメリットを得られる仕組みとして、レンコン田の中にフナを放流する現地実験を行った。その結果、フナがレンコン田の表面に発生する藻や雑草を食べ、それらを減らせることがわかった。そこでレンコン田に多くの魚を呼び込むために、レンコン田と水路とを結ぶ水田魚道の設置を提案し、水路に魚がいることのメリットを提示した。しかし、中立的な農家二軒が水田魚道を設置したのみで、「管理が面倒」という理由でほとんど普及しなかった。

さらに、珍しい魚が棲む誇れる地域であると地元の子どもたちに知ってほしいと考え、地元小学校と連携して出前授業と水路の生きもの観察会を行った。しかし、地元農家からは「子どもを使うなんて、やることがずるい」と批判された。水路に入って行った生きもの観察会では、「あんな汚れた水路に子どもを入れるなんて、怪我でもしたら責任がとれるのか」と意見が出され、翌年は中止され、以降はカワバタモロコの生息地から外れた別の場所で行うこととなった。

こうした活動がカワバタモロコの保全への合意にはなかなかつながらないことから、筆者は次に、水路改修工事によって減るであろう農家の維持管理負担に注目することにした。この大津町は洪水常襲地域であったために、もともと農業水路に泥が溜まりやすく、泥上げ作業は「逃れられない役務」だった。そこで、これまで農家が行ってきた泥上げ作業によって、ヘドロが除去され底質環境が改善すること、水路網全体の流れが改善することを示した。しかし、これに対しても「どうせ工事をすれば溜まった泥を浚うから関係ない」という反応であった。

最後に、再発見されたカワバタモロコは「県民の財産」との考えに立ち、そこでの維持管理作業を地元農家にだけ押しつけることなく、レンコン消費者や一般市民にも知ってもらい、賛同者に担ってもらうことを主旨とした農業体験イベントを企画し、四年間開催した。こうした取り組みは対外的には大きく取り上げられたが、一部の地元農家からは「一部のもの好きの取り組みだ」、「外部からたくさんの人が来て、水質悪化した水路を見られて「こんな汚いところのレンコンなのか」と思われたら困る」と批判的な声があがった。もちろん、個人的に協力する農家も存在しており、すべての地元農家が批判的であったわけではないが、「揉めている困難な状況」を改善できるほどではなかった。

ここでの失敗の理由は何だったのだろうか。これまでの取り組みは、農業土木技術者や研究者にとってはカワバタモロコの存在が肯定的にとらえられ、工事の中で保全されることが前提であり、地元農家にどうにか了承してもらうためのいわば懐柔作戦であった。それでは、カワバタモロコの存在そのものに疑念を持っていた地元農家が、保全を前提とした取り組みにそもそも賛同するはずがなかったといえよう。

「技術的解決策」――地域課題を取り込むことで「一時的」に得られた合意

水路改修工事をどのように進めればよいか、農業土木技術者も行政担当者も答えを見いだせないままに二〇〇八年冬季を迎える。このため、カワバタモロコが生息せず、ゾーニング案からも環境保全対象外と判断された唯一の水路から工事は着手された。ここで、地元農家にとって想定外の事態が起こった。大津町は元来、前述のとおり洪水常襲地域であったため、地域の幹線的な水路は幅七～八メートル、場所によっては一〇メートル程度と大きく造られていた。これは、降った雨水を一時的に溜めておける「遊水池」としての機能を持たせるためであり、地元農家からは水路改修工事でも水路に当然具備させるべき機能と認識されていた。ところが、地元農家が求める維持管理作業負担が最も少ない柵渠（さっきょ）工法（カワバタモロコには最も悪影響のある水路工法でもある）を採用した場合、現在の技術指針に基づく水理計算上、水路幅が既存のおよそ三分の一程度になることがわかり、これでは洪水を防げないと強い反対意見が出された。

そこで、遊水池機能をめぐって、カワバタモロコの保全と水路改修工事の間で一時的な合意がなされた。すなわち、地元農家の望む工法では水路の維持管理負担は軽減されるが、水路幅を確保できずに洪水対策としての遊水池機能が担保できなくなる。その半面、カワバタモロコの保全のために環境配慮型の工法にすれば、水面幅を広く取ることができる（ただし、負担は軽減されるが、草刈りなどの維持管理作業はいくらか残る）（写真3－2）。

写真3-2 水路幅を広げられる環境配慮型の水路工法．レンコン田側に緩傾斜型のエコブロックが用いられている．

こうした治水対策という地域課題を水路改修工事の中に取り込むことで、これまでとは一変して事業が進み始めた。カワバタモロコを保全することで、同時に地域課題をも解決できる合理的な「技術的解決策」にみえた。そしてその後、カワバタモロコの保全への反対の声は「一時的」に聞かれなくなった。

6 アカミミガメの食害騒動

ところが、水路改修工事が全路線のおおよそ半分ほど進んだ二〇一二年頃、別の問題が起きてしまう。この年の初夏、生えてきたレンコンの新芽が途中からかじり取られたように一〇センチメートル程度の茎片となって、あちこちのレンコン田でプカプカと浮き出したのである

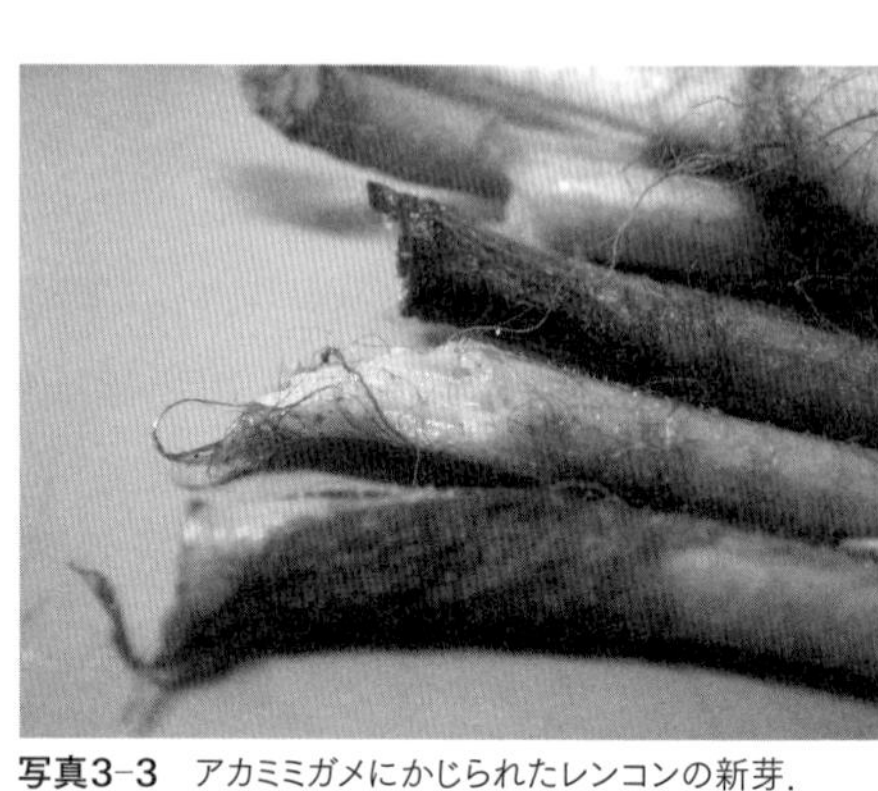

写真3–3　アカミミガメにかじられたレンコンの新芽.

（写真3–3）。長年、レンコンを栽培してきた地元農家でも初めての経験だった。ほどなくして、かじられた新芽の付近で大型の「アカミミガメ（正式名称ミシシッピアカミミガメ）」がたびたび目撃された。他地域のお堀の蓮がアカミミガメによって全滅した事例［有馬ほか 2008］も見つかり、地元農家から犯人はアカミミガメと断定された（図3–2）［徳島新聞 2012.5.24］。レンコンは地下茎の節ごとに地上に向かって生えてくる新芽をかじられると、それ以降の節が成長できず、レンコンとして収穫できなくなる。つまり、これは地元農家にとって減収につながる「アカミミガメの食害騒動」となった。

そして、アカミミガメの食害騒動は、思わぬところに飛び火した。「改修した水路沿いのレンコン田に被害が集中している。工事でこんな水路を造ったからだ！」「もう一回、工事をやり直せ。さもないと訴えるぞ！」と、激しい意見が行政担当者や農業土木技術者に向けられたのである。

地元農家の主張は、おおよそ次のような論理であった。①水路改修では環境配慮型工法と称して、片側護岸を垂直のコンクリートに、レンコン田側の護岸を緩傾斜型にした（写真3–2参照）。②水路にいるアカミミガメは、登りやすいレンコン田側の緩傾斜型護岸ばかりに登坂して水路沿いのレンコン田に侵入し、被害が集中した。③こうした被害が発生することを事前に指摘せず、設計した行政担当者や研究者らに大きな過失がある。④したがって、水路全線にアカミミガメが登ってこられないよう「カメ返し」のような壁を設けよ。⑤できないなら、環境配慮型工法で実施した水路改修工事自体をやり直せ。

こうした主張には科学的な論拠が乏しく、次のように反論することができる。①水路改修工事前からもアカミミガメは生息しており、工事後数年で激増することはない。②レンコン田に登坂したアカミミガメはそこにとどまることなく、広く移動するため被害は集中しない。③アカミミガメはたとえ垂直の壁でも突起があれば十分に這い上がれるほど登坂能力が高い。④カメ返しを付ければレンコン田に大型農機具が搬入できなくなる。⑤そもそも委託研究ではカワバタモロコの保全策の提案が目的であり、アカミミガメは検討の範囲外である。

外来種のミドリガメ

鳴門 レンコン畑で繁殖

新芽食べられる

JA大津、本格駆除へ

全国有数のレンコンの産地・鳴門市で、外来種のミシシッピアカミミガメが大量に繁殖し、レンコンに食害が出ている。個人が飼育していたものが野生化したとみられるが、繁殖力が強く、被害は広がりそうな状況。地元のJA大津は今年から、県農林水産総合技術支援センターと共同で本格的な駆除に乗り出すとともに、より詳しい実態調査に着手した。

JA大津によると、3年ほど前から「レンコンの茎がかみちぎられている」「新芽が食べられている」などカメが原因と思われる食害の報告がレンコン農家から寄せられ始めた。昨年11月、カメの生態などが専門の愛知学泉大学の矢部隆教授に相談すると、ミシシッピアカミミガメによる食害の可能性が指摘された。

このため、同JAが4月、レンコン畑の周囲にある水路10カ所程度に捕獲用のわなを設置すると、同月中に164匹のミシシッピアカミミガメが捕獲された。5月からわなを引き上げる回数を増やしたところ、一日に50匹以上が捕獲されるなど、4月よりも数が増える見通しだという。

JA大津では約100戸の農家が計約160㌶でレンコンを栽培。出荷量は2010年度の1882㌧から11年度は1658㌧と200㌧以上減った。同JAは「昨年の出荷量が落ち込んだのは台風による被害が大きい」としながらも、カメによる食害の影響も小さくなかったとみている。

5月中旬には矢部教授を招き、ミシシッピアカミミガメの捕獲法などについての勉強会を開催。矢部教授は今後も定期的に来県し、ミシシッピアカミミガメのふんを分析して食性などを調べることになった。矢部教授は「完全な駆除は難しいが、できる限り数が減らせるよう調査を進めたい」と話している。

JA大津は今後、レンコン畑の中にもわなを設置するなど、より大規模な駆除を実施。支援センターと共同で捕獲場所や捕獲数を記した被害マップを作成するとともに、被害防止策の検討も急ぐ。（廣木竜一郎）

【上】レンコン畑の水路に仕掛けたわなにかかったミシシッピアカミミガメ　【下】捕獲されたミシシッピアカミミガメ＝いずれも鳴門市大津町

ミシシッピアカミミガメ　米国原産で、ミドリガメとも呼ばれる。緑がかった体と目の後ろにある赤い模様が特徴。甲長28㌢程度にまで大きくなる個体もある。愛玩用に輸入されたものが捨てられるなどして1960年代後半から日本各地の川や水路などに生息するようになった。雑食で魚やエビのほか、水草なども食べる。6、7月に15個前後の卵を産むなど繁殖力は強い。

図3-2　アカミミガメによる食害問題を報じる新聞記事（「徳島新聞」2012年5月24日）．

一度は合意したはずの工事だったにもかかわらず、このように地元農家が「再工事」という主張をするに至った背景を振り返っておきたい。水路設計において、当初はカワバタモロコが厄介者だったが、洪水対策につながる水路幅の拡張（遊水池機能の付与）ができる肯定的な面が見いだされた。これは地元農家自身がその工法に良さを感じ、行政担当者や農業土木技術者と「合意」してなされた工事だった。ところが、地元農家の視点に立つと、カワバタモロコの存在を認めて合意したものではなく、保全を引き換えにすれば水路幅を少しでも広くできるために、しぶしぶ引き受けたものだったといえる。水路の維持管理負担と洪水リスクのバランスを考えて、農業生産効率上、最も合理的と判断した結果であった。つまり、わかりやすくいえば、「維持管理負担が少なからずあっても、洪水でレンコンを全滅させるよりはマシだろう」という経済性の一軸上でバランスをとっていただけなのである。それがアカミミガメの食害騒動によって、レンコンの収穫が大きく損失することになれば、まったくもって受け入れられる工法ではなくなったのである。

7 多元的な価値を取り戻す場としての「工夫の余地」

二項対立でとらえる問題認識のまずさ

カワバタモロコの保全をめぐる水路改修工事で、なぜ、これほどまでに揉めてしまうだろうか。地元農家は「自分たちだけが不公平な扱いを受けている」と主張する。農業をしやすいように水路を改修するだけのはずが、希少であるとか、再発見された生きものということだけで、なぜゆえに地元農家だけが我慢を強いられ、保全の責務を負わされるのかという理不尽さである。これに対して、農業土木技術者や行政担当者は、カワバタモロコの保全を前提とし、それを工事の中に入れ込む方法として「カワバタモロコのためにどこまでなら我慢できるのでしょうか」と問うてしまっていたし、懐柔策として生息によるメリットを見いだそうとしている。不公平さの解消になんら触れていないのだから、それではなかなか折り合うことはできない。

この本質的な問題を見えづらくしているのが、両者の間で、カワバタモロコの保全か水路の改修かと二項対立で問題認識してしまっていることのまずさである。環境か開発かの二項対立で問題をとらえているため、農業土木技術者は、維持管理負担をいかに省力化させるかという技術的な問題として解いてしまう。それが遊水池機能を持たせ一時的に折り合えた技術的な解だったが、農家が一方的に被害を背負う不公平な構図が残ったままであり、アカミミガメの食害騒動のようにひとたび経済性のバランスが崩れると、たちまち不満が噴出してしまう。こうした二項対立で問いと解を立てたまま、環境保全を図る技術開発を行ってきた農業土木技術者の敗北であり、限界ではないかとさえ思われた。

「縁田」の存在——かかわりを紡ぎ出せる「余地」

これまでの水路設計の考え方は、水路を「農業専用水路」という単機能に集約化させることで、経済効率性や維持管理負担の軽減を技術的に解決しようとする「管理先行の思想」であった。二項対立で問題を認識したまま、モノの形(水路の工法)を模索し、より本質的な「不公平性の問題」そのものの解決に挑むものではなかった。そこでは所詮、環境保全はしぶしぶ引き受けられるものとなり、経済性を損なう事態が起こればたちまちひっくり返ってしまう。それでは、どのような設計思想を持つべきなのだろうか。

そこで筆者が目を付けたのは、この地域に存在した「縁田（えんた）」という空間だった。大津町には、一九七〇年頃まで水路の底泥を掻き上げて造成された半水没した水田「縁田」が存在していた。また、縁田は洪水常襲地域で泥が溜まりやすいという地形的制約条件と密接に関係し、他の低湿地帯の大分県有明海沿岸部や岡山県児島湖周辺でも確認されている。さらに低湿地帯での農業水路は微小な標高差を利用して通水性を確保しているため、水通りを良くする泥上げは必須であった。重機のなかった時代には人力で底泥を掻き上げており、大変な重労働であったという。こうした地形的制約条件から、この地での農業には逃れられない役務がつねに存在していた。そこで過酷な維持管理作業である泥上げから何らかの経済的なメリットを得ようとして考えられたのが「縁田」だった（写真3-4）。水路岸部に造られた縁田には米が植えられ、ある農家は縁田だけで一年間の飯米を確保できるほどだったという。

もう一つ、この地域には水路と人とのかかわりがあった。遊水池機能を持たせた幅の大きな水路では、地域総出で魚を捕る冬季の楽しみがあった。毎年二月に解禁される冬の魚捕りのことで、長さ三〜四メートルの竹竿の先に幅六〇センチメートルほどの竹籠をつけたマイガキと呼ばれる道具で泥の中に隠れている魚を泥ごと掻き上げて捕るのである。各家族で父親がマイガキを掻き、その後ろで母親と子どもが泥の中から魚を探す。地域の家族が水路傍に一列に並び一斉にマイガキをし、魚が捕れなくなれば徐々に移動しながら繰り返す。当時を体験した地元農家は、「マイガキをやると魚も捕れたし、相当量の泥も一緒に掻き上げられていた」と言う。

こうした縁田やマイガキはいったい何を意味しているのだろうか。水路の泥上げという重労働から少しでも飯米や魚といった経済的なメリットを得られる賢い仕組みだったことは事実であろう。しかし、より重要なことは、こうした賢い仕組みを生み出すことができる自由さを持った水路空間だったことのほうであろう。縁田やマイガキは、農業用の水を流すという本来の目的とは

写真3–4　縁田のなごり.
左側の農道と水路の間に，水路に沿った細長い田が見える.
今では嵩上げしているが，当時は半水没する縁田だった場所だそうだ.

明らかに異なる水路の使い方である。地域において、水路は営農上、農家間で利害が共有される空間である。そのため、共通の目的（用水を流すこと）が阻害されるような使い方はできない。しかし、そうでなければ、地域の人びとは本来の目的から外れる「目的外使用」をしてもよかったのである。縁田は、自らの働きかけによって形を変えることが認められる「物理的な余地」と同時に「心理的な余地」のある空間だったと解釈できる。

つまり、水路にはそもそも、使う人の創意工夫によって自由に形を変え目的外使用ができる「工夫の余地」があったのだ。これによって、農家だけが農業専用水路として使うのではなく、多様な人が水路とのかかわりを紡ぎ出すことができる。そして、一つの時代、一つの価値観だけで水路の使い方が完結するものではなくなり、そのときどきの人びとによって新しい使い方がつねに模索

できる。土木構造物が五〇年、一〇〇年経過しても次の世代の価値観に対応できる「世代間の公平性」を持つ可能性すらある。

8 「工夫の余地」を設計する——地域資源の利用と管理の一体的デザイン

「工夫の余地」をデザインした水路——「縁田型護岸」の考案

アカミミガメの食害騒動のその後に話を戻したい。それでは、水路改修工事において、「管理先行の思想」による設計に陥ることなく、また農家に「不公平感」を抱かせることもなく、どのようなモノを造っていけばよいのだろうか。そもそも、水路には元来、「工夫の余地」が備わっていたとする視点のずらしに基づいて考えれば、水路は農家だけが維持管理に努めるべき空間ではなく、創意工夫ができて目的外使用を拒まない空間だった。つまり、多様な使われ方を想定し、使う人びとによる維持管理を想定した、利用と管理の一体的なデザインに行きつく。それは水路にかかわろうとする意欲が生まれる「意欲内発の思想」を持つことになる。この具体的な形に縁田を模した「縁田型護岸」を考案し、水路改修工事で施工した(写真3-5・3-6)。

この縁田型護岸は、維持管理の省力化のため両岸をコンクリートにするが、水路内に物理的な空間として縁田を設けたものである。特徴は、縁田部分をコンクリートなどで固めてしまうことなく、仮設工法として用いられる松杭と吸い出し防止材による土留めにした点である。これにより、農家や使いたい人が土を盛ったり穴を掘ったりと自由に改変することができ、たとえ施工後に農家が縁田部分を撤去したいと思ったとしても、自分たちで改変できるように配慮した。この縁田部分の機能には、将来溜まるであろう水路底泥の泥上げ場、また、生息する魚類の生息・産卵場、そして遊水池としての多面的な機能を持たせた。さらに、この縁田部分の維持管理のために、昔のように商品作物を植えて費用を捻出できるようにするなど、自由に使えることを保証している。

写真3-5　工事前の水路.

写真3-6　工事中の「縁田型護岸」水路.

写真3-7　工事後にマコモが植えられた水路.

想定外の利用と限定的な利用

では、この縁田型護岸は、設計思想どおりにかかわりを生み出す場となったのか。あるとき、施工箇所に隣接するレンコン田を耕作する地元農家が、何もなかった縁田部分にマコモを二株植え、「草がないと魚もいない。でも草が生えすぎると管理が困る」と述べた（写真3-7）。本来、農家にとって通水性を阻害する水生植物の繁茂は避けたいものである。当初想定していた商品作物でもなければ、こうしたただの水生植物を自ら植えたことは想定外の利用であった。そして、冬になると枯れたマコモに火をつけて今でも管理している。自らが管理できる規模を理解して、水路の生きものと遊ぶような使い方を見いだした瞬間だった。

その後、縁田型護岸施工箇所からほどなくの場所で、偶然にも大津町では約五〇年ぶりにオニバス（鬼蓮）が生えてきた。このことは、いくらかの農家からは懐かしさとともに歓迎された。この農家は「縁田部分で水深をいろいろ変えて発芽実験をしてはどうか」、別の地元農家も「縁田一面にオニバスを咲かせたい」といった意見を述べていた。その後、採集されたオニバスの種を撒き、毎年の生育を楽しそうに見守るようになっていった。

ただし、すべての縁田型護岸が自由に使われたかといえば、そうではなかった。あくまで農業土木技術者が考案して施工したものであり、地元農家らと十分にその意図や使い方まで話し合えたわけではなかったためである。縁田型護岸の施工箇所のある近隣農家からは、「水路は村のもの。自分だけが勝手に商品作物を植えるのはちょっと……」という自由な利用をためらう意見が聞かれた。縁田部分は想定外の利用があったものの、あくまで限定的な利用にとどまった。「工夫の余地」をもった空間をつくれば、自動的に利用されるというものではなく、そこを使ってもよいとする説明と社会的な規範や利害関係者の合意が必要だったのであろう。

9 おわりに——どうすれば環境保全はうまくいくのか

五八年ぶりに再発見されたカワバタモロコの保全をめぐって、農業土木事業における環境保全がなぜうまくいかないのかを述べてきた。ここでは、農業土木技術者や研究者、行政担当者、そして農家らが、開発か保全かの二項対立でとらえることのまずさがあり、さらに、それを技術のみで解決しようとした点にうまくいかない理由があった。

しかしながら、本来、水路の使われ方は多様であり、かかわる人それぞれにとっての多元的な価値があったはずである。本章の事例での水路改修工事において、多元的な価値を具体的な「形あるモノ」として落とし込んだものが「工夫の余地」の設計であった。それは、創意工夫によって自由な使い方ができる「物理的な余地」という技術解であると同時に、環境保全において重要である「順応性」を具体的な形に置き換えたものである。

環境保全において必要とされる順応性とは、関与できる人の幅を広げ、環境か開発かの二択ではないその他の複数のゴールを描くことができ、たとえ失敗してもその後も試行錯誤を続けられる柔軟さのことである。具体的にどうすれば順応性をもたせることができるのかと問われれば、発想のずらしから生まれる「工夫の余地」を多元的な価値を生み出す空間として設計しておくということが、農業土木技術者の視点からの一つの答えといえるだろう。

註

(1) 徳島大学環境防災研究センター「四国横断自動車道鳴門市域カワバタモロコ生息状況に関する調査研究」二〇〇七年三月、および二〇〇八年三月。

(2) なお、遺伝子解析の結果、再発見されたカワバタモロコが徳島県に在来の種であることは科学的に証明されている[Watanabe et al. 2014]。

第4章

野生動物と押し合いへし合いしながら暮らしていくために

岩手県盛岡市におけるツキノワグマ被害対策にみる多様な主体間の協働の構築

■山本信次・細田(長坂)真理子・伊藤春奈

1 「動的平衡」としての野生動物との共存――ガバナンスをいかに構築するか

農林水産省によれば、近年の野生鳥獣による農作物被害額は年間二〇〇億円程度で推移し、被害のうち、全体の七割がシカ、イノシシ、サルによるものであり、とくにシカ、イノシシの被害の増加が顕著とされている。さらに、鳥獣被害は営農意欲の減退、耕作放棄地の増加等をもたらし、被害額として数字に現れる以上に農山漁村に深刻な影響を与えているとされ、鳥獣被害が深刻化している要因としては、鳥獣の生息域の拡大、狩猟による捕獲圧の低下、耕作放棄地の増加等を指摘している[農林水産省 2016]。

また、人身被害をもたらす野生鳥獣被害としてのツキノワグマ被害は、筆者らの暮らす岩手県において二〇一三年度七件一一名、二〇一四年度一三件一六名、二〇一五年度一三件一四名と、決して無視できない頻度で発生している[岩手県 2016]。

一九八〇年代までは、野生動物問題といえば、生息地の開発を抑え、その減少をいかに防ぐかに議論が集中してきた。しかし近年、一部の野生動物の個体数は明らかに増加に転じ(シカ、サル、イノシシ等)、また個体数の変化について明らかではない動物(クマ等)の一部も加えて、人間の生活圏への進出による軋轢が問題視されるようになった。農林業被害に加え、クマやイノシシなどについては人身被害も引き起こしかねないことから、野生動物の出没に苦慮する農山村集落は数多い。

人間と野生動物は、ある意味で古来より勢力争いをしながら自らのテリトリーを確保してきた。江戸時代に集落周辺を土塁や石垣で囲ったシシ垣の存在などはその象徴であろう。近代以降、毛皮目的の狩猟の拡大や猟銃の高性能化等により、野生動物の個体数は減少し、また開発の進行とともに野生動物の生息場所は奥地化し、一時的に獣害が少ない時期が続いていた。

岩手県では、江戸初期には盛岡市近郊で藩主による大規模な狩猟により一日で一六〇〇頭もの鹿を捕獲したとの記録もあるが[遠藤 1994]、明治時代にはシカ、イノシシ、サルなどの大型哺乳動物を地域的に絶滅させてしまった歴史が存在する。しかし近年、狩猟圧や開発圧の低下に伴い、それらの野生動物たちが再び分布域を広げ、明治期以降空白だった地域に生息域を広げつつあり、そこでの人間との軋轢を再度生じさせつつある。ただし、ここで注目しておかなければならないのは、一時的に達成された「近代以降の野生動物との軋轢の消滅」は「野生動物の存在の消滅」と同義だった点である。

こうした状況を経て現在求められるのは、かつて犯した誤ちである地域における「野生動物の消滅」のように単純に個体数を減少させることで状況に対処することではあるまい。むしろ必要なのは、野生動物と押し合いへし合いしながら、お互いの勢力圏を確保する「動的な平衡状態」をつくり出すことといえるだろう。しかし、過疎・高齢化などに悩む農山村集落にそのような余力はなく、泣き寝入り、あるいは野生動物に押し込まれて撤退を余儀なくさせられる例もみられる。

野生動物は、生物多様性などの観点からみれば単なる「害獣」ではなく、その生息を存続させるべき自然の一部であり、それは「国民共通の財産」でもあろう。

丸山康司は獣害問題にみられるような人と野生動物の関係を、「人類の歴史とともにある」古い問題と、自然に対する認識の変化によってうまれた「被害と保護とのジレンマ」の新しい問題が混在するものと位置づけている［丸山 2006］。

であるとすれば、「動的平衡」をつくり出す方向での、野生動物との軋轢の解消を農山村住民だけに押しつけて事足れりとするわけにはいかない。こうした複雑化した問題を解決していくためには、農山村の地域コミュニティに加えて、都市住民や行政、企業、大学など社会を構成する多様な主体が「協働」し、問題解決を図る「野生動物問題に関するガバナンス」をいかに構築するかが問われているものといえるだろう。

本章では、そうした方向性を検討するために岩手県盛岡市I地区における地域コミュニティ、自治体、大学等の協働によるツキノワグマ被害対策の取り組みを題材に考察を進めてみたい。

2 ツキノワグマ保護管理計画の策定と放獣調査

前世紀までの人間と野生動物の軋轢の解消方法をきわめて単純化して言えば、基礎自治体(市町村)によって、被害発生に対して駆除を行うという対症療法的な対応によって問題の解決がなされてきた。

しかし、そうした対応の効果への疑問や野生動物絶滅への危惧から、政策の総合化や科学的知見に基づいた施策の実行が求められるようになった[羽山・坂元 2000]。その結果、一九九九年に「鳥獣保護及ビ狩猟ニ関スル法律」が改正され、保護管理という概念を含んだ「特定鳥獣保護管理計画制度」が創設された(現在はさらに制度改革が進み、法律そのものが「鳥獣の保護及び管理並びに狩猟の適正化に関する法律」と改定されている)。

保護管理とは、'Wildlife Management'の日本語訳に相当するものである。なお、'Wildlife Management'は、野生動物の生息地と個体群を管理することを通して、野生動物の存続や保全、人間との軋轢の調整を目標とする研究や技術の体系であって、状況に応じて厳格に保護すること、または積極的に関与して最も適切な状況に誘導・維持することと位置づけられる[東海林 1999]。

「特定鳥獣保護計画」は都道府県知事が当該地域における野生鳥獣の状況を判断し、任意に特定鳥獣保護管理計画を策定するものである。また、保護管理のための目標を設定し、目標達成に向けて保護管理事業(個体数管理や生息環境整備、被害防除対策など)をさまざまな事業主体の協力を得て総合的に行うことが位置づけられている。こうした流れを受けて、都道府県のみならず基礎自治体においても、駆除ではなく保護管理への対応が求められるようになってきたのである。

こうした状況下において、岩手県では、県内に生息するツキノワグマ個体群の長期にわたる維持、ならびに人身被害の防止および農林被害の軽減を図り、もって人とクマとの共存を目指した「ツキノワグマ保護管理計画」を二〇〇三年三月に策定した。

計画における保護管理の目標は、「この計画に基づき、科学的・計画的な保護管理を実施することにより、本県におけるツキノワグマの地域個体群の安定的な維持を図るとともに、ツキノワグマによる人身被害防止及び農林業被害の軽減を図ることにより、人とツキノワグマとの共存を目指すことを目標とする」とされており、その方法として個体数管理、生息環境の整備、被害防除対策、モニタリングが位置づけられている。

とくに個体数管理の方法として、捕獲上限数の設定、個体数調整に係る捕獲許可の方針の徹底、緊急時における捕獲許可事務の特例、捕獲数の管理、学習付け移動放獣の実施が挙げられているが、この中の「学習付け移動放獣」は後に関係者間の軋轢をうむ要因ともなった。

ともあれ、以上のように「保護管理計画」策定による'Wildlife Management'は、科学的な知見とPDCAサイクル(plan-do-check-act cycle：計画→実行→評価→改善の繰り返しによる継続的な改善)に基づいた順応的なマネジメント方法である。しかしながら、こうした「科学的な正しさ」に基づいた自然環境の順応的マネジメントがかならずしもうまくいかないことがままある。そうした「科学的な順応的マネジメントに基づく自然環境保全の失敗」は、そこで出される「答え」が(地域)社会や関係者の望む「答え」とずれることから生じる。結局、科学は社会が望む「答え」を直接的に出すことはできないのである。だからこそ、「科学的正しさ」だけに着目するのではなく、市民参加や合意形成といった社会の側の仕組みをも柔軟に対応させる「順応的ガバナンス」の必要性が指摘されているのである［宮内編 2013］。

それでは、本章の考察の舞台である盛岡市I地区の状況、とりわけステークホルダーの関係性はどのようなものだったのかを次にみることとしよう。

3 クマ被害対策をめぐるステークホルダー間の相互不信

I地区では、二〇〇六年の盛岡市全体ならびに地区におけるクマの大量出没後に、クマ被害軽減を目指した多様な主体の協働に基づく対策活動がスタートする。

ここでは活動スタート前にさかのぼって、I地区の状況を確認しておこう。I地区は盛岡の南西、奥羽山脈の一部に位置している。世帯数は二〇九、人口は六七五人である。水田が広がり、山近くにはリンゴ園が存在する。人身被害は発生していないものの、山中にあるリンゴ園では、食害や枝折の被害が存在する。

一九八〇年代中盤頃から、山林に隣接するリンゴ農家D氏のリンゴ園でクマによる被害が始まった。その被害は激甚であり、そのため盛岡市から電気牧柵が貸与され、D氏は自身のリンゴ園に設置した。この頃には、「山側のリンゴ園を電気柵で囲うからクマが下に降りてくるのだ」との意見もあったとされ、集落内における「被害を受けている住民」と「被害を受けていない住民」間のクマ被害に対する認識には大きな相違があったことがうかがえる。

また、一九九〇年代後半にはI地区内のリンゴ被害は拡大し、一九九六年にはリンゴ農家A氏を中心に一一人の農家が「組合」をつくり、一一人の所有するリンゴ園を囲むように電気牧柵を設置し管理するようになった。その際も盛岡市から補助金が出されている。

二〇〇四年には集落内のリンゴ農家C氏のリンゴ園で捕獲されたクマが、先述の岩手県による「ツキノワグマ保護管理計画」の放獣事業としてI地区内の山林に放獣された。そして岩手大学の野生動物管理を専門とする教員と学生サークルとしてのツキノワグマ研究会（以下、岩大クマ研）が電波発信機による放獣個体の追跡調査を受託・実施した。それとあわせて、岩大クマ研はI地区周辺の山林においてクマの食性調査を行うようになり、リンゴの廃果の林中への投棄を発見する。こうした農作物の投棄はクマに農作物の味を教え、誘引する契機となることから、クマ被害防除の上では大きな問題となる。そのため、大学関係者と盛岡市農政課職員は林地内のリンゴ廃果を埋設するとともに、農政課から住民に対して投棄をしないよう呼びかけが行われた。

またこの頃、まったくの偶然ながら、自然科学的観点からクマ調査を行う岩手大学の同僚とは別に、筆者らもクマ被害を受けた農家の意識や農家の防除対策実施のための条件などを社会科学的に調査するためにI

写真4-1　自動撮影カメラに写ったツキノワグマ.

地区を訪問するようになっていた。

ここで、当時のI地区における農家によるクマ被害防除の取り組みをA・B・C・Dの四人の農家の対応から概観すれば、以下のようになる。

- A氏(五〇代男性、専業農家、リンゴ二・二ヘクタール)……対策：電気牧柵設置(組合を組織)
- B氏(五〇代男性、兼業農家、リンゴ三〇アール、水田六〇アール)……対策：リンゴ園周辺の草刈り
- C氏(五〇代男性、兼業農家、リンゴ七〇アール、水田八六アール)……対策：クマの駆除に依存
- D氏(五〇代男性、専業農家、リンゴ七〇アール、水田一二〇アール)……対策：自農地への電気牧柵設置をクマが集落へ降りてくる原因と批判され、柵設置を中断

以上のように、兼業農家は電気柵導入の経済コストや漏電防止のための草刈りなどのメンテナンスコストの負担増から電気牧柵設置を見送り、駆除に頼らざるをえない状況であり、集落内の農家の対応にはばらつきが存在せざるをえなかった。

こうしたなかで、大量出没の寸前である二〇〇六年三月に自治会総会において、I地区自治会長の招きによって、岩大の野生動物研究を専門とする教員によるI地区で放獣されたクマの行動圏ならびに防除対策の課題等についての発表が行われた。自治会長は、「地域として対応していくのは大変な部分がある。しかし、クマの問題を共通認識にするためにシンポジウムを開催したという部分もある」と述べており、農家の個別対応ではなく集落ぐるみのクマ被害対策の必要性

が集落内で共有されつつあったといえよう。

しかし、それはI地区住民や行政、専門家としての大学関係者を含めたクマ被害防除にかかわる関係主体が、お互いを信頼しあい、協働関係をつくりうる状況が成立したことを意味しているものではなかったのである。

当時のI地区でクマによる農作物被害が発生した場合、地区住民は盛岡市農政課に有害駆除を要請する。農政課は岩手県自然保護課に捕獲許可を申請し、許可がおりれば、市農政課は猟友会に駆除を依頼するというものであった。

しかしながら、「ツキノワグマ保護管理計画」を策定し、保護管理を標榜する岩手県自然保護課からすれば、「被害即駆除」の方向性は安易には受け入れられず、電気牧柵による被害防除の徹底や被害を及ぼしたクマを捕獲し、唐辛子スプレーなどで「おしおき」し、人間の怖さを学習させた上で放獣する「学習付け移動放獣」などを推奨することになる。また、そうした県側の方針と連動して、クマの保護管理に努めなければならない盛岡市環境企画課も同様の意向を示すことになる。

これに対して、農業被害の軽減に努めなければならない市農政課ならびに被害を訴えるI地区住民との間には、当然のことながら意見の相違と軋轢が生じることになる。地元からすれば、クマ保護を優先させ、一方的に対策を押しつける(ように感じられる)県や市の環境部局あるいはそれを後押しする「保護派の世論」に対して不信感が生じることは当然の成り行きであったろう。

また、岩手県の委託に基づく岩大関係者の「学習付け移動放獣」の実施には、地区住民から放獣による再被害を心配する声があがり、クマを追跡調査する岩大関係者も「保護派である」という認識を持たれることとなる。

先述のように、自然科学・生態学的調査とは別にクマ被害に関する社会科学的農村調査のためにI地区を訪問した筆者は、農家の方から「あなたも人間よりクマのほうが大事なんだろう」との言葉をかけられたことは忘れられない。

こうしたなかで、クマの食性調査のためにI地区を訪れる岩大クマ研や社会科学的農村調査のために同じくI地区を訪問する学生は、訪問のたびに地元農家とあいさつを交わし、時に聞き取りのかたわら農作業の手伝いを行うことなどを通じて、I地区住民から一定の好感と信頼を寄せられるようになっていた。このことは後に事態打開に大きく影響することになる。

4 相互不信がもたらす悪影響——不信感を拡大する「想いのすれ違い」

こうした関係者間の「相互不信」とでも言うべき状況は、当然のことながらクマ被害防除対策に悪影響を与えた。

リンゴの廃果処理にかかわる問題をみると、県庁自然保護課や大学等の野生動物専門家は「クマを誘引する摘果リンゴなどを野積みにせず埋めるように」と指導を行う。これに対して、農家側からは「そのような手間をかけられない」、あるいは「草刈り機で破砕してしまうのでクマはそんなものは食べない」との反論がなされる。後にリンゴの含まれたクマ糞が発見されることで、自然科学的には「クマが廃果を食べていること」自体は事実ということが判明する。

しかし、あらためて考えてみると、自然科学的な「クマが廃果を食べているという事実」から導かれるのは「クマを誘引しないように廃果を処理すべき」ということであって、その処理の担い手が農家でなければならないということとは本来、別な問題である。農家の立場からすれば、I地区において一九八〇年代中盤以前はクマの出没はなかったわけで、その状態へ回帰するクマの駆除はなぜいけないのかという疑問や、クマの保護管理のために新たな負担が生じるのであればクマの保護を主張する側の人間が負担すべきという主張もありえなくはない。

それを裏付けるように、C氏の妻は「クマ保護の立場の人はあまり好きじゃない……」、A氏は「保護団体がもっと山の手入れとかをすべき。かれらは口だけ」、D氏は「保護を訴える人たちが被害を受けていないのが問題。被害を受けている立場を知るべき」とのコメントを残している。

筆者らは、こうした意見を受けて、盛岡市内のI地区を含む農村集落と都市部において、クマ被害に対する意識は本当に異なるのかについて二〇〇七年にアンケート調査を実施した[Hosoda (nee Nagasaka) et al. 2009]。そこでは、農村住民のほうが都市住民よりもクマ被害を経験している人が多いこと、また農地にクマが出没して農作物に被害を与えた場合に、農村住民のほうが都市住民よりも「捕殺する」と回答する比率が高いことが明らかとなっている。それはすなわち、農村住民が都市住民よりも農作物被害を重く受けとめていることを意味し、逆に都市住民にとって農作物被害はクマを「捕殺する」ほどのものではないととらえる傾向にあるといえる。

このような状況下において、「自然科学的「正しさ」を盾にクマを補殺せず、農家へ負担増を押しつけてくる(ように農家には感じられる)」言説に対し、農家が反発や不信感を覚えるのは当然であろう。それは農家からすれば、被害を受けている自分たちの気持ちをわかってもらえていない、また一方的に廃果の処理やクマの放獣を押しつけてくる（ように感じられる）「保護」に対する不信感であり、実際のクマ被害とあわせて二重の被害を受けていると感じられる状況なのである。

そのことが行政や専門家への不信感や対策の効果そのものへの疑念をうむことになり、廃果対策が実施されないという結果を招いたのである。

もちろん、県や大学側は農家への責任の押しつけを意図したわけではないのは当然である。しかし、結果的に「そのように受け取られてしまう」という「想いのすれ違い」が関係者間の「相互不信」を増幅していた面は見過ごせない。

こうした「想いのすれ違い」を顕著に表す場面をもう一つみておこう。

I地区における「学習付け移動放獣」の結果説明会において、クマの移動に関する生態的説明のほか、農地へのクマの侵入を防ぐための方策についての説明が行われた。そこでは、I地区においてその時点で実施されていた電気牧柵の張り方の誤り、リンゴ廃果の放置への指摘などがなされた。それ自体は純然たる事実であり、指摘する側の専門家のよって立つ「科学のルール」では、事実を発見し指摘するのは当然のことであり、そこには問題解決に向けた科学的・技術的課題の指摘という以上の意味はない。

しかし、クマによる直接の被害者であり、「科学のルール」を共有しない地元住民からすれば、たとえて言えば、泥棒に入られたにもかかわらず、「鍵の閉め方が悪い」「財布を机に置いておいたおまえが悪い」と言われているように「聞こえてしまう」のである。

また、説明会においてI地区で撮影された写真を用いて問題点を指摘することは、I地区の地元関係者には誰の畑なのかが一目瞭然であり、それは皆の前で恥をかかされたと受けとめられかねない。

もともと、専門家の主張する科学的な「クマ保護管理」という県や大学の価値観と、被害防除を行うとしても地元の負担を極力軽減したいという地元の要望との乖離から「相互不信」は存在していた。そこへさらに、行政や専門家からすれば当然と考える「科学のルール」に基づいた発言が、「地元からすればまったく異なる意味を持ちかねないこと」に注意を向けられなかったことが「想いのすれ違い」を招き、さらに不信感を増幅してしまうという悪循環をもたらしたのである。

こうした「相互不信」を解消することや、「科学のルール」だけにとらわれず、相手の立場や受け取り方に配慮した丁寧なコミュニケーションの必要性への気づきを持てないままに、二〇〇六年の全国的かつ盛岡市においても歴史的なクマの大量出没の発生という状況を迎えてしまうのである。

5 関係者間の協働関係の構築と成果——クマの大量出没が契機に

二〇〇六年は全国的にクマの大量出没が発生し、盛岡市内でも目撃や痕跡、農作物被害などの通報を受けて市農政課が確認出動する回数は一〇七回を数え（少ない年は三〇件程度）、市域全体でのクマの駆除頭数は二六頭、うちI地区での駆除頭数が一三頭と半数を占めるという事態となった。

I地区住民の不安は頂点に達し、「子どもを一人で表に出せない」「夜、外に出るのが怖い」などの声も寄せられた。

このようなクマ大量出没を受けて、これまで個別に行われがちだった対策を多様な主体の協働により一本化し、I地区全体の防除を行おうと提案したのが、当時の市農政課クマ担当のN氏であった。N氏や当時の他のクマ担当者は、その年に農政課に配属され、十分な知識や経験がないなかで昼夜休日関係なくクマ出没の対応に追われ、過労での一時的入院等も経験するものの、その真摯な姿勢によってI地区の農家から絶大な信頼を寄せられるに至っていた。また、その多忙さゆえに、駆除ばかりに頼る対応では限界があると感じ、ばらばらに対応しているとはいえ、多様な主体が存在するI地区において何か他の対策が打てるのではと考えるようになった。そしてN氏は、以前、社会科学的クマ被害調査のためにI地区を訪問していた岩手大学大学院生から「行政が多様な関係者を結ぶ調整役になれないか」という提案があったことを思い出し、自らがその任にあたることを決意したとしている。

N氏は各主体と個別に協議を行い、各主体の要望を把握し、その後、I地区にかかわる主体の全体での初顔合わせとなる全体協議を開催した。これはN氏の真摯な取り組みが関係者全員から信頼を得ていたことが大きく影響しているものといえよう。

会議において地区住民からは、被害対策を行っていくにはI地区が一丸となって協力する必要があること、しかしそれをI地区のみに押しつけるだけでは解決できないこと、経費や労力を確保しなければならないことなどの意見が出され、I地区外からの支援体制の整備と地域内での自主的な防除意識の確立が必要であることが確認された。

その上で、各主体の目的として、自治会は被害対策を農作物被害の軽減と人身被害の防止につなげること、行政や大学は有害獣捕獲の減少につなげることを相互に確認した。ここで注意すべきことは、主体ごとに目的は異なっていても、それぞれの目的実現のためにとるべき手法と「目標」は、「里山の整備と電気牧柵の広範な設置によるクマの集落への侵入防止」であるということが共有されたことだった。

経費については、初年度は猟友会からの電気牧柵購入のための補助金が大きな資金源となり、一部を自治会が担うかたちであったが、徐々に資金主体は自治会へと変化していくことになる。また労力については、各主体の参加のほか、学生の学びの場として岩手大学側が参加を募ることを約束した。

役割分担としては、①自治会は機械による刈り払い、既存電気牧柵の提供、新規電気牧柵の購入、②盛岡市は機械での刈り払い、連絡調整、猟友会はクマや山にくわしいハンターの視点からの対策指導、轟音玉による作業前の安全確保、③岩手大学は鎌による刈り払い、電気柵設置の労力補助、専門機関として効果的な被害対策の検討とされた。このほか、岩手県の自然保護課や盛岡市環境企画課などにも声をかけ、活動への参加を求めた。

以上の取り決めに基づき、二〇〇七年、多様な主体の協働による被害防除対策はスタートした。以降、取り組みはルーティン化され、毎年六月、七月、九月にリンゴ畑周辺の刈り払いや電気牧柵の設置などを行い、一二月には柵の撤去を行うこととなった。参加者は、リンゴ農家、地域住民、岩手大学の学生や教員、盛岡市、盛岡市猟友会などで、二〇一六年現在では毎回六〇人程度が集まる。取り組みの結果、対策初年度の二〇〇七年度には盛岡市内全体の捕獲頭数一四頭に対してI地区では三頭となり、二〇一一年度は盛岡市全体一〇頭に対してI地区ではゼロとなり、二〇一四、二〇一五年度もI地区における駆除頭数をゼロに抑え込んでいる。

6 信頼関係構築の取り組みとその効果――相互不信の払拭へ

多様な主体の協働による被害対策を実施するにあたり、岩手大学の自然科学系と筆者ら社会科学系の関係者は打ち合わせを重ね、対策の成功のための鍵は各主体間の「相互不信」の払拭であるとの結論に達していた。そのためには、岩手大学関係者はクマの保護だけを優先する「保護派」ではないと信用してもらうことと同時に丁寧なコミュニケーションを心がけ、誤解を増幅しないように努めることが目指された。

第一回の取り組み時点で、コーディネーターとしてのN氏の尽力により、主体相互の関係は改善していたものの、実際の活動が継続可能なものになるか否かは未知数だった。市農政課は、第一回は行政・地域・大学から各一〇人程度の参加者が集まり、三〇人程度で作業ができればよいと考えていた。実際、その予想をもとに資料作成や作業班編成などの準備をしていた。

I地区サイドは、手探り状態であったことから「とりあえず出てみようか」というもので、被害対策にとくに強い関心のある少数の農家が参加する状況であった。

岩手大学サイドは先述の判断に基づき、最初が肝心であるとの考えから、取り組み姿勢の真剣さを他の主体に見せるために参加学生を大々的に募集し、大型バスで集合場所である自治会館に乗りつけてみせた。これは効果が大きく、N氏は、あらかじめ準備していた資料や作業量では不足となり、「うれしい悲鳴があがった」とコメントしている。リンゴ農家のA氏は、「バスで来るっけもんなあ」というように当時驚いたことを語ってくれている。

また岩手大学側からは、第一回目が実施される前の行政との打ち合わせの際に、当初は刈り払い等を行う作業班を地域住民で構成される機械作業組と学生で構成される鎌組とに分けることを想定していた原案に対して、双方が入り混じった班編成を再提案した。

無論、作業効率や安全面から考えた場合、機械組と鎌組は分けて作業したほうがよい。しかし、班を一緒にすることで、休憩中に地区住民と学生・教員が交流し「丁寧なコミュニケーション」が取れること、地区住民が「自分たちだけがやらされている」のではなく、外からも支援が来て、皆で作業しているのだと感じてもらうために必要な配慮として提案し、受け入れられていた。そして、機械作業と手作業を離して実施することで安全を確保することとした。

参加学生に対しても、事前の打ち合わせ時に、地元の方と極力コミュニケーションをとるように促し、活動への参加は地元の方々から被害や地区の置かれている現実を教えていただく場であることを強調した。このように、大学関係者とりわけ地元からもともと好感をもって迎えられていた学生とI地区住民や行政関係者らが一緒に汗をかくことこそが「信頼関係醸成の鍵」と位置づけていたのである。

以上のように、多様な主体の協働の実現に向けて、元来あった主体間の「相互不信」を払拭するために、各主体から信用されるコーディネーターの尽力はもとより、相互の信頼関係を構築するための真剣度を目に見えるかたちにして見せる工夫、各主体が丁寧なコミュニケーションをとりうるような活動形態の創設などを試みた。

このような「仕掛け」は他の主体に大きなインパクトを与えることに成功し、被害対策活動へのI地区住民の参加者数は第一回の八人から第二回の二〇人へと急増し、以降、二〇~三〇人で安定している。これは、第一回の取り組みにおいて他の主体からの参加者数が地域住民の予想を上まわる多さだったことから、地元の人間が出なくてどうするのだと考えた地域住民が参加してくれるようになった結果であった(写真4-2・4-3)。

さらに、資材や資金、労力といった必要資源の調達先の変化からも、I地区住民の意識変化が読み取れる。被害対策初年度である二〇〇七年は、外部からの支援が必要だということで、猟友会からの補助金が主な資金源になった。翌二〇〇八年は、大学関係者を通じて日本クマネットワーク(JBN)から電気柵設置の補助を受けた。このように、当初は他の主体のネットワークを利用するような外部からの資源調達が中心になっていた。しかし二〇〇九年は、JBNから警報器の提供を受けていたものの、自治会の資金で電気牧柵などの必要資材を購入するといった自力での資源調達に変化した。

また、二〇〇九年には市農政課のクマ担当N氏が異動となり、被害対策を開始する上で主体間の重要な調整役となった人物がいなくなった。これをきっかけに、市農政課から、これからは自治会主体で被害対策を行っていけないかという申し出があり、自治会はそれを引き受ける。その理由としてI地区自治会長は、「いずれ農家（地域）主体でやっていかなければならないと思っていた」、「お互い仕事にも慣れてきたからそれでもいいと思った」と述べており、自治会主体で対策を行うことに対して、抵抗感がなくなっていることがうかがえる。

写真4-2　草刈りの様子.

写真4-3　電気牧柵張りの様子.

このように、対策開始当初は地域側にあった自己負担増への抵抗感は、対策が継続していくなかで受け入れる姿勢へと変化したことが理解できる。

こうした変化を確かめる意味で、二〇一一年に、先述の二〇〇七年と同様のアンケートを今度はI地区のみで実施した（表4-1）。農地にクマが出没して農作物や畜産に被害を与えた場合に「補殺する」か否かという問いに、二〇〇七年段階では七割が「補殺」を選択したのに対して、二〇一一年では三割と明らかな低下を見せている。

インタビュー調査に基づくリンゴ農家A氏、B氏、C氏、D氏らのクマに対する考え方も、二〇〇七年段階で「クマはいないほうがいい。駆除すべき」としていたものが、二〇一一年段階では「駆除は必要だが、自然のことも考えなければならない」と、クマを否定的にみる姿勢から中立的姿勢への変化がみられる。被害に対する考え方も、「大量出没時と比べれば許容範囲」と変化しており、A氏は「取り組みを通して人間側の感情も変化した部分があるのでは」と言う。

表4-1　アンケート配布・回収状況

実施年	2007年	2011年
配布数(枚)	165	154
回収数(枚)	75	64
回収率(%)	45.5	41.6

＊アンケート調査対象地域：I地区全域（1世帯1部配布）

このようにクマ被害対策の成功という結果を得ることにより、かならずしも「保護派」と対立せずに済む状況をつくり出すことができれば、農家や農村地域住民の意識は「補殺」や「駆除」にこだわるものではなかった。「生態学的重要性や科学的必要性を理解しようとしない地元住民」といった専門家サイドが描くステレオタイプなものの見方が、いかに不十分であるかを示す好例といえるだろう。

以上のように、クマ被害対策活動の成功は、I地区住民のクマに対する意識やともに活動する他主体への意識を変化させ、さらには問題そのものを自らのものととらえ、自らの資源を投入してでも実行すべき課題としてとらえる姿勢をつくり出すこととなったのである。

7 順応的ガバナンスの構築と継続
——目標の共有・信頼関係の構築・住民の自己効力感の回復

一連のクマ被害防除対策活動の「成功」をもたらした要因を整理すれば、テクニカルには、①コーディネーターの存在、②外部との協力によるヒト・モノ・カネといった資源調達の成功、③主体間の信頼関係を構築するための工夫ということができるだろう。しかしながら、それは表面的なことにすぎず、これらの要素を並べれば自動的に取り組みが成功するというようなものではあるまい。

むしろ大事なことは、第一に、異なる目的や思考の作法(「科学のルール」と地域コミュニティの文脈)を持つことで、信頼関係をつくることが難しかった主体同士が共有しうる具体的な「目標」(「目的」ではなく「とにかくムラにクマを出さない」)を設定しえたこと、第二に、共有できた「目標」の実現過程において、ともに汗を流し丁寧なコミュニケーションをとることを通じて「想いのすれ違い」を小さくし、相互の信頼関係を構築しえたこと、第三に、被害防除対策の成功によりI地区住民の自己効力感を回復しえたことが順応的ガバナンスを成立しえた要因といえるだろう。

第三に挙げた自己効力感とは、自らが求める結果に必要な行動を自らが成功裏に実行できるという確信であり[竹綱ほか 1988]、自分たちが問題に対処できるという確信こそが、被害対策を地域主導で実践していこうとする変化をもたらしたものといえるだろう。

I地区では近年、ハクビシンやイノシシによる被害も発生し始めているが、農家の多くは、専門家である大学や関連行政機関を対等のパートナーとしてテクニカルな助言や可能な支援を得ながらも、自ら進んで新しい防除活動に取り組み始めており、クマ被害防除対策活動開始当初とはまったく異なる対応を見せている。I地区において構築された順応的ガバナンスは、さらに順応的に変化しつつ、次なる難問にも協働して取り組もうとしているのである。

ここで最近、筆者がクマ被害防除対策活動に参加した折の農家との会話を紹介しておきたい。かつては、「里に出た熊は皆、殺してしまえ」と言っていた方である。「こうして皆で頑張ればクマも出なくなる。そうすればむやみにクマを殺す必要もない。手伝いに来てくれる皆さんには本当に感謝しているんだ」との言葉をいただいた。かつてはクマが出ても駆除以外の対応ができず、駆除しても次のクマがやって来る悪循環に農家の不安は募るばかりだった。その上でクマを駆除すれば保護団体からクレームが付き、今までと同じ農作業をしていれば専門家から防除の取り組みが足りないと責められる。被害者は自分なのに、なぜ自分が責められるのか――。被害への不安とともに農家のいらだちは頂点に達していた。そんなときに始まったのがこの協働の取り組みだったのである。

しかしながら、これまで示してきたとおり、取り組み開始前の時点では各主体のクマにまつわる想いや被害防除活動の目的はばらばらで、「目標」を共有することもできず、「相互不信」さえ漂っていた。そうしたなかで、すべての主体から信用されるコーディネーターの尽力をもって、とりあえず共通のテーブルに着くことができた。そのなかで、異なる目的を持ちつつも、ともに力を合わせて行動し、「クマの来ない、安心して子どもが散歩できるムラ」を目指すという「目標」

を共有することができた。

次に筆者らが、この取り組みを実りあるものにするためにと心がけたことは、関係する主体の想いはそれぞれであり、それゆえ目的もさまざまであるからこそ、こうあるべきという「自然保護」思想を押しつけないことであった。同様に、防除対策も「科学的に正しいのだからこうしろ」と押しつけるのでなく、まずは話を聞いてもらえる信頼関係を構築することであった。そのためには丁寧なコミュニケーションを心がけ、「想いのすれ違い」を防ぐことに努めた。そしてその過程は、理詰めの説得ではなく、立場の違いを超えて一緒に汗を流しながら、会話することの積み重ねでなければならなかった。

こうした積み重ねのなかでクマ被害は減り、問題を自らコントロールできるという自己効力感を取り戻した農家の方々はクマのことを気づかう余裕すら生まれ、地域外の他者との交流を楽しんでくれるようになった。またいつかクマの大量出没があるかもしれず、これですべてが解決したわけではない。しかし、このように前向きに問題に立ち向かっている限り、何とかなると感じられる。

外の人間が、思想や正しさを押しつけない。地元の意思を尊重し、自らの手でやれるという自己効力感を回復するお手伝いをする。立場の違いから生まれがちな「相互不信」を払拭しうるように丁寧なコミュニケーションを心がけ、むしろ立場の違う主体との交流を楽しめるように活動をコーディネートしながら、地域の将来を地元と外の人間がともに考え、前向きに実行する。こうした協働の取り組みこそが野生動物との軋轢の解消の鍵になるのではないだろうか。

第5章

「山や森を走ること」からの地域再生・環境ガバナンス構築の試み

マウンテンバイカー、トレイルランナーによる「ずらし」と「順応」

平野悠一郎

1 はじめに——「山や森を走る」バイカー、ランナーの増加と軋轢の発生

自然環境をめぐる人びとの価値観が多様化すると、それぞれの価値に基づく利用者間の対立や、過剰利用に伴う自然破壊の局面も往々にして増えてしまう。しかし、個々のステークホルダーが、協力して地域の問題解決に取り組むことを通じて、それぞれの価値の内実や自然環境への影響を見きわめ、柔軟かつ適切な調整による持続的な利用へと導いていくこともある。本章では、「山や森を走る」という行為に価値を見いだす新興ユーザーであるマウンテンバイカーとトレイルランナーたちが、自然破壊を懸念する声をはじめ、さまざまな疎外や軋轢に直面しながらも、その克服を図るために、地域の事情や他のステークホルダーの利害を汲み取り、自らの特長を活かし

ながら、柔軟かつ順応的な地域環境ガバナンス構築を導いていくプロセスを描いてみたい。

マウンテンバイクとトレイルランニングは、いずれも欧米で先行的に発展した野外スポーツであり、山や森の舗装されていない道(野外トレイル、オフロード)を「走る」ことを目的とする。[1] どちらも、テクニックやタイムを競い合うプロ競技(レース)としての側面を持ち合わせているが、その発展は、身近な自然を楽しむレジャーや健康維持、体力増進の一環として、一般のユーザー(愛

写真5-1　林地のコースにてマウンテンバイクを楽しむ人びと.
撮影:鈴木英之氏
写真提供:西多摩マウンテンバイク友の会(中沢清氏)

写真5-2　登山道でのトレイルランニング大会.
写真提供:山都町観光協会

好者）の拡大によって促されてきた。近年の日本でも、農山村、里山、森林において、マウンテンバイクやトレイルランニングを楽しもうという人びとは増加しつつある（写真5-1・5-2）。

ところが、ユーザーの拡大が進むにつれて、走行の対象となる林地や道の所有者・管理者、および従前からの道の使用者であるハイカー（登山者、散策者）との間に、表立ったコンフリクトが生じることになってきた。

まず、所有者・管理者との軋轢は、バイカーやランナーの集中的な走行が、道や周囲の林地における土地改変や自然破壊をもたらしやすいことに起因する。マウンテンバイクは、頑丈で幅広いギア比や強いブレーキを駆使して、起伏や変化に富んだ林内の道や斜面を走破するのが魅力の一つであり、一九八〇〜九〇年代にかけて日本への本格的な導入が進んだ。しかし、そのぶん、轍（わだち）やブレーキポイントに沿って土が削られ、浸食による形状変更を招きやすいという難点をあわせ持つ［平野 2016a: 2; 武ほか 2009］。一方、日本におけるトレイルランニングは、二〇〇〇年代にかけて、マラソンブームとアウトドア製品企業やスポーツイベント企業のプロモーションに後押しされるかたちで普及が進んだこともあり、数百から数千人単位の参加者を集めた「大会」の開催をベースとしてきた。このため、大人数が一度に走る連続踏圧による登山道や植生の破壊が問題視されることになり、また、自然保護団体や行政からは、野生動物の生息環境への影響が生じるとの懸念も示されてきた［村越 2012 ほか］。

加えて、地域に暮らす住民や森林の所有者においては、見知らぬ人間が自らの土地に大勢で踏み込むことへの抵抗感や、彼らにキノコや山菜などの林産物を略取されるのではとの懸念が当然ながら存在し、この軋轢に拍車をかけてきた。アウトドアスポーツとして都市部在住者を中心に普及が進んだこともあり、当初はバイカーやランナーの側でも、自らの走る林地や道が、そうした地元の人びとや集落、地方自治体によって、あるいは国有林等として所有され、それぞれの生活や事業に結びつけて維持管理されてきたことに十分な注意を払ってこなかった。バイカーにおいては、野山のオフロード走破を「人知れず」楽しみたいとする人びとも多く、専門店(サイクルショップ)等を通じたガイドツアーでも、地域との積極的な接触は図られてこなかった。また、二〇〇〇年代に急増したトレイルランニングの大会でも、都市部に拠点を構えるスポーツイベント企業が、地元の自治体や所有者の了解なしに開催するケースが目立っていた。

一方、ハイカーとの軋轢は、山や森を「走る」行為に対する、「歩く」側からの「危ない」「乱される」といった感情を主に反映している。別次元のスピードで走ってくるバイカーやランナーとすれ違うたびに、ハイカーは接触や衝突、落石等の危険を感じ、また、のんびりと自然を楽しむ雰囲気を壊された気持ちになりやすい[日本経済新聞 2014.9.18]。ここから生まれる軋轢は、ハイカーとバイカーやランナーが、ともに身近な都市近郊林や百名山、自然公園などの人気スポットに集中し、過度に利用を重複させてきたことからもクローズアップされてきた[武ほか 2009: 575]。

これらの結果、日本各地では、マウンテンバイクやトレイルランニングの普及に並行して、その利用を規制する動きが地域や行政サイドにおいて目立ってきた。たとえば、首都圏でユーザーの集中してきた高尾山では、地元の関係者と行政による地域連絡会の定めた運営ルール等を通じて、マウンテンバイクの乗り入れや多客期のトレイルランニングの「遠慮」が早期から求められてきた。続いて、東京都が二〇一五年三月に定めた「東京都自然公園利用ルール」〔東京都 2015〕は、高尾山とその周辺地域に相当する自然公園とそこに接続する都内の登山道において、「自然公園内の登山道は、自然公園法の趣旨に基づき、徒歩利用に供される歩道」であるとの理由に基づき、マウンテンバイクの乗り入れを規制した。トレイルランニング大会に対しても、この利用ルールや同時期の環境省指針「国立公園内におけるトレイルランニング大会等の取扱いについて」〔環境省 2015〕等を通じて、自然性の高い地域を避けるコース設定、ハイカーとの衝突や登山道の荒廃を回避するマナーの徹底、土地所有者や環境省、林野庁、地方自治体、消防、警察などの管理者との事前調整および許可取得の義務づけ、自然環境への影響についてのモニタリング実施等が求められつつある。加えて、所有者とのトラブルに基づいてマウンテンバイクの乗り入れ禁止の看板が立てられる、自然保護団体やハイキングコースの整備団体の要請に基づいてトレイルランニング大会が中止に追い込まれるなどの事例も増加しており、バイカーやランナーたちの社会的な疎外感は強まりつつあった。

2 バイカー、ランナーたちの「気づき」と「学び」

さまざまな規制の動きに直面したバイカーとランナーの間では、「このままでは日本で走れる場所がなくなってしまう」との危機意識が必然的に高まることになってきた。この危機意識を背景に、山や森を走る楽しみを自身の生きがいととらえ、他者や次世代とも積極的に共有していきたいと願うコアな愛好者たちは、ある「気づき」にたどり着く。それは、バイカーやランナーが走行を持続的に楽しんでいくためには、他のステークホルダーに配慮したマナーの向上や、自分たちの利害を代表する組織の形成に加え、走行のフィールドとなる地域が抱える問題の解決に積極的に貢献することで、その地域社会に受け入れられなければならないというものだった。今日、日本各地では、この「気づき」を経た有志ユーザーの主導によって、バイカーやランナーが地域活性化や地域再生に携わる取り組みが、数多く展開しつつある［平野 2016a, 2016b］。

西多摩マウンテンバイク友の会

東京都瑞穂町にてマウンテンバイク専門のサイクルショップを営む中沢清氏は、「山、自然、景観と一体化しながら走る」マウンテンバイクに魅せられ、自ら屈指の技術を持ったバイカーとして野外トレイルを走破するかたわら、その楽しさを広めていきたいとの思いから、ショップの顧客に対するガイドツアーや普及活動を長年行ってきた。しかし、メインフィールドとなる東京都西部の登山道は、前述の規制の対象になったことからもわかるように、登山や散策を楽しむハイカーが多いことに加えて、地域の人びとの暮らしと密接にかかわる林地も多く、中沢氏自身も、他のステークホルダーからの厳しい目線をしばしば体感することになってきた。

このなかで中沢氏は、当地でマウンテンバイクを持続的に楽しむには、地域の美化、自然再生や振興に自発的に携わり、地域に受け入れられることが必要との思いを強くする。こうした考えに共鳴するバイカーたちを組織するかたちで、二〇一〇年に「西多摩マウンテンバイク友の会」を設立した。友の会の活動は、フィールドとなる地域に対する義務を果たした上でこそ、マウンテンバイクを楽しむ資格があるとの考えに立脚し、休日に集まって、半日は自治体や地区の清掃活動や森林整備をボランティアとして行い、半日はマウンテンバイクを楽しむことを基本としている。中沢氏らは、野山北・六道山公園（瑞穂町、武蔵村山市）、大澄山、菅生・深沢地区（あきる野市）、羽村草花公園（羽村市）など、東京都西部の丘陵地帯へのボランティア活動を精力的に拡大し、また地域協議会や都立公園管理への参画を通じて、次第に地域の認知、理解、信頼を得ることに成功していった。その結果として、付近の林地や道において、マウンテンバイク専用の野外トレイルの整備と利用を行うことが試験的に認められ、所有者・管理者やハイカーに気兼ねなく走行を楽しめるフィールドの確保へと結びつきつつある［平野 2016a: 3–4］。

設立後五年にして、友の会の会員はすでに二〇〇名以上に達しており、中沢氏と同様の危機意識と気づきを経たユーザーの多さがうかがい知れる。この気づきを凝集するかたちで、友の会は今日、西多摩の緑地や森林の整備の重要な担い手となっており、また、首都圏におけるマウンテンバイカーのマナー向上を担保し、その利害を代表する実態的な組織と位置づけられつつある。

Trail Cutter（トレイル・カッター）

長野県伊那市で活動する名取将氏は、マウンテンバイカーの中でもとくに優れた野外トレイルの整備技術で知られている。青年時代から熱心な愛好者として、自ら林地や廃れた山道を野外トレイルとして切り開いてきたが、その際に所有者・管理者との厳しい軋轢を経験した。その結果、マウンテンバイクを野外で楽しむ上では、地域社会への配慮が不可欠と認識するようになり、単身、カナダに赴いて環境に配慮した道の整備運営技術を学んだ。この経験と技術を活かすかたちで、二〇〇八年から伊那市行政のサポートを受け、「Trail Cutter」として長谷地区の山林内の里道をマウンテンバイク用の野外トレイルに整備し、首都圏や中京圏のバイカーたちに人気の有料ガイドツアーを営んでいる［平野 2016a: 4–5］。これに際してはまず、当時、伊那市産業振興課長を務めていたA氏が、自らの出身地でもある長谷地区内の林地を所有・管理していた伊那市担当部門、地元集落、集落住民に対して名取氏を積極的に紹介し、林内の里道を整備利用することについての同意許可を取り付けた。事業の本格化に伴って、名取氏も長谷地区に移住し、率先して集落の自治会や森林組合の仕事を務めるなど、地域社会の問題解決に貢献するなかで信頼構築に努めていった。また、ガイドツアーの起点となる山頂付近まで送客するマイクロバスの運転手として集落の人間を雇用し、ツアー終了時には地元の食堂や温泉施設に案内するなど、地域経済に貢献できる仕組みも整えた。

最初に名取氏の話を聞いたA氏が驚き、また安堵したのは、その計画が地域社会への配慮に満ちたものであったことである。名取氏は、「轍やブレーキ跡からの浸食等が生じないよう自分たちで持続的に道を整備・管理する」、「自分の主催するガイドツアー以外では絶対に自転車で走らない」、「トレイル上で地元の人などの歩行者を見たらかならず自転車を降りる」、「地元の人が狩猟やキノコ取りに入る時期はそちらを優先する」、「林内の動植物には一切手をつけない」、「降雨等で浸食や事故の危険を少しでも感じればツアーは即中止とし、ツアーに関する全責任を自分が負う」などを約束し、それらを集落等との合意の条件とするとともに、事業に臨んでも徹底してルール化した。「これなら反対する理由は見当たらず、絶対にうまく行くと思った」とA氏は述懐する。[2] 実際に、当地の林地は、ハイカーその他の観光客も少なく、林業の低迷や過疎・高齢化に伴って地元の利用も限られつつあったため、伊那市行政側も、新たな森林の利活用を模索していたところであった。そうした地域側のニーズと、あえて都市近郊のユーザーの過密スポットを避けた名取氏の戦略がうまく合致するかたちになったのである。その一方で、「バイカーに利用させることで土地荒廃が生じるのでは」との懸念は、行政・集落サイドに根強く存在しており、それを自らの経験・技術で乗り越えることができた点も、名取氏の成功の大きなポイントとなった。

全国トレイルランニングガイド普及協会

愛媛県久万高原町(くまこうげんちょう)に拠点を置く忠政啓文氏は、競歩での日本代表も経験した著名なアスリートであり、大会参加のためにヨーロッパに赴いた折、当時、日本でまだ普及の進んでいなかったトレイルランニングの存在を知ることになった。[3] 帰国後、中国・四国地方の山々を走ることを、日々の練習や仕事の疲れからのリフレッシュ、自身が持つ山への愛着の体現、地域の自然や文化に触れる手段として位置づけるようになった。このため、日本にて大規模な大会開催をベースとし、タイムを競い合う競技スポーツとしてのトレイルランニングの普及が進むにつれて、「果たしてこれで、トレイルランニングの魅力が伝えきれるのか」、また「スポーツとして地域社会に定着するのか」という懸念を抱くようになった。その後、ハイカーや自然保護関連の団体などから大会開催への批判が高まるにつれ、懸念が現実のものとなったと感じた忠政氏は声をあげ始める。農山村の過疎という現状を考えた場合、大会のような大規模イベントは、運営に必要なマンパワーや受け入れ施設の不足から、開催すること自体が地域にとっても大きな負担となりうる。トレイルランニングという新しいスポーツが社会に受け入れられるためには、山や森とかかわるさまざまな人びとと共存共栄できる環境と関係性をつくることが大切であり、それが結果として、さらなる普及と地域活性化につながるのではないかと唱えたのである［忠政 2013］。

この観点から、忠政氏はNPO法人「全国トレイルランニングガイド普及協会」を創設する。普及協会は、月数回、メンバーでの走行を楽しむ地域クラブの側面を持ちつつ、愛媛県を中心にいわゆる限界集落の山道の草刈り、清掃活動、森林整備の手伝い、耕作放棄地の再生作業等、地域に不足する人手を補いつつ、トレイルランニングと地域活性化を両立させていく活動を行っている［忠政 2014］。会員は二〇一六年現在五〇人程度であり、ランナーだけでなく他の立場の人びとも加え、多方面からトレイルランニングと地域の位置づけを見つめ直すことを狙いとした勉強会も行っている。また、忠政氏は、トレイルランナーが過疎地域との結びつきを深め、当地の自然や文化を体感するには、現状の「大会」よりも「小規模・近距離のガイドツアー」が適しているとし、隣接する大洲市の山々に続く古道「龍馬脱藩の道」を活用したガイドツアーを企画運営している。普及協会は、地域の事情や生活を踏まえて、こうした小規模ガイドツアーを展開できるランナーを育てることを目的の一つとしており、日本のトレイルランニング普及に新たな一石を投じる存在となっている。

写真5–3　IMBAの支部組織を通じて整備されたトレイルと走行ルール・整備ボランティア募集の掲示（米ジョージア州）.

海外からの「学び」

この地域貢献への「気づき」を有志ユーザーたちにもたらしたのは、第一に、個々における実際の軋轢の経験であり、バイカーやランナーに対する厳しい目線や規制の体感である。しかし、同様に大きかったのは、一足先に同様のコンフリクトの経験を経てきた欧米各国の取り組みからの「学び」であった。

欧米各国では、一九六〇～七〇年代以降、マウンテンバイカーが増加し、山や森の走行をめぐって、所有者・管理者やハイカーとの同様の軋轢が生じていた［Watson et al. 1991; Carothers et al. 2001; Alleyne 2008］。たとえば、アメリカにおいては、そうした軋轢の解決に向けたバイカー側の代表組織としてＩＭＢＡ（International Mountain Bicycling Association）が設立され、その支部組織等を通じて、地域における走行ルールの策定や、バイカーのマナー向上が図られてきた（写真5–3）。また、カナダなどでは、地域におけるバイカーの立場の確保の一環として、土地改変や自然破壊を招かないよう道を整備することがバイカーの「義務」とみなされ、そのための精巧な整備技術を身につけた人びとをトレイルマスターとして尊重する傾向が見られてきた。中沢氏、名取氏をはじめとした有志ユーザーは、道の整備技術に関するテキスト[(4)]やウェブサイトの参照、そして自らの渡航や人的交流を通じて、こうした海外のプロセスをつぶさに踏まえ、一様に自身のトレイルマスター化に努めてきた。その結果、林道整備の専門家に引けをとらない技術を身につけた人間も多く、地域の森林整備や土木作業に際して、十二分な戦力となる副次効果も生まれている。

対して、トレイルランニングの有志ユーザーは、欧米各国において、住民を母体としたランナーの地域クラブが数多く存在し、それを基軸に日常のトレーニング、楽しみ、健康維持の一環として、トレイルランニングが行われている実態を参照している。ここからの学びが、忠政氏の活動に見られるように、マラソンブームの派生としての競技や大会としてのみではなく、地域密着のスポーツとして普及させていくことで、トレイルランニングの社会的立場の安定化を達成するというビジョンに結びついている。

3 地域活性化への「ずらし」と地域での「順応」

一方、近年においては、バイカーやランナーたちがかかわろうとする「地域」の側でも深刻な問題が生じつつあった。日本では二〇世紀半ば以降、木材生産を主目的とした針葉樹人工林が大々的に造成されたものの、経営コストの上昇や木材需要の減少等の複合的要因によって、地域で山や森を利用する重要な生業としての「林業」が立ち行かなくなってきた。加えて、都市化の進展もあいまって、農山村の過疎・高齢化が深刻な問題となり、日常生活、祭礼、医療・福祉、農作業、道路清掃、森林整備等の人手不足に悩まされる地域が増えてきた。そのようななかで、都市近郊の山々や富士山などの登山者やレジャー客の集まる一部を除いて、山や森の「アンダーユース」(過少利用)が加速し、放置人工林や林内の道の荒廃が目立つようにもなってきた。

今日、日本各地で前記の「気づき」と「学び」を経た有志ユーザーが興している活動の大きな特徴は、こうした課題を持つ農山村に注目し、その環境保全を含めた地域活性化という広義の問題解決に取り組むことで、本書序章で宮内が「社会に本来備わっている」とした「順応性」を、地域から引き出すことに成功している点にある。

福岡マウンテンバイク友の会

福岡県福岡市内にてサイクルショップを経営する増永英一氏は、二〇〇〇年代後半から、福岡市周辺の人気の野外トレイルにおいて、次々とマウンテンバイカーの立ち入りが規制されていく状況を憂慮していた。(5) そんな折、西多摩での中沢氏の活動を知って感銘を受けた増永氏は、近隣のショップ仲間や顧客などのバイカーとともに、「福岡マウンテンバイク友の会」を設立した。そして、九州北部を渡り歩き、あらゆる伝手(つて)を通じてコミットできそうな地域を探しまわった結果、佐賀県佐賀市富士支所(旧富士町)の産業振興課長であったB氏にたどり着く。そこで増永氏は、「マウンテンバイカーは、走る場所を失いつつある。だから地域の力になることで、何とか自分たちの楽しむ場所を確保したい。幸い、自分たちにはパワーがあるし、団結力もある。何かお手伝いができる地域はないだろうか」とシンプルに訴えた。これを聞いたB氏は、自らが活性化に携わってきた旧富士町の苣木(ちゃのき)集落を紹介した。苣木集落は佐賀市から車で三〇分程度、増永氏らの在住する福岡市から一時間程度だが、その時点で四〇代以下が五人程度という過疎・高齢化、労働力不足に悩まされており、道路の草刈りや清掃などの区役や、地区の祭礼、森林整備も満足に実施できなくなりつつあった。

写真5-4　苣木集落の区役に参加するバイカーたち.
写真提供：増永英一氏

地元行政の要人であるB氏の勧めを受けた増永氏らは、区役や祭りをはじめとした集落の人手が必要なイベントに、友の会のメンバー数名から数十名でかならず参加することを決め、労働力不足の停滞局面を一気に塗り替えた。先細りに思えていた集落に、大勢の若者が突然現れ、しかも集落の運営を担った事実は、当然ながら地域に驚きと喜びをもって迎えられた(写真5-4)。もちろん、地域の仕組みを理解するにあたってさまざまな苦労はあったものの、B氏ら行政のサポート、周辺を含めた集落の人びととの信頼関係の構築を通じて、今日まで継続して地域活性化に携わってきた増永氏ら友の会のメンバーは、バイカーとして走ることができる場所の確保にも結果的に成功する。すなわち、苣木周辺の山や森に続く道を、彼ら自身が整備してマウンテンバイクで走行すること、および集落の経営する林地内に専用トレイルを設けることなどが、集落との合意と協定に基づき認められるようになった。この成功は、労働力の提供という、シンプルかつアウトドアスポーツユーザーの得意分野に属する手段が、過疎・高齢化に直面する農山村のニーズに適合していることを示す好例である。それによって培われる地域側の感謝と信頼に加えて、これらの道や林地がハイカーや地元の人たちにほとんど利用されておらず、文字どおりアンダーユースであったこと、そして「トレイルマスター化」に努めてきた増永氏らがそれらを持続的に整備管理する技術を身につけていたことも、成功を促した要因となった。

九州脊梁山脈トレイルランin山都町

著名なトライアスロン選手であり、登山家としても名高い永谷誠一氏は、熊本市内にて山岳用品のショップを経営していた一九九〇年代後半から、熊本県山都町においてハイカー仲間とともに、同町に跨る九州脊梁山脈の登山道再生を行ってきた。[6]「歴史のある廃れた山道を再生し、山でのレジャーやスポーツを軸に地域活性化を図りたい」という永谷氏のアイデアと熱意を前に、次第に山都町の行政関係者や地元集落の人びとも登山道再生に積極的に参加するようになった。そして、二〇〇〇年代前半に数十キロに及ぶ道の再生と整備が完成した頃には、永谷氏を中心とした独自の地域ネットワークが形成されていた。永谷氏は、この完成した登山道を活用した地域活性化の一環として、脊梁山脈の麓で過疎・高齢化の進む緑川地区を基点としたトレイルランニング大会の開催を提案し、それを受けて「九州脊梁山脈トレイルラン in 山都町」が二〇〇八年から実施された。以降、山都町観光協会、緑川流域地区の振興会などの協力を得て、同大会は二〇一六年までに計九回開催されており、地域密着型の大会として九州一円のランナーを惹きつけている（写真5-5）。

先述のように、近年の日本の農山村において、大規模なトレイルランニング大会はしばしば地域の自治体、集落、住民とは結びつかずに運営され、問題視されてきた。また、地方自治体等が地域活性化の起爆剤として呼び込むことはあっても、年一回しかランナーたちが訪れず、運営開催にあたっての地域の負担が大きいことも懸念されてきた。しかし、この大会が、毎年数百名規模の参加者を抱えながら、今日に至るまで開催を継続できた大きな理由は、現在は山都町内に在住する永谷氏を軸に、町や緑川地区の関係主体を巻き込むことで、地域を盛り上げる大規模イベント、すなわち「祭り」のようなかたちに結実してきた点にある。観光協会、町行政関係者、地域の有志住民が協力して大会の企画と準備にあたり、大会前後には振興会を通じて三〇～四〇名の地域住民が準備と運営に参加し、前夜祭や応援を含めて年一度の機会を参加者と分かち合う。

加えて、大会のコースは、登山家としての永谷氏らがハイカー仲間の協力を得て拓いた道であり、そうしたハイカーも当

写真5-5
地域の「祭り」としての「九州脊梁山脈トレイルラン in 山都町」.
写真提供：山都町観光協会

日の保安スタッフ等として大会の運営に積極的に協力することになってきた。すなわち、地域関係者のみならず、近隣のハイカーをも巻き込んだ大会開催となっているため、他のユーザーとのコンフリクトが生じにくい条件が整えられている。さらに、運営事務局を務める観光協会の舵取りで、宿泊や食事の割り当てや記念品の配布等に工夫がなされ、大会を通じて山都町内にお金が落ちる仕組みがつくられているのも特筆すべき点である。

「ずらし」と「順応」を導くもの

地域の自然環境をめぐっては、ステークホルダーの間で利害のズレが生じることが多い。しかし、そのズレを認識した上で、あえて争点を「ずらし」た目標や取り組みへの参加と協働を促し、お互いの学びや信頼構築を養うことで、結果としてより良い保全やコンフリクトの解決を導くことがある[宮内編 2013]。

これまでに見てきたとおり、疎外の危機を感じたバイカーやランナーたちは、何とかしてフィールドを確保したいとの思いから、仲間を集めてユーザーを呼び込み、登山道や里道の整備再生や放置人工林の手入れを担うなど、魅力的な道や林地を抱える地域への貢献の道を探し始めた。この過程で彼らは、農山村における林業の低迷、過疎・高齢化といった問題に直面し、それに対して自分たちの特長を活かした貢献が可能であること、そして、そうした活動を通じて、地元の自治体や所有者が自分たちに抱く印象が好転していくことを確かに学んでいった。

この背景には、まず、将来的には地域の維持すら困難という、日本各地の多くの農山村をめぐる深刻な現状を反映して、地域活性化という広範かつ漠然とした目標、言い換えれば「ずらし」を許容する受け皿が存在していたことがある。道路清掃、里道再生、森林整備、祭礼の開催、自治会運営等、地域の維持や活性化に向けて、しなければならないことは数多い。そこに、マウンテンバイカーの持つ道や林地の整備技術、トレイルランニングのイベント性、そして両者の持つ人的パワーと組織力とを噛み合わせることによって、結果としてバイカーやランナーの存在を前提とした地域再生の機運が盛り上がっていく。このような背景と仕掛けに基づく努力を通じて、各有志ユーザーは地域の「順応性」を引き出すことに成功しているのだ。

ただし、有志ユーザーがただ闇雲に努力するだけでは、地域での「ずらし」と「順応」が導かれるには至らない。実際に、これまでのバイカーやランナーに対するマイナスイメージもあって、地域からの理解が十分に得られずに、入り口で頓挫する活動も往々にして見受けられる。すなわち、バイカーやランナーの側のみならず、地域側においても、双方の利害と課題を具体的に「噛み合わせる」ための努力や工夫が必要となっており、この役割を果たす主体の存在が、有志ユーザーの活動を地域に順応させ、持続化させる鍵になってもいる。現状において、この役割を担っているのは、主に地方自治体における「有志担当者」とでも呼ぶべき人びとである。名取氏の取り組みにおけるA氏、増永氏におけるB氏は、いずれも自治体担当者の立場にあって、林地のアンダーユースや過疎・高齢化といった地域の課題の解決を目指していた。その観点から、直接の担当業務をこなしつつも、より広い地域活性化という視座において有志ユーザーたちの可能性をとらえ、バイカー、ランナー、地域主体の価値の内実を見きわめつつ、しかるべきフィールドや地域の関係者を斡旋し、協働を方向づける役割を果たしている。また、本章ではくわしく取り上げないが、バイカー、ランナーを含めた林地や道の有効利用に際しては、権利関係や法規制等の制度面、あるいは事故対応等の安全保障面での課題も多い。これらの課題を乗り越えるにあたっても、地元行政に携わるなかで養われた担当者の経験、人脈、勘所は、大きな力となっている。永谷氏の長年の取り組みで培われた地域ネットワークも、まさにこうした地縁や行政経験を反映した調整、誘導、方向づけの役割を包含している点に強みがある。

これらの地域活性化への取り組みは、もう一つ、バイカーやランナーにおける自然利用の「価値」が、楽しさや生きがいという充足感に基づいていることによっても促されている。各地の有志ユーザーは、プロ競技者、関連ショップやイベント会社の経営者として、自らの取り組みを「生活」に結びつけている者も多い。しかし、彼らにとって、マウンテンバイクやトレイルランニングは本来、「生計の手段」ではなく、愛すべき趣味、楽しみの対象である。そして、これを生きがいと感じ、疎外の危機に直面して、この楽しさを周囲や次世代とも何とかして共有していきたいとの思いが、すべからく有志ユーザーの活動の原動力になってきた。そして、地域で活動に従事するうちに、自らのフィールドの確保に加えて人とのつながりや愛着も生じ、また地域の課題を解決したいとの思いを強め、そこに移住・定住する例も少なくない。都市部に育った若者や他地域の人間が、農山村に移住するにあたっては、人間関係や慣習的なルールの複雑さなど、さまざまな障壁も存在する。しかし彼らは、自らの活動が自分の楽しみや生きがいに明確に結びついているため、少々のことではへこたれない。すなわち、活動を通じて、移住・定住を含めた地域参入のハードルが下がることになっている。こうした「楽しさ」に基づく価値を背景とした活動の「柔軟性」「強靭性」が、有志ユーザーの地域での粘り強い成功を支えているようにも思われる。もちろん、彼らの活動を支えるサブメンバーは、趣味であるがゆえにそれぞれの仕事を持っており、完全には活動にコミットできず、また地域活性化への活動に背を向けるケースも見られる。その一方で、たとえば土木、造園、運送、食品製造、法人管理経営等、サブメンバーの「生活」のための技術が、かえって実際の活動に生かされ、効果的な成果をもたらす場合もある。

4 おわりに——農山村の環境保全・地域再生への新たな展望

地域に暮らす人びとはもとより、林地や道の所有者・管理者、ハイカー、そしてバイカーやランナーも、自らの価値に基づいて地域の自然を利用しようとするステークホルダーには変わりがない。本章で取り上げたバイカーやランナーの取り組みは、個々のステークホルダーが、それぞれの自然利用の持続性を意識しつつ、地域活性化という受け皿のなかで、自らの利害をあえて「ずらし」てともに活動することで、持続的、順応的、柔軟な地域ガバナンスが生み出されていく可能性を浮かび上がらせている。山や森の新参の利用者であり、往々にして地元育ちでもないバイカーやランナーが、地域において「ずらし」から「順応」を引き出すきっかけをつかむのは決して簡単ではない。それでも、少なからぬ成功者たちは、自らの学びや地域側の協力者の支えを活かすことで、地域のステークホルダーに受け入れられてきた。

地域での立ち位置を一度確保した有志ユーザーは、次のステップとして、「マウンテンバイクやトレイルランニングの価値が広く共有された地域づくり」を一様に試みつつある。この地域再編を「主導する」動きは、有志ユーザーにおける過去のコンフリクトの経験や、新興ユーザーとしての立場の弱さ、海外からの学びが反映されているのに加えて、それまでサポートをしてくれた地方自治体の担当者の交代や、所有者・管理者の変更や方針転換によって、自らの取り組みが不安定化するのを避けたいとの考えにも基づいている。[7] このために、ほとんどの有志ユーザーが地域向けの普及活動を展開しており、たとえば、地元の小中学生、高校生、生涯学習向けの教育イベントの講師を積極的に務め、地域でのバイカーやランナーの養成に力を注いでいる。また、前述の名取氏は、地元集落との合意に基づき、整備した里道のコースをバイクで走ることができるのは自らのガイドツアーのみとしているものの、事前連絡があれば、集落の居住者や地域の消防団、行政関係者は自由に走れる措置をとっている[平野 2016a: 4–5]。

同様に、この有志ユーザーの主導的な活動は、過疎・高齢化に悩む地域側からの「信頼できる若者の情熱に再生を託したい」という期待を反映するものでもある。本章で紹介した有志ユーザーたちは、この地域側からの期待を受けて、自治会、地域協議会、森林組合、自然公園管理、助成金事業等へと活動の場を広げつつある。こうした、「継続的にマウンテンバイクやトレイルランニングを楽しむために、地域社会に根を張り、自らがその再編を積極的に担おう」とするバイカーやランナーの意志と実践は、日本の農山村における環境保全や地域再生に、新たな展望をもたらす契機ともなりえよう。

註

（1）トレイルランニングの名称・範囲・定義は、かならずしも統一されていない。トレイルランニングの名称が生まれたのはアメリカとされ、たとえば、ヨーロッパでは、山岳地帯のアップダウンを主体とするランニングレースはスカイランニングと呼ばれている［松本 2014］。一方、日本でも富士登山駅伝をはじめ、山岳マラソンや登山競争の文化は早期から存在しており［鏑木 2009 ほか］、今日の日本においては、これらの複数の流れを総括するかたちで「トレイルランニング」が使用されている。

（2）A氏（二〇一六年二月一九日）に対する筆者の聞き取り調査による。

（3）以下の記述は、忠政［2013, 2014］、および忠政氏に対する筆者の聞き取り調査（二〇一五年八月六日）による。

（4）たとえば、IMBAの発行している *Trail Solutions* は、こうした道の整備技術を網羅した参考書として、各有志ユーザーに愛読されている［IMBA 2004］。

（5）以下の記述は、増永氏（二〇一五年一一月一三日、二〇一六年二月一四日）、および佐賀市富士支所産業振興課（二〇一六年二月一五日）に対する筆者の聞き取り調査による。

（6）以下の記述は、永谷氏（二〇一五年一一月一〇日、二〇一六年二月一六日）、および山都町観光協会（二〇一六年二月一五日）、緑川地区在住のC氏（二〇一六年二月一六日）らに対する筆者の聞き取り調査による。

（7）たとえば、忠政氏らへの筆者の聞き取り調査による。

III 「よそ者」と支援

——順応的な寄りそい型の中間支援

第6章

「獣がい」を共生と農村再生へ昇華させるプロセスづくり

「獣害」対策から「獣がい」へずらしてつくる地域の未来と中間支援の必要性

■鈴木克哉

1 「獣害」が農村の豊かさを消失させる

農村の変化

見渡せばのどかな田園風景に広がる青い空、連なる山々。耳を澄ませば聞こえてくる川のせせらぎや蛙、鳥、虫たちの声。日本の農村には、ふと車を停めてのんびりとしたくなるような光景がたくさんある。出身者でなくても、どこか懐かしさを覚えるそんな原風景のような場所。心地よい風に吹かれながら、のどかなひとときを過ごすのもよいが、四季とともに移ろう里山の変化を楽しみ、自家製の野菜やお米、山で採れたきのこや山菜など、その土地ならではの旬の味覚を味わうことができればもっとよい。さらに身近な自然と向き合ってきた人びとの暮らしを知れば、その地域の魅力に惹きつけられる人も多いだろう。日本の里地里山には、豊かな自然と調和した人びとの暮らしがあり、長年継承されてきた伝統や文化があるからだ。

一方で、繰り返し同じ場所を通過するうちに、ふと農村の変化に気づくかもしれない。田畑は次第に荒れ始め、集落内をさらさらと流れていた美しい小川も、草に埋もれて見ることができない。今にも朽ちそうな空き家も目立ち始めた。長年賑わいを見せていた地域の歴史ある祭りも、人手不足のため山車の運行が中止になったらしい。

立ち止まって荒れた農地に足を進めてみると、何やら動物の足跡や掘り起こした痕跡が無数にあることに気づく。「獣害」だ。かろうじて耕作されている田畑は、電線や網で囲われ、集落の周りにはなにやら頑健な金網の柵が設置され始めている。それでも執拗に出没する野生動物の被害に対抗できず、やがてこれらの柵にも雑草が絡み、うっそうとした裏山に今にも飲み込まれそうだ。

私たちが美しいと感じる農村の景観は、昔から人の手が入ることによって維持されてきた環境である。田畑で農業を行い、山の手入れをし、畦畔(けいはん)や河川の草刈りを行うなど、地域住民の日々の営みのなかで維持されてきた。かつてはこれらの作業には、食料や衣料、資材などの生活資源のほか、飼料や肥料などの農業資源、薪炭などのエネルギー資源として、人の生活に欠かせない需要が伴っていた。また、収穫への感謝や祈り、慰霊のために祭礼や儀式が執り行われるなど、共同体として利用・管理されてきた場所でもあった。ところが、燃料革命や肥料革命、流通システムの発達など、生活様式や農業の近代化によって、これらの「資源」としての需要は次第に失われてしまった。さらには、人口減少、高齢化が進行したため、集落機能が著しく低下し、これらの環境や長年継承されてきた伝統的な行事を維持していくことが困難になっているのが今の農村の現状だ。

のしかかる「獣害」

この状況に、さらに追い打ちをかけているのが、「獣害」である。二〇一六年現在、イノシシ、シカ、サルなど中・大型哺乳類による農作物被害は年間約二〇〇億円にのぼる［農林水産省 2016］。地域の農林業に与える経済的な被害の深刻さは言うまでもないが、無視できないのは、集落内に野生動物が出没することで受ける日常生活への影響や、地域の高齢者が日々丹精込めて栽培している自給的農業に対する非経済的な「被害」だ。

たとえば、イノシシが畦畔や土手を掘り起こすことによって農道や農業用の水路を壊してしまえば、修復に多大な労力を要するほか、ヌートリアが川の堤防やため池の土手に巣穴を作ると、落盤や堤防崩壊の恐れが発生する。サルが人家にまで出没し、倉庫や家屋に侵入したり、樋や屋根瓦などの器物を破損したりする問題や、クマが庭の柿の実を食べに裏庭にまで出没し、人身被害の危険と隣り合わせの地域も少なくない。シカが増加している地域では、シカの摂食により裏山の下層植生が衰退すると森林の保水機能が消失し、土壌流出等の危険性も増す。

さらに影響が大きいのは、自給的に営まれている地域農業に対する被害だ。自給的農業は昔からそれぞれの家庭で日々の食卓を潤してきたものであり、生活の一部であり、また地域の高齢者の「楽しみ」や「生きがい」を育む場でもある。自分で食べるものを自分で育て、新鮮かつ瑞々しい野菜が収穫したその日に食卓に並ぶ豊かさは、農村生活の醍醐味と言ってよい。多くは、自らの家庭で消費したり、近親者に贈呈するために野菜を作っているので、無農薬で栽培している。「新鮮で安心な野菜を子どもや孫にも食べさせてやりたい」と農業を続けている人も多い。毎日お世話した農産物を食べてもらい、「おいしかった」と喜んでもらえることが翌年の耕作意欲につながっている。自給的農業は世代間コミュニケーションの場ともなっている。

そんな豊かな自給的農業で一番の笑顔を生む「収穫」を、瞬く間に奪ってしまうのが「獣害」だ。丹精込めて育てた農作物が、収穫直前に壊滅的な被害に遭う心情を想像してほしい。それは夏休みに遊びに来る孫に収穫体験をさせる直前だったかもしれない。被害の跡を目にしたときに感じる失望や虚無感は、決して「金額」で評価することはできないだろう。

今、獣害が日本の農村で最も深刻な課題として認識されているが、それは決して被害金額だけに表される問題ではない。懸命に農作業をしても繰り返し野生動物に荒らされれば、自分で食べるものを自分で収穫するというささやかな喜びは次第に失われてしまい、これまで耕し続けた田畑を手放す農家が現れる。農村に魅力を感じ、移住して新規就農した若者も、「こんなところで農業はできない」と夢をあきらめて村を去っていく。ただでさえ、人口減少や高齢化が進行している農村では、獣害対策の担い手が不足している。十分な対策が実施できなければ、被害はますます深刻になり、離農者がさらに増えていく。被害は農地だけではなく、地域での生活上の安全・安心にかかわることまで多岐にわたる。現場では「こんなところに住みたくない」という悲しい言葉を耳にすることもあるなど、獣害は営農意欲の低下はおろか、農村の生活基盤そのものを脅かす問題となっている。

2 「獣害」対策からの脱却

対策の手立てはあるが、担い手が不足している

獣害を防ぐ手立てがないわけではない。国は二〇一四年に従来の法律（鳥獣保護法）を改正し、「保護」を中心とした対策から、積極的な捕獲も含めた「管理」への転換を図るなど、個体数管理に本腰を入れて取り組みつつある。一方、個体数管理自体は、中長期的に野生動物の数や生息地との関係のバランスを調整する目的で実施されるものである。被害を効果的に減少させるには、同時に地域が主体となった対策を推進させる必要があり、最近では個人の農地や集落で発生する被害を軽減させるための方法論もずいぶん整理されている。対策を行政まかせにするのではなく、住民自らが被害発生要因や被害対策のための知識を学習した上で、「集落ぐるみ」で被害軽減を図る事例も増えており、実践的な研究によってその有効性が示されている。野生動物の行動特性を踏まえた有効な防護柵の開発や、野生動物を引き寄せない営農管理など、地域が実施可能な具体的な技術開発と普及活動はここ一〇年で大きく進んだと言える。

獣害管理に対する知見や技術の蓄積が進む一方、こうした取り組みを地域全体として広げていくには、獣害対策を実践する「担い手」が不足している問題がある。日本は世界に先駆けて人口減

少の局面を迎えているが、農村ではさらに著しく高齢化が進行していて、対策を行う労力や意欲が減退している地域が多い。集落での懸命な取り組みの成果によって、今は何とか獣害に対応できていても、この後いつまで対策を継続できるのか、その先行きに不安を抱えている地域が少なくない（写真6−1〜6−3）。

住民の取り組みを公的に支援する立場である行政機関に専門的な人材や部署が不足していることも大きな問題だ。今後さらに人口が減少し、今よりも行政サービスの効率化が図られるなかで、

写真6−1　防護柵の下部から侵入しようとするイノシシ（センサーカメラの映像）.

写真6−2　イノシシが金網柵を引っ張り上げて集落に侵入.

写真6−3　こまめな防護柵点検・補修作業が必要.

人と野生動物の軋轢を軽減し、野生動物の管理体制を確立するための専門的な人材や枠組みをどのように整備・創出していくかが喫緊の課題となっている。

地域の多元的価値にいかに向き合うかが大事

さらには、従来の獣害対策のアプローチにも問題があった可能性がある。たとえば、獣害の軽減に向けた自然科学的な努力目標の設定は、一部の集落では受け入れられるものの、単純に知識や技術の情報提供を行うだけでは、住民の意欲を向上させることが困難な状況があることが指摘されている［鈴木 2008］。それは、地域には「多元的な価値」が存在し、地域にとって課題であるはずの獣害対策を推進することに、決して一枚岩となっているわけではない状況もあるからだ。詳細については、本書前作『なぜ環境保全はうまくいかないのか』の第2章［鈴木 2013］にまとめてあるので参照してほしいが、たとえ害獣であっても、住民の態度はかならずしも否定的なものだけでなく、被害を受けながらも「めんこい」「土地のもん」などといった肯定的な価値を含めた多元的なかかわりが存在している［丸山 1997; 赤星 2004; 鈴木 2007］。獣害対策の実践場面においても、先述した自給的農業のように、経済的な動機づけよりはむしろ社会的・精神的な価値が優先されるような農業では、収穫物を経済的価値で計ることが難しく、費用や労力を伴う対策を行う際に「被害が許容されている」場合がある［鈴木 2007, 2009］。また、専業農家の場合、たとえば冬季の野生動物の餌となっているひこばえ対策のように、収益の向上に直接的に寄与しない対策に対しては、個人の経営的な判断の上、「対策をしない」という合理的な選択肢もあることが示されている

[鈴木 2013]。このような多元的価値に対して、外部から獣害対策の「正論」を「押しつけ」ては、かえって被害認識を強める結果となることもある[鈴木 2013]。

こうした問題の背景には、地域に存在する多元的な価値の軽視があるのではないだろうか。これまでの獣害管理では、生物学的知見を基盤にし、野生動物の個体数の将来予測や個体数調整および行動制御に関する目標値が定められ、獣害を効率的に軽減するための科学的な「正論」をいかに普及するかに焦点が定められてきたといえる。だが、こうしたアプローチは、多元的な価値を持つ地域に対する柔軟性や順応性が不足していたのかもしれない。

一方で、宮内[2013]は、獣害に限らず、さまざまな環境保全に関する事業の現場において、科学的にあるいは社会的に「正しい」とされる目標や手法と、地域住民の環境に対する営みの歴史のなかで形成されてきた論理や価値とのあいだで「ズレ」が生じている問題があり、こうした「ズレ」を認識し、修正する方法や仕組みの必要性を指摘する。ほかにも牧野[2010]は、獣害問題の解決は農山村にあるさまざまな課題の一つにすぎないため、地域住民の身近な関心事にも目を向けたアプローチを求めている。

「獣害」対策からの脱却へ

獣害問題への対処においては、地域が主体となった対策が不可欠である。しかし、ただでさえ、農村では人口減少・高齢化に加え、生活様式や農業の近代化により集落機能が低下し、農村資源の維持が困難になっている状況だ。その上、発生している獣害が生産意欲の減退を招き、耕作放棄地の増加を生む。そこが新たな野生動物の棲家となって、さらに獣害が深刻化すれば、ますます離農が進む。残念なことに、現状では獣害と農村地域の衰退は連鎖的な悪循環の関係にある。さらには、地域の価値は多元的であり、決して獣害対策に一枚岩で取り組む状況が整っているわけではない。これまでの獣害軽減を目標にしたアプローチを見直す必要がありそうだ。

今後ますます人口減少・高齢化が予想されるなか、私たちは獣害対策の目標やアプローチをどのように位置づければよいだろうか。農村で獣害が引き起こしている負のスパイラルから脱却するためには、いわゆる従来の「獣害」対策にとどまらず、地域再生を視野に入れた横断的な取り組みが求められる。その一つの考え方として、筆者は前著で、多くの農山村社会が目標としている「地域再生」へ目標を昇華させていくプロセスをデザインしながら、その文脈のなかで地域が抱える身近な諸課題と獣害対策の課題を結びつけて、問題解決を図るアプローチを提案した［鈴木 2013］。しかし、それは「誰が」「どのように」実践できるのだろうか？　また、そのプロセスで地域の多元的価値とどう向き合えばよいだろうか？　この答えは具体的な実践の成果や課題を踏まえる必要があるだろう。

こうした問題意識をもとに、筆者は二〇一三〜二〇一四年度の二年間、兵庫県立大学として集落と連携して、都市部などの「外部」の人材を地域の獣害対策に取り入れた「地域力を向上させる獣害対策プログラム」を実践し、「獣害」対策を積極的に「地域再生」といった目標にずらす試みを行った。そこで次節以降では、まず、このプログラムに参加した都市住民と受け入れ側の集落住民の反応を紹介しながら、その成果と運営面における課題を整理する。続いて、整理された課題をふまえて、「獣害」対策を「地域再生」へと昇華させていくために、「地域継承」を共有目標としたコミュニティ・ビジネスの手法の導入とそれを支援する民間の中間支援組織の必要性を提案する。最後に、具体的に始まった民間組織による中間支援の活動紹介とその役割の可能性について言及しながら、地域にとってネガティブな印象が付きまとう「獣害」に代わり、新たに「獣がい」という言葉を提案し、人と野生動物が共生する豊かな農村創生を目指す方法について論じたい。

3 「獣害」からのずらしの実践

都市×農村交流としての獣害対策プログラム

筆者は二〇一三〜二〇一四年度、兵庫県「大学連携による地域力向上事業」で、篠山市(ささやまし)I集落において「地域力を向上させる獣害対策プログラム」の企画・運営に取り組んだ。I集落では、サルやシカ、イノシシ、アライグマ等の獣害が深刻な課題としてあった。二〇一三年当時、戸数一〇戸、人口二三名の小規模な集落であり、将来の対策の担い手確保の課題もあった。そこで、農村で深刻化している獣害問題を野生動物問題の枠組みだけでとらえるのではなく、「地域づくり」の文脈のなかでとらえ直し、住民が獣害対策に参画しながら、「地域のまとまりを生む」「楽しみができる」「外部との交流が生まれる」など地域活性効果も付加される対策プログラムを実施し、実践上の成果や課題を整理しようと試みた。

I集落とまず共有したのは、集落で実施可能な獣害対策は自分たちでしっかりと実行するというコンセプトだ。I集落では前年度も兵庫県の獣害対策モデル事業などに取り組んでおり、これまでもある程度の対策は実施していたが、さらに取り組むべき項目を抽出し、集落住民を対象とした研修会(サル追い払い実習、サル用電気柵設置研修会)を実施した。集落で必要な獣害対策を主体的に実施することにより、当該年度の被害はほとんど発生しなかった。とくに対策が困難なサルに対しても、効果的な電気柵の設置とメンテナンスをしっかりし、また、集落の追い払い参加率も向上して、まとまった追い払いを実施することで、サルの被害をほぼ防ぐことができた。

一方で、このプログラムの目標は「地域力を向上させる」ことであり、目的を「獣害」対策から外部人材との交流促進などの「地域活性化」に向けた活動へと積極的に「ずらす」プロセスを計画した。具体的には、通常の獣害対策のメニュー(学習会や技術実習)以外に、集落内行事である交流会や秋祭りにも参加しながら、意見交換を行った。また、地域で実施している獣害対策の効果や課題を把握するために、集落内にセンサー動画カメラを設置し、集落内に出没する野生動物の動画鑑賞会を開いた。そして、年度の後半では、本集落では初めてとなる外部との交流イベントを実施した。「獣害対策をわかちあう」ことをテーマに外部人材を招き入れ、集落の防護柵点検のお手伝いと「吊るし柿づくり」を体験する交流イベントを試行的に実施した。イベントでの昼食の黒豆ごはんや地元の野菜、集落内に残る防空壕や土葬のお墓など、外部の参加者の目線から、さまざまな地域資源の発掘がなされたほか、集落内で撮影された数々の野生動物の動画も地域の資源となりえることが示唆された。この結果をふまえて、三月には集落内の交流会(集落行事)に参加し、都市部の人材の目に映る農村の魅力を再度紹介した上で、今度は住民目線で自らの集落にある地域

表6-1　外部交流イベントの概要

	実施日	獣害対策	集落への働きかけ（獣害以外での）	外部交流イベント	随時
1年目（2013年度）	5/19	防護柵点検，サル追い払い実習			集落役員との調整、センサーカメラのメンテナンス
	7/21	サル用電気柵設置研修	交流会（集落内行事）に参加		
	9/14		野生動物動画観察会		
	10/5–6		秋祭りに参加		
	11/23	防護柵点検		「獣害をわかちあう～防護柵点検のお手伝いと吊るし柿づくり」	
	3/9	防護柵点検	交流会（集落内行事）に参加し意見交換		
2年目（2014年度）	4/29	防護柵点検		「タケノコ掘り DE 獣害対策」	
	7/15	防護柵点検		「竹で手づくり!流しそうめん&丹波篠山名産の美味しい黒大豆農作業のお手伝い」	
	11/23	防護柵点検		「獣害柵点検と黒豆葉取り～秋の田舎を楽しもう～」	

資源について抽出した。

二年目の獣害対策は、前年度に台風により防護柵とともに決壊したため池部分から、シカやイノシシ等が侵入してくることへの対策が主な課題であったが、ため池の復旧工事までの間に電気柵を設置するなどして、被害は最小限に食い止めることができた。そのほか、つど必要な対策は発生するものの、この二年間で、集落が自立的に獣害対策を実施する体制は整備された。

獣害対策で着実な成果を出しつつ、二年目も外部との交流イベントを実施した。一年目の試行を踏まえて、集落で労力が不足しがちな「獣害防護柵点検」の手伝いと四季折々の農村の恵みを体験することをセットにしたイベントを三回実施した（表6-1）。

写真6-4
自生の竹を伐り出して行う「流しそうめん」イベント.

写真6-5　防護柵の点検作業.

新鮮なタケノコに野草で作るヨモギ団子。自生する竹を伐り出すところから始める流しそうめん。丹波篠山の名産である黒豆農作業のお手伝いと干し柿づくり。黒豆の農作業に参加した人には、収穫したお正月の煮豆用の黒豆を年末に郵送で届けるような特典を付けるなどして、獣害の問題とともに、豊かな資源にあふれる地域の魅力を参加者に伝えた。また、いずれのイベントも参加者と地域住民の方がじっくり話をする交流の時間を設けた（写真6-4・6-5）。

交流イベントへの参加者はどうとらえたか？

ここで交流イベントに参加した都市部の方の感想などを紹介したい。基本的な呼びかけは、「地域の獣害対策を支援する」ことを目的にイベント参加者を募集した。しかし、参加者の参加動機は、田舎体験や農作業体験にあったようだ。

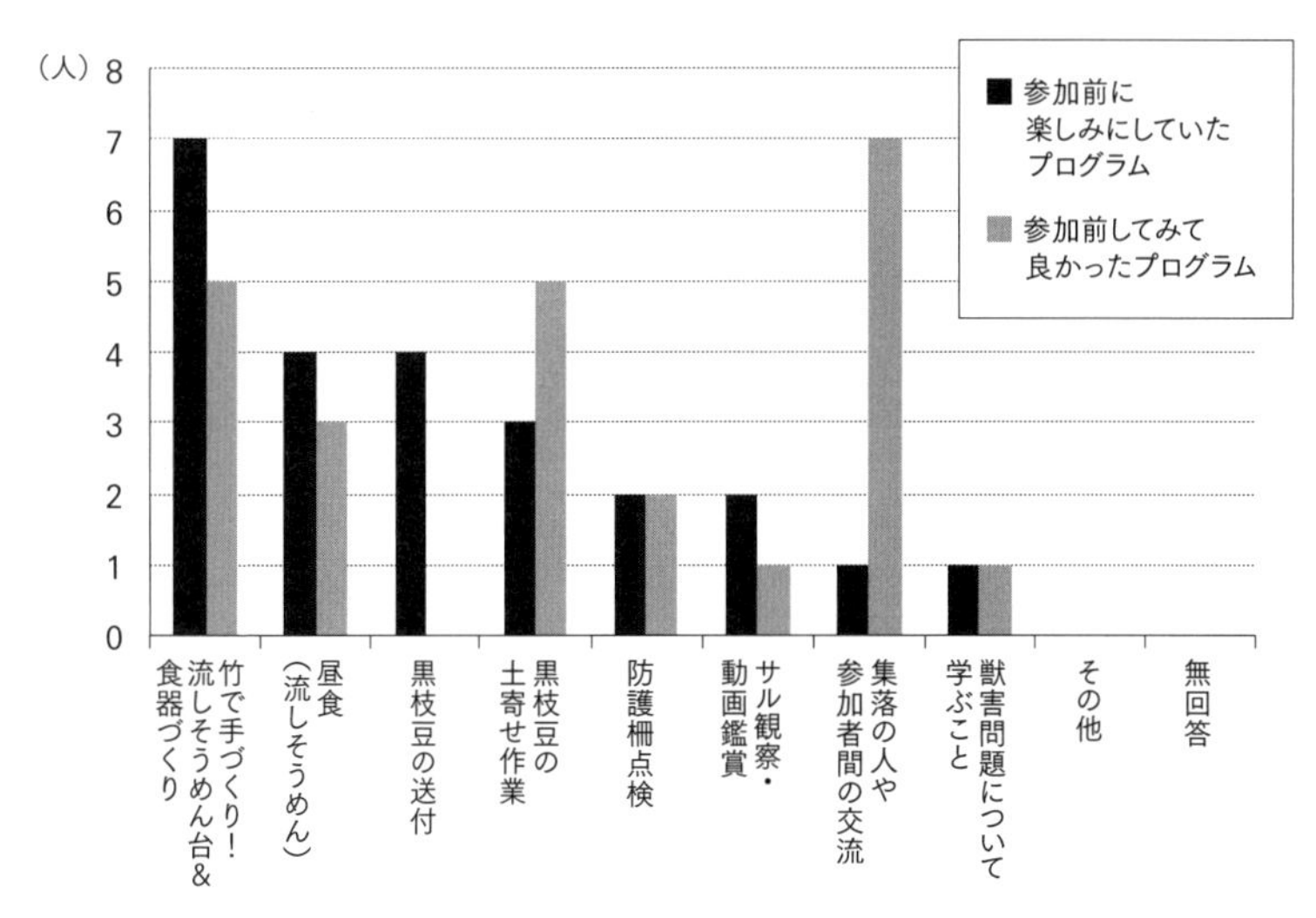

図6−1　交流イベント参加者へのアンケート結果（2014年7月15日）

＊上位3つを選択して回答してもらった．

たとえば二〇一四年七月一五日に実施した「竹で手づくり！流しそうめん＆丹波篠山名産の美味しい黒大豆農作業のお手伝い」イベントでのアンケート結果をみてみると、参加者の事前の期待は、獣害への関心や対策の支援よりも、「流しそうめん」にあることがわかる（参加者は選択肢から上位三つを選択）。しかしながら、注目したいのは、参加してみて良かったプログラムについて聞いてみると、「集落の人や参加者間との交流」が第一位（参加前の期待度四パーセントから参加後二九パーセントに上昇）になっていたことだ（図6−1）。

毎回のイベントでは、プログラム終了後に、地域住民と参加者間で意見交換などを行う交流の時間を設けた。そのなかで、地域で発生している獣害の現状や対策の大変さ、一連の農作業についてだけでなく、昔の生活や農作業の様子、高齢化や人口減少、耕作放棄地が増加している農村の課題について、そこで生活する住民としての率直な意見が語られた。とくに印象的だったのが、農会長を務めるYさんが交流時間中に語った次の言葉である。

「自分たちにも息子たちがいて、都会に住んでいる。こうして防護柵点検や農作業を手伝いに来てくれるのはありがたいが、何かおかしい感じもする」。

こうした率直な意見を直接聞く機会を得て、参加者にも考えさせるものがあったのかもしれない。アンケートの自由記述には、「獣害対策や集落の方々の大変さが体験できました」、「農作業体験は想像以上のしんどさだったけど、あの大変な作業があるからこそおいしい黒大豆ができるんだなぁと実感できたので有意義な時間でした」といった感想が寄せられた。

さらに、イベント中に付近に出没しているサルの群れを見に行く機会があり、被害の様子を直接観察した参加者は、「実際にサルが人家に侵入しているのを見て、住んでいる人たちにとってはたまったもんじゃないんだろうなと思った」と共感を寄せている。

さらに他のイベントを含めた感想を拾い上げると、獣害以外のことにも言及されていた。

「集落のお母さん方が作ってくださったお料理はどれもおいしくて大満足」。

「次は、村のお母さんに味噌づくりや郷土料理を教えてほしい。当たり前に作られているものがおいしすぎるので、教えていただいて、私も次の世代へ引き継いでいきたいです」。

「(吊るし柿づくりなど)インターネットで何でも検索できる時代とはいえ、やはり人から人へ教えてもらう温かみを感じました」。

これらのことから、交流イベントによって、獣害や農作業の大変さ、地域が抱える農山村の持続性の問題を、集落と参加者間で共有することができたと考えられた。

集落住民はどう感じたか？

一方、集落の側はどう受けとめていたかは、複雑である。集落役員との反省会の場では、「こういう感想をいただくのはありがたい。励みになる」という評価もある一方で、交流イベントについては、「獣害対策の支援をしてもらっているのか、農村体験をしてもらっているのか、どちらがメインになっているのかわからない」という意見があった。たとえば、裏山に自生している竹を伐り出して行う「流しそうめん」イベントは、外部からの参加者にとってはとても満足度の高いプログラムだったが、集落ではこれまで「流しそうめん」をしたことなど一度もなく、イベントの準備や運営のためには、本来の獣害対策に必要な作業（ここでは防護柵点検）以上に労力が求められることになった。となると、地域にとっては、「農作業で忙しいなか、ボランティアでやる目的もよくわからない」状況になってくる。

では、地域の方の日常作業である「農作業」の手伝いをイベント化した場合はどうかというと、「一生懸命手伝ってくれてありがたかった」という声があがった。しかしながら、やはり農作業を経験したことのない参加者が短時間でできることは限られている。実際、農家の方はその日の天候にあわせて日々の作業を進めているが、イベントがある場合、それにあわせて作業を残しておくなど、日常のペースとは異なる調整をしなければならないという要素が少なからず発生する。

この場合も、「農作業の手伝い」ではなく、参加者に「農作業体験を提供」している状態と解釈したほうがよいだろう。

4 「獣害」対策から「地域再生」への道筋は可能か?

「大学連携による地域力向上事業」による二年間のモデル的な取り組みで、年間を通じた外部人材とのパートナーシップにより、集落の獣害対策の担い手不足を克服しながら、獣害の軽減と地域力向上を両立させるプログラムの企画・運営を行った。集落の獣害対策と農村体験をあわせた四季折々のイベントへの参加者の反応を見る限り、獣害対策の支援を通じて、地域の魅力を発掘し、それらを資源化するアプローチの可能性を垣間見ることができた。

その一方で、「地域力向上」は達成されたかというと、結果は難しかったと言わざるをえない。しかし、地域外の目線を取り入れることと、地域の魅力に焦点を当てることは可能だった。果たして、地域の「獣害」対策の目標を効果的にずらして「地域再生」への道筋をつくることは可能だろうか? 可能であるならば、それは「誰が」「どのように」支援できるだろうか? 以上の事例から得たヒントをもとに、これらのことを考えてみたい。

「獣害」対策を資源としたコミュニティ・ビジネスへ

まず、「どのように」の答えの一つとして検討したいのはビジネス化だ。前記の都市×農村交流としての獣害対策プログラムでは、地域の獣害対策の支援を目的に、都市部からボランティアとして外部の人材を募集した。とはいえ、多くの人の参加動機は、田舎体験や農作業体験にあったことからも、外部人材に継続的にかかわってもらうためには、参加者の満足度を向上させる必要があることが示唆された。単純に「つらい」「しんどい」獣害対策を支援してもらうだけでなく、同時に都市部では味わうことのできない四季折々の農村体験をしたり、旬の農産物を味わったりできるプログラムに洗練化していくことが必要となるだろう。

しかし、その「もてなし」のための作業が地域にとって負担となってしまうのは、前記のモデル事業における住民の反応からも明らかである。そもそも地域住民にとっては、「獣害対策の人手不足解消」を目的として行っている取り組みである。ここに参加者の満足度向上を満たすための作業が追加で必要になると、その運営にかかわる住民の負担が増すことになってしまう。

そこで、このような取り組みを継続的に行うために提案したいのが、地域の獣害対策にコミュニティ・ビジネスの手法を取り入れることである。

コミュニティ・ビジネスとは、地域に存在する資源を活用しながら、地域が抱える課題をビジネス的な手法によって解決しようとする事業を指す。この場合、ビジネスとはいっても、利潤の最大化を目指すのではなく、獣害対策や集落活動の継続を目的とした収益活動である。地域にとって必要な獣害対策のメニューと四季折々の地域資源を組み合わせた商品・サービス開発を行い、その準備や運営にかかる労力についても経費として算出し、対価を求めていくことが継続的な運営のために必要なのではないだろうか。

さらに目指したいのが、外部の人材が「獣害対策を手伝う」対価として農産物等の「地域資源」を受けるという図式ではなく、「獣害対策にかかわる」という行為そのものを資源化するという方法である。そのためには、単に獣害に困っているからそれを支援するというのではなく、何のために獣害から守るのか、獣害から守ったゴールを設定し、そのプロセスやストーリーを資源化することが必要となるだろう。

「地域継承」という目標へのずらし

第二に目標のずらし方である。「獣害」対策のために実施する活動であっても、一連の過程で、いかに目標を効果的にずらして「地域再生」に結びつけて展開していけるかが課題である。多くの地域にとって、獣害対策は緊急性・必要性の高い課題なので、住民の「共有目標」として受け入れられやすい側面がある一方で、その先に結びつけたい「地域再生」という目標は、地域にとって何をどのようにするのかが不明瞭であって、すぐには共有されにくい目標だ。そもそも、住民の中には「活性化」や「再生」を望んでいない人がいることも多い。

そこで「獣害」対策の次のステップとして提案したいことは、「地域継承」を共有目標に設定することである。住民が獣害から「守りたいもの／守るべきもの」に焦点を当て、次世代に守り伝えたい地域の姿や住民の想いを可視化し、それを継承していくために活動を発展させていく試みだ。

通常、獣害から守るべきものとして、農作物など物質的な生産物を対象とすることが多い。さらに、獣害の指標とされる統計上の「被害」に至っては、集計されているのは産業に対する経済的な被害であり、自給的農業は計上されていない。一方、野生動物が出没することで地域が被っているものには、日々の生活への影響や、地域の高齢者が丹精込めて栽培しているかけがえのない農作物に対する被害など、数値に換算できない非経済的な「被害」も含まれる。ところが、その価値については、住民それぞれの想いとして胸の内にはあっても、地域全体として一体的なものとはなっていない状況が多い。

そこでまず、地域住民の等身大の目線で「守りたいもの／守るべきもの」の価値や魅力を掘り下げて可視化する。それらを全体として共有化し、次世代に継承することを新たな目標とした活動に展開していくことは、人口減少や高齢化も相まって深刻化している獣害対策の新たな目標設定として、地域内にも共感されやすいのではないだろうか。

さらに「地域継承」は、地域住民だけでなく、獣害対策を応援してくれる支援者ともぜひ共有したい目標だ。次世代に守り伝えたい地域の魅力とその想いに触れることは、獣害から守るという行為により具体的な目的とストーリーを付与するものとなる。また、外部の支援者の目線を取り入れて、地域だけでは気づかない新たな魅力を発見・発掘するプロセスを踏まえれば、目標はより地域内外で共有されやすくなるだろう。先述したコミュニティ・ビジネスの手法を取り入れて、交流人口の増加や地域のファンを拡大していくことができれば、おのずと「地域再生」の目標にも近づくことになる。やがては、地域の魅力だけでなく地域が抱える課題についても理解した上で、「地域継承」のために、移住を決断する人が現れるかもしれない。

誰が支援できるのか?

今後ますます担い手不足が懸念される農村の獣害対策の持続性を考えた場合、これから求められることは、獣害という負の課題の解消だけを目的とするのではなく、持続可能な地域づくり(地域再生)への道筋をデザインしながら、その一途として獣害対策を位置づけるという視点である。そのための新しいアプローチとして、地域の獣害対策を支援しつつ、「地域継承」を目的としたコミュニティ・ビジネスの支援者を確保していくことを提案した。単に獣害対策の担い手不足を都市部から補うだけではなく、その過程で地域に存在する多元的な価値とともに、守るべき農村への想いを「共感」することを要素として取り入れることで、獣害対策の推進や被害意識の軽減、さらには地域再生に向けた多面的な効果が期待できると考えられる。

ここで、その支援を誰が行うのかという課題がある。その役割には、獣害対策の基礎的な知識だけでなく、地域づくりに結びつける視座を持つことはもちろん、地域の想いに寄りそえる身近な立場が求められそうである。さまざまな関係者が立場や能力を活かして協力的に支え合う仕組みやネットワークづくり、コミュニティ・ビジネスとしての展開をコーディネートする役割も必要だ。

本章では、大学と地域の連携事業としての取り組み事例を紹介した。大学や研究機関が研究や教育活動の一環として、地域とともに新しいモデルづくりを行うことができるかもしれない。しかし、大学や研究機関の本務は研究・教育であり、地域を継続的あるいは広域的に支援していく役割を果たすことは難しいだろう。

行政機関はどうだろうか？　これまでは、地域の獣害対策の支援は、行政が担うべきと考えられてきた。とくに最近では獣害を軽減する具体的な知見・技術の蓄積とともに、住民にとって最も身近な自治体である市町村の役割への期待が高まっている。今のところ、国の鳥獣被害防止総合対策交付金等も活用できることもあり、被害対策予算も確保しやすい状況にある。しかし、多くの市町村では獣害対策の専門部署・人材が不足しているという課題がある。住民への適切な情報提供や補助事業の執行もままならない状況であり、住民に対してさらに踏み込んだ支援は難しいだろう。また、ビジネス的な手法を用いて支援することにも行政機関は不向きである。

今、獣害から地域を継承する新たな仕組みづくりとそれを支えるソーシャル・ビジネスとして、新しい民間の役割が求められているのではないか。

5　中間支援の枠組みづくり——ソーシャル・ビジネスのモデルづくり

NPO「さともん」が目指す中間支援

筆者はこのような考えで、前職の兵庫県立大学を退職し、兵庫県篠山市近辺で深刻化する獣害に立ち向かう地域住民やそれを支える活動をする人たちとともに、二〇一五年五月に特定非営利活動法人「里地里山問題研究所（さともん）」を篠山市に設立した。

さともんが目指すのは、市町村（篠山市）や関係団体と連携して、身近な立場で地域の獣害対策の支援をするだけでなく、獣害対策をきっかけに地域を元気にしていくモデルである。具体的には、里山での暮らしや四季折々の豊かな農林産物の魅力を発掘して製品化を図り、地域のコミュニティ・ビジネスを支援するなど、地域づくり活動にかかるさまざまな事業を展開する。地域住民とともに、獣害から守り継承していきたい里地里山の豊かさを伝え、共感してくれるさまざまな人でともに守り、わかちあい、継承するネットワークづくりを行い、持続的に運営していくためのソーシャル・ビジネスのモデルをつくることを目指している(図6-2・6-3)。

具体的には、支援者の確保に向けて、日常的にウェブサイトやSNS(ソーシャル・ネットワーキング・サービス)で情報発信を行うほか、メールマガジン(無料)を発行し、獣害をはじめとする里地里山問題の解決に向けた地域の取り組みについて紹介し、関心を持ってくれる外部の人材に対して、さまざまなかかわりの場を用意する。

たとえば、本来は地域が主体となって実施することが望ましいが、労力が不足しているため地域住民だけでは実施できない獣害対策メニュー(竹林・里山林管理、放棄果樹対策、山中の防護柵点検)と、都市住民の農山村に対するニーズをマッチングさせた獣害対策支援イベントを実施する。これまで「サルから守ったブドウの収穫」「サルよりも先に丹波栗拾い」などの比較的参加しやすい単発的なイベントや、休耕地を活用してともに獣害から守りながらお米づくり体験をする「猿結び米」オーナーや鳥害から守るブルーベリーオーナーなど各種オーナー制度も実施している。さらには二〇一六年四月より、獣害から守った農作物を購入して農家を支える制度を開始している。正会員には、農家やカフェ経営者、狩猟者のほか、獣害対策、環境学習、ESD(持続可能な開発のための教育)、農村ツーリズムを専門とする学識経験者も参画しており、獣害対策と地域資源の活用を

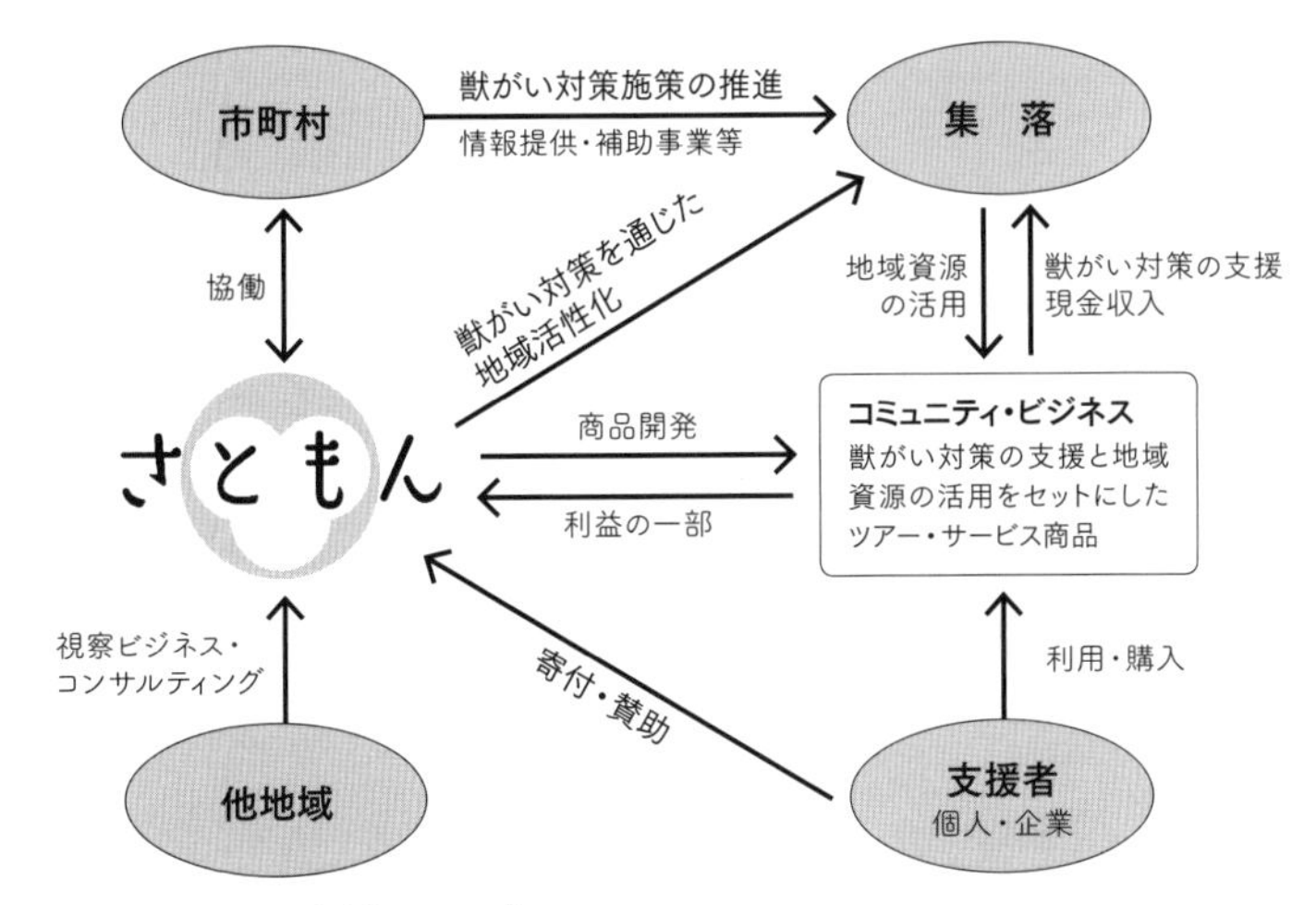

図6-2　ソーシャル・ビジネスのモデル

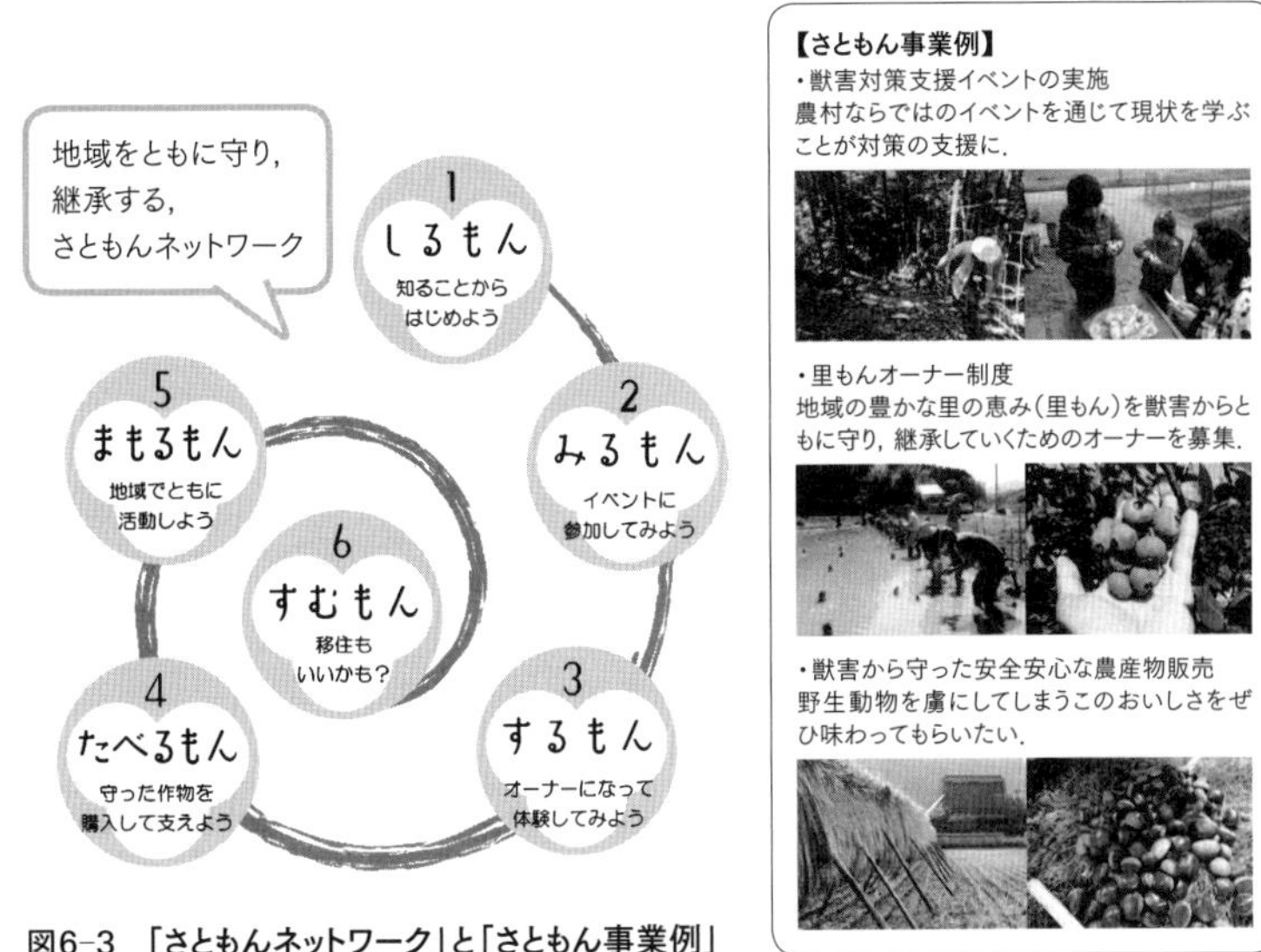

図6-3　「さともんネットワーク」と「さともん事業例」

セットにしたさまざまなコミュニティ・ビジネスを展開することで、地域に前向きな価値を付与していく予定である。

農村と都市をWin–Winで結ぶ

今後ますます人口減少・高齢化が予想されるなか、獣害対策の目標やアプローチを再検討することが求められている。獣害が引き起こしている負のスパイラルから脱却するためには、いわゆる従来の「獣害」対策から脱却し、「地域再生」を視野に入れた横断的な取り組みが必要とされる。

一方、生活様式や産業の近代化に伴い、人口減少・高齢化も著しく進行してきた農村では、集落機能が低下し、獣害対策はおろか、かつて人が利用しかかわることで維持されてきた景観や資源を持続させていくことでさえ困難になっている。今では、獣害と向き合う地域住民の農業や暮らしに対する価値認識も多様なものとなっていて、それは言い換えれば、「どのような農業・暮らしを獣害から守りたいか」があいまいになっているということにほかならない。

そこで本章では、「獣害」対策をきっかけに、次世代に守り伝えたい地域の姿や住民の想いを可視化し、その目標を「地域継承」にずらして、地域だけでなく都市住民らの外部支援者と「共有」していくアプローチを提案し、それを担う中間支援の必要性について述べてきた。

ここで提案したアプローチは、地域社会に対して、獣害の克服を目指して、単なる支援者の確保や労力を提供するだけではなく、獣害対策に取り組むことで「交流が生まれる」「楽しみができる」といった前向きな新たな価値を付与し、意欲を喚起させる効果が期待できる。さらには、外

写真6-6・6-7 「さともん」が定期的に開催している都市部住民との交流イベントの様子.

部支援者の視点をうまく活用し、地域だけでは気づかなかった新たな資源や魅力を発見・発掘し、守り伝えたい地域の将来像を形成する支援を行うことも可能だろう。コミュニティ・ビジネスの手法を取り入れることで、これらを収益活動として展開することも可能だ。

一方、外部支援者に対しては、獣害対策の支援をきっかけに農村での暮らしや四季折々の豊かな農林産物の魅力を伝え、豊かな自然や文化、伝統に触れる機会、生産者から直接新鮮な農産物を入手できる機会を提供することが可能である。環境学習や体験学習の場としても魅力的なプログラムが提供できるだろう。これらの機会の提供は、地域のファンを獲得し、交流人口や移住者の増加にも貢献することが期待される。

問題は、誰がこうした潜在的なニーズを把握し、両者をWin-Winの関係で結んでいく役割を担うかである。ここでは、ソーシャル・ビジネスとして民間組織による中間支援の必要性を議論した。獣害という社会的課題の解決に対するニーズが高まっている現在において、このような民間組織の需要は潜在的にも高いと考えられる一方、こうした活動を持続的に運営していくための活動内容や体制や条件についてはまだまだ整理されていない。少なくとも地域に根ざした運営が必要だと考えられるが、どのくらいの空間で適用可能なのか、どういった専門性・役割が求められるのか、行政その他の関連機関・団体との連携のあり方など、先に紹介したNPOさともんの今後の取り組みだけでなく、各地の獣害管理や自然資源管理と地域再生を中間的に支援する団体の活動と比較参照しながら、民間組織を含有した新しい獣害管理(と地域再生を両立する)ガバナンスについて検討しなくてはならないだろう。

6 おわりに——「獣がい」を資源化し農村の豊かさを守る

獣害問題は、野生動物の存在に対する負の側面にばかり焦点を当てがちであるが、本来、人は野生動物を含む自然と多元的なつき合い方をしてきた。獣害や病虫害ひいては自然災害など、人の暮らしへの負の影響を排除しようとはしてきたが、一方で自然からその恵みを享受することで人びとの生活は成り立っていた。野生動物も農作物に被害を与える「害獣」ではあったものの、かつては貴重な肉資源として、また、皮や角、内臓などは衣類や薬として利用価値があり、「益獣」とみなされることもあった。ところが、生活様式や産業の近代化によって、野生動物の「資源」としての需要は次第に失われ、その一方で「獣害」が深刻化することにより、野生動物に対して積極的な価値を見いだすことが難しくなった。とくに被害を直接に受ける農村では、それが顕著となっている。

しかしながら、本来、野生動物は豊かな里地里山の構成員であり、地域の魅力の一つでもあるはずである。本章で述べてきたとおり、獣害への対処を単純に被害対策としてとらえるのではなく、ネガティブな課題である「獣害」に、地域を「守り伝える」というストーリーを付与することで、支援者とともに前向きな新たな価値を付加し、交流人口や収益を増大させることができれば、野生動物の存在は地域の新たな資源に変わるはずだ。

地域には多様な価値が存在することはすでに述べてきたとおりであるが、そのなかでも獣害は農山村の多くの人が共有する深刻な課題であり、他の課題に比べて地域内の問題意識や関心が高い。しかも、他の地域づくりやまちづくり活動と比較をしても、最初の参画を求めやすいという特徴がある。それは「獣害」対策が地域を動かす「スイッチ」として機能しやすいことを示している。問題はそれをどのように次の目標に移せるかである。

地域にとってはネガティブな印象がぬぐいきれない「獣害」。そこで、提案したいのが新たに「獣がい」という言葉をつくることだ。地域に与える負の影響から「獣害」と表記されることが一般的ではあるが、確実な手法で「害」を軽減するだけでなく、獣の存在はそのままに、「獣がい」そのものを資源にして、地域を継承していく。そんな試みを具現化するために「獣がい」という言葉を用いることで、地域に対して新たな印象を与えることが可能になるかもしれない。

「獣害」という負の課題への対処を単純に被害対策としてとらえるのではなく、「獣がい」に前向きに取り組む集落を応援する仕組みづくりとその中間支援を行うソーシャル・ビジネスのモデルが構築されれば、同様の課題を抱える多くの地域にも適用できるものとなるだろう。この試みは、豊かな農村を次世代に継承することだけでなく、野生動物を含む多様な自然と持続的に共生できる地域社会の創生にも寄与するはずだ。

獣害の現場で何度か耳にした「もうこんなところに住みたくない……」という言葉。地域の魅力に惹きつけられた一人として、やはり聞きたいのは、「こんなところに住んでみたい」、「これからも住んでいきたい」——こちらの言葉だ。

そのために、「獣害」対策は一つのきっかけにしなくてはいけない。獣の存在を認めつつ、「獣がい」そのものを資源化して、地域を継承する仕組みづくりが、これからの時代に求められている。人と野生生物が共生できる豊かな農村の創生はその先にこそある。

第7章

協働の支援における「寄りそい」と「目標志向」

北海道大沼の環境保全とラムサール条約登録をめぐって

■三上直之

1 はじめに——景勝地・大沼の水質汚濁問題

二〇一六年三月に開業した北海道新幹線は、札幌までの延伸が一五年後に計画されているが、当面は函館が終点である。

ただし、もう少し正確に書くと、北海道の南端で青函トンネルから出た新幹線は、函館をかすめてすぐに大きく北に折れ、長万部(おしゃまんべ)、倶知安(くっちゃん)などを経て札幌に至る計画である。このたび開通したのはそのカーブのあたり、行政区画では北斗市にある新函館北斗駅までである。

札幌方面へはこの新しい終着駅で在来線の特急に乗り換えるが、この列車を利用する機会があれば、とくに出発直後の一〇分間ほど、車窓の風景に注目してほしい。

新駅を出て数分で、列車は平野から峠にさしかかる。いくつかのトンネルが続き、最後に比較的長いものを抜けると、左手の眺望が開け、森に囲まれた湖が現れる。小沼である。線路すれすれに迫る湖面と、晴れていればその奥にそびえる北海道駒ヶ岳が望める。夏には一面の木々の青さ、秋には紅葉に息を飲むうちに、列車は大沼公園駅にすべり込む。短時間停車した後、今度は右手にも湖が広がる。こちらは大沼である。流山（ながれやま）と呼ばれる小島が点在する二つの湖の間の細長い土地に敷かれたレールを、列車は駆け抜けていく。

この大沼と小沼、少し離れた所にある蓴菜（じゅんさい）沼の三湖をまとめて「大沼」と呼ぶ。北海道の南西部に突き出た渡島（おしま）半島の中ほど、七飯町（ななえちょう）に位置するこの湖群は、一六四〇年に駒ヶ岳が大噴火した際に河川が堰き止められてできた堰止湖であり、湖内に一二〇あまりある流山も、そのとき形成された。

火山活動がつくった複雑な地形や、道内では珍しいブナ林によって生まれた特異な景観は、古くから人びとを惹きつけてきた。一八世紀の旅行記にすでにこの湖の記述が現れ、明治初期には函館に寄港・在留する外国人客らを対象とした旅館が建てられて船による島めぐりなどが行われていた、という。一九〇三年に鉄道が開通し、その二年後には北海道庁が道立公園として整備・管理する構想を立て、一九二二年に正式開設へと至っている。戦後に改正された自然公園制度のもとで一九五八年には国定公園となり、その後も道南随一の景勝地として観光客を集めてきた（写真7-1）。

しかしその大沼も、バブル経済期以後は観光客数の減少に直面してきた。大沼がある七飯町を

写真7-1　初夏の大沼．

訪れた観光客は、一九九一年度に総数（約二九七万人）、宿泊客数（約三二万人）ともにピークを迎えた後は低落し続け、二〇一四年度の観光客総数は一九五万人、うち宿泊者は九万五〇〇〇人である。[1] 北海道新幹線の開通はそんななかでの好材料ではあるが、ここ十数年、北海道全体の観光客入込数（実人数）が五〇〇〇万人前後で横ばいに推移していること[2]と対比すると、大沼の厳しさがわかる。

その背景として、とくに一九八〇年代から問題となってきたのが、湖の水質悪化である。富栄養化の進行によって藻類が大量増殖してアオコが発生し、悪臭や景観悪化をはじめとする被害が懸念される状態が続いてきた。水の汚れの問題は、観光関係者からも、ワカサギやカワエビなどの漁をする漁業関係者からも、行政関係者からも異口同音に聞かれる。行政による水質検査の結果は、COD（化学的酸素要求量）でいうと、一九八〇年から四〇年近くにわたって、ほぼ毎年、環境基準未達成の状態にある。かつては夏には湖で泳ぐことができたというが、今ではそれも難しい。

一般に、湖沼の富栄養化の原因を突き止めることは容易ではない。発生源を特定しやすい特定汚染源（点源）に対して、非特定汚染源とか面源などと呼ばれる、市街地や農地からの汚染物質の影響も大きいためである。

このことは大沼でも同じだが、函館にある高等専門学校の研究者が、大沼流域の土地利用や主な事業所の状況、飼育されている家畜の数などのデータをくまなく収集し、湖に流入する負荷の発生源を、面源も含めて試算したことがある［田中 2005］。その結果、汚濁の原因となる窒素やリンの流入は、五〇パーセント弱は発生源の特定できない面源からのものであるが、残りの五〇パーセント強は点源からで、その大半が畜産によるとみられることがわかった。

たしかに大沼周辺では畜産が盛んで、肉牛の生産を中心として、近年その規模拡大が著しい。七飯町全体の統計だが、たとえば肉牛の頭数は一九九〇年代後半から二〇〇五年頃までの一〇年間で、四八〇〇頭から八六八〇頭へとほぼ倍増した。(3) 前述の調査によると、点源・面源を合わせて流域から大沼に流れ込む汚濁物質のうち、窒素で約五〇パーセント、リンでも約四五パーセントが畜産に由来し、面源に分類される農地も含めるなら、窒素・リンとも約八〇パーセントが農業関連による負荷であると推測された。

家畜のふん尿などの畜産廃棄物が環境問題を引き起こすのは、大沼に限った問題ではない。畜産業の大規模化や、高齢化による作業の省力化などにより、ふん尿を堆肥として活用することも難しくなり、それに伴って各地で畜産廃棄物による水質汚濁や悪臭などが広がりをみせてきた。一九九九年には、家畜排せつ物の処分や管理を適正に行いつつ、資源としての利用を促すことを目的とする「家畜排せつ物法」という法律もつくられた。

大沼でも、排せつ物を堆肥化する施設から雨天時に畜産排水が流出しないよう対策したり、家畜ふん尿の農地還元利用を進めるため堆肥舎を設置したりする取り組みが進められてきた。また、大沼に流れ込む主な河川の流域に遊水池を設け、ヨシを植えて栄養塩を除去する試みもなされ、一定の効果をあげている。それでも、水質の全面的な改善への道のりは遠く、漁業者や畜産業者、観光業者など関係者の間で、湖の汚れの原因や対策をめぐって、互いに不信を募らせる状況が続いてきた。

2 地域外からの支援者とその役割――協働を支援する「補助人」

この大沼に対して何かできることはないかと考え、地域の外からかかわろうとした人がいた。ここではAMさんと呼ぶ(4)。以下に記す一連の出来事の当時、彼女は「北海道環境パートナーシップオフィス(EPO北海道)」のスタッフであった。EPOとは、環境省が地域における環境保全や環境教育の取り組みを後押しする目的で、全国八つのブロックごとにNPOなどに委託して行っている事業である。

AMさんは大学で海洋生物について学んだ後、水産業界紙の記者になった。三年ほどで退職してオーストラリアに渡り、環境活動などに携わりながら一年を過ごし、帰国後の二〇〇八年八月、EPO北海道のスタッフになった。当時、発足三年目のEPO北海道は、道内での認知度を高めるため、各地のNPOなどと協力して環境教育や環境政策に関するセミナーを次々に開いているところだった。AMさんは、道南の函館地域での環境教育に関するセミナーを、前任者から引き継いで担当することになった。

仕事を始めてみると、そうした活動の必要性は理解できるものの、「『ESD（持続可能な開発のための教育）とはこういうものです』などと伝えているだけでは何も変わらない、砂漠に水みたいだ」と感じるようになった。持ち前の人なつっこさで、函館側のパートナーである国際交流NPOの関係者とすぐに打ち解け、数カ月も経つ頃には「もうちょっと地域を絞って、何か実践をしていくべきではないか」と話し合うようになっていた。

NPOの事務局長はIMさんである。[5] 函館生まれの彼は、道内の大学を卒業後、大手旅行代理店に一一年間勤めた。一九九五年に退職し、ニュージーランドでグリーンツーリズムを学んだり、十勝（とかち）の新得町（しんとくちょう）にある共働学舎でチーズづくりに携わったりして、九八年、家族とともに大沼に移り住み、その後、今の職場であるNPOで働き始めた。

IMさんは二〇〇四年から毎年、大沼で「国際ワークキャンプ」を開いている。国内外の若者が、夏から秋にかけて最長二カ月間ほど大沼に滞在し、農業体験や環境保全の活動をしつつ住民たちと交流する活動である。IMさんも、移住当初から水質の問題が気にかかっていた。外国人を含む若者が大沼を訪れて活動し、住民と交流する機会ができることで、住民が大沼の環境問題に目を向けるきっかけづくりになれば、との考えから始めたものである。初めは遠巻きに眺めていた地域の人たちが、数年も経つと、毎年若者たちとの交流を楽しみにするようになり、IMさんは手ごたえを感じるようになっていた。

AMさんの「もうちょっと地域を絞って、何か実践をしていくべきではないか」という考えは、IMさんと相談するなかで「大沼で何かできないか」という話へ向かった。ちょうどそのとき、EPO北海道では、当初の三年間の委託契約期間が終わり、第二期に入ろうという時期を迎えており、AMさんらの話は次の期の目玉として位置づけられることになった。道内から数カ所を選んでEPOのスタッフが入り込み、「持続可能な社会の実現に向けた地域協働モデルづくり」を行う、その対象地の一つに大沼が選ばれたのである。ここからAMさんの大沼通いが始まることになる。

地域課題に関する支援全般をみれば、近年、「補助金から補助人へ」という声が頻繁に聞かれ、地域サポート人材の導入を図る政策が大規模に行われてきている[小田切 2014; 図司 2014]。その背景には、農山村などを中心に既存の人的支援の仕組みが弱体化していることに加え、求められる支援の重点が、施設や技術の導入から、既存のストックを維持・活用し、地域の持続可能性を高めるための協働の構築へと移行しつつある、という趨勢もある。こうした人材は、二〇〇四年の新潟県中越地震をきっかけに被災地へも導入されるようになり、東日本大震災の被災地でも「地域復興支援員」などのかたちで大きな役割を果たしている[図司・西城戸 2016]。

この文脈でみると、EPO事業も、協働を支援する「補助人」を地域に導入する政策の環境分野版の要素を持つものとみることができ、大沼に関与したAMさんの事例はそうした協働の支援の一つのケースと言える。ここで考えたいのは、地域の順応的ガバナンスに、このような地域の外からの支援者が果たしうる役割である。

3 話を聞くことを通じた課題の把握——ステークホルダー間の対話の場づくり

二〇〇九年春、大沼に通い始めたAMさんは、地元の行政関係者や漁業者、酪農家、自然ガイド、大沼の水質の問題に取り組んできた研究者などに話を聞くところから始めた。水質保全や環境教育の活動にも参加し、関係者と積極的に会うようにした。大沼では以前から、函館にある教育大学の研究者らが、地元の関係者とも協働して水質改善のプロジェクトを進めている［田中2012］。その中心人物とも早い段階で知り合った。

大沼在住で、函館のNPOの事務局長を務めるIMさんの紹介を受けながら、「あとは自分でインターネットを使ってニュースを引っ張ってきたりして、関係者を洗い出し、相関図みたいなものを作った」。AMさん自身はそのような表現は使っていないが、一種のステークホルダー分析の過程だったといえる。

最初の数カ月間で一〇人ほどの関係者に集中的に話を聞き、問題の難しさがわかった。AMさんは、「中の人たちが本当に対立していて、思いが熱いだけに、なかなかほぐせないものがあるという感じ」を受けた。

そのときに作成された「大沼を取り巻く現状」と題した要因連関図が残っている。A3判の用紙に、大沼の水質汚濁にかかわる要因やその関係者、改善に向けたこれまでの取り組みの関係が一覧になっている。地域に入り込んでのインタビューの過程で何度も書き直され、欄外に書き込まれた日付によると二〇〇九年六月中旬に一応の完成版ができあがったようである。水質汚濁にかかわる要因として、「森林による濾過機能の低下」や「土砂流入」「生活排水」「家畜糞尿」「ワカサギ」「モーターボート(による湖岸の浸食)」など一〇項目が掲げられ、隣には各要因にかかわる組織や人が並び、要因との間が線で結ばれている。

この図を作ってみてAMさんは、「大小はあれ、大沼にかかわっている人で水質汚濁にまったくかかわっていない人は存在しない。改善の取り組みにも、皆ほとんどがかかわっている。関係者が皆、汚染にもかかわっているし、改善もしようとしている」と感じた。関係者は各々の方法で水質改善の取り組みを進めようとしているが、その内容がお互いに十分理解できていない。それにより、対立に拍車がかかっているように思われた。

たとえば、規模拡大が著しい畜産業が水質汚濁の要因として注目されがちだが、畜産排水の対策状況は、漁業関係者や観光業者、その他の住民から十分理解されているのか、逆もまたしかりではないか、と思った。「それぞれの状況や、水質汚濁に取り組む手法がおかしいという話は聞くのだけれども、本当にその手法や状況は互いに理解されているのか。対話が足りないという感覚を持った」(AMさん)。

と同時に、相互不信や対立を抱える内部の人だけで話をするのは非常に厳しいと感じ、「外とのつながりから中を変えていくことができないか」と考えるようになった。

地元関係者へのインタビューと並行して、この地域にくわしい外部の専門家にも会ってアイデアを求めた。その一つとして、湿地に関する国際会議を大沼に誘致する案が浮かんだこともあった。しかし、その会議は次の開催地が決まっており、すぐに誘致することは現実的ではないことがわかった。このように、案が浮かんでは消える状況が続いた。

そんななか、二〇〇九年の夏、AMさんがある外部専門家と話をしていたときのことである。「ラムサール条約の話をちらっと聞いたんです。「大沼を登録湿地にできないのか」と」。

ラムサール条約とは、水鳥の生息地などとして国際的に重要な湿地を世界共通の基準に基づいて登録し、各国が、それらの湿地の保全と再生、適正な利用を進めることを定めた条約である。二〇一六年八月現在で、締約国数が一六九カ国、登録された湿地は二二四一カ所にのぼる。(6) 日本にも、釧路湿原や琵琶湖など五〇カ所の登録湿地がある。

「国際条約の登録湿地になったら、外からも見られることになる。登録されるからには、地域の人たちも見られる覚悟というか、関係者が連携してまちづくりをしていかないと恥ずかしいという意識が高まるのではないかと思った」(AMさん)。

このときAMさんの念頭にあったのは、関係者が話し合える場がないという課題に対して、使えるものは何でも使いたい、という思いであった。ラムサール条約は、その「手段」となりうるのではないかと直感したのである。

この条約は、湿地の「保全」と「賢明な利用(ワイズユース)」、そのための「国際協力」という三つの柱から成り立っているとされる。それらを推進するために強調されるのが、「対話、教育、参加、意識啓発(communication, education, participation, and awareness)」の活動である。日本の環境省などは、英語の頭文字をとって「CEPA(シーパ)」と呼ばれるこの領域が、保全とワイズユースと並ぶ、条約の第三のポイントだと説明しているぐらいである。[7]

「大沼で利害関係者の人たちが集まる場をつくるというのは、まさにCEPAに合致する話だと思った。条約に登録されれば、行政としても、そういう場を設置しなければならない。大沼が保全され、議論の場もつくることができる。こう言ったら怒られるかもしれないが、一石二鳥の、すごくいい「手段」だと思った」(AMさん)。

ただ、登録湿地となるためには、絶滅危惧種の生息地になっているとか、定期的に二万羽以上の水鳥を支えているといった九つの基準のいずれかを満たす必要がある。果たして大沼にその可能性があるのか。

ラムサール条約といえば、頼れる専門家が身近にいることをAMさんは思い出した。北海道環境財団の当時の理事長、T先生(故人)である。北海道では、環境省の委託でEPOを運営しているのが同財団であり、AMさんにとってはいわば勤め先の「社長」である。北海道大学の農学部教授や植物園長を務めた植物生態学者で、北海道の湿地の調査に長年取り組んできた湿地研究の権威である。一般向けの著作や新聞記事などで湿地の魅力や大切さを親しみやすく説いたり、大学を退いた後には北海道環境財団の理事長を務めたりするなど、湿地保護の領域にとどまらず、北海道の環境分野のシンボル的存在であった。

AMさんが相談すると、T先生は「道南にはまだ一カ所も登録湿地がない。大沼の流山の地形は他にはない景色だし、水鳥もそれなりに来ているから可能性はある」と答えてくれた。先生は環境省の「ラムサール条約湿地候補地検討会」の座長でもあった。この検討会は、二〇〇五年までに世界の登録湿地をおおむね倍増させるという国際目標を受けて、国内での登録を推進するため、二〇〇四年に設置された。

ただ、二〇〇六年以降は検討会が開かれない状態が続いており、AMさんの相談がすぐに新たな動きを生んだわけではない。「いずれラムサール条約に登録する話になったら、大沼の重要性を示す根拠となる文献や資料が必要になるから、今から集めておきなさい」。そんなアドバイスを受け、T先生との話は終わった。その後もAMさんは、大沼に通って関係者を訪ねて話を聞いたり、環境問題に関するイベントを共催したりといったかたちで現場とのかかわりを深めていった。そのかたわら、「ラムサールはどうだろうかと思いつつ、資料をちょっとずつ集めてはいた」という状態が続く。

4 ラムサール条約登録への急展開

話が急展開するのは約一年後、北海道でも記録的な猛暑となった夏が終わり、ようやく秋の訪れが感じられるようになった頃である。二〇一〇年九月末に環境省が発表したラムサール条約登録湿地の新しい潜在候補地のリストに、大沼が載った。全国で一七二カ所、道内でも二一カ所が列挙されたうちの一つであり、潜在候補地に選ばれたからといってすぐに登録されるとは限らないが、登録湿地になるには基本的にこのリストに名前が挙がっている必要がある。

ところがAMさんにとって、この第一関門突破の知らせは寝耳に水であった。道内で先に登録湿地がある地域の支援を担当する北海道環境財団の職員が、公表された資料で気づいて知らせてくれたのだった。T先生に相談した後、どんな経緯があったのか。

AMさんがT先生に相談を持ちかけた翌二〇一〇年の二月、環境省では、国内の登録湿地をさらに増やすため、ラムサール条約湿地候補地検討会が再開されていた。同年三月には政府の「生物多様性国家戦略二〇一〇」で、二〇一二年の第一一回ラムサール条約締約国会議までに国内の登録湿地を六カ所増やす、という目標も明記されていた。

検討会の座長は引き続きT先生が務めていた。ただ、AMさんからの相談が検討会にどのように影響したのかは、今となっては正確にはわからない。T先生は二〇一三年に他界しており、本人に確かめることはできないし、環境省によると、検討会の逐語的な議事録も残っていないという[8]。

登録湿地の九つの基準のうち、大沼は「各生物地理区内で、代表的、希少又は固有な湿地タイプを含む湿地」(基準1)に当てはまるとされている。二〇一〇年九月の潜在候補地リストでは、ひとこと「生物地理区(東アジア)を代表する湖沼」と書かれている。

これだけだと、どのような意味で大沼が「代表的」なのかわかりにくい。話が先まわりするが、後に実際に登録される際に、AMさんらの集めた材料も使って作成された「情報票」という文書には、もっとくわしい説明がある。

「駒ヶ岳の噴火を背景とした火山植生と北海道としては希少なブナ林と低層湿地に囲まれて

いる点が特徴的であり、森林と湿地の両方を必要とする野鳥が多く生息している」。

「流山と呼ばれる小島は、特異稀な景観をつくりだしているだけでなく、その複雑な地形、林相、水面の自然環境は渡り鳥の休息場所、隠れ家として通過要地となっている」。

道内でブナ林が分布しているのは、函館や大沼を含む渡島半島だけであり、半島の付け根にあたる黒松内町(くろまつないちょう)はブナ林の北限として知られている。つまり、北海道では珍しいブナ林帯の中にある湖沼であること、また流山がつくり出す珍しい景観のあることが、基準1を満たすと判断された主な根拠だったと考えられる。

ただ、この基準1には、絶滅危惧種の動植物や、一定数以上の水鳥の生息を支えているといった、他の基準のような明快さがない。潜在候補地に選ばれた後、環境省の地方環境事務所で登録に向けた事務を担当した当時の野生生物課長も、「鳥の数などではなく、この基準1はすごく曖昧で、われわれすらも、基準1だけで選定されている理由をすぐには理解できないところがあった」[9]と振り返っている。この基準のみでラムサール条約に実際に登録された湿地は、国内でもたとえば阿寒湖や尾瀬など複数あり、大沼だけが例外的だというわけではないが、大沼が潜在候補地になった経緯は気になる。

概要版の議事録と会議資料は、環境省のウェブサイトで公開されている。[10]それによれば、大沼は、議論の終盤、五回目の会議で潜在候補地のリストに加わった。細かい経緯は読み取れないが、座長だったT先生の推薦が影響した可能性は高そうである。大沼の関係者が対話できる場をつくる「手段」としてラムサール条約を使えないか、というAMさんの思いは、T先生を介して彼女の知らないところで実現に向かっていた。

国際的には、九つの基準のいずれかに合致すればラムサール条約への登録は可能だが、日本ではそれに加えて、自然公園法や鳥獣保護法などの国内法によって保全が担保されていることと、地元からの賛意が得られていることをあわせ、登録の三条件としている。潜在候補地は、九つの国際基準に照らして重要な湿地と言えるか否かという観点のみから選ばれており、他の二条件が満たされているとは限らない。

写真7-2　晩冬の大沼と北海道駒ヶ岳.

二〇一二年までに新たに六カ所を登録するという政府目標を踏まえて、環境省の北海道地方環境事務所では、道内でも一カ所の新規登録を目指して動き始めていた。道内の潜在候補地案の中から「どれが一番登録するのに近道かを考えて優先順位をつける」（同事務所の当時の野生生物課長）作業が、検討会での終盤の議論と並行して進められた。

結局、環境省としては大沼を第一候補として動くことが決まった。国定公園である大沼の場合、国内法による担保という条件は満たされており、あとは地元の賛意が得られるかが鍵となる。潜在候補地が発表される一週間ほど前に、環境省側が七飯町を訪ね、大沼がリストに挙がることを説明した。町側は、ラムサール条約については名前すら初めて聞くような状態であったが、登録に向けて庁内での検討を進めることになった。

以上のような動きについてAMさんが知ったのは、潜在候補地が環境省から正式に発表された後だったのである。地方環境事務所でラムサール条約を担当するのは野生生物課であり、EPOを担当している環境対策課とは所管が異なる。大沼の登録に向けた作業を担当した当時の野生生物課長も、AMさんたちがすでに一年以上も大沼で活動していることは知らなかった。

課長らがAMさんたちの動きを知るのは、大沼の登録に向けた相談のため、あらためてT先生を訪問したときが初めてであった。その際、AMさんらとも顔を合わせ、互いに協力して登録に向けた作業を進めることになる。AMさんによると、この方向で事が運んだのは、地方環境事務所の当時の所長が、それまでのEPOの大沼での活動の蓄積を環境省全体として生かすため、所内で課を越えて協力するように働きかけてくれたことも大きかった。逆に言うと、所長のこの差配がなければ、自分たちはラムサール条約の登録にかかわれなかったかもしれないと感じたという。

翌二〇一一年一月には町役場での庁内説明会、四月には町民説明会が開かれ、AMさんも準備に奔走した。いずれの説明会でも目立った反対意見はなく、六月には地元の町内会や漁協、自然保護団体、観光業者などからラムサール条約への登録を「強く要望する」要望書が七飯町長に提出され、八月に町から環境省へ登録の要望が出された。このように地元の賛意を得るプロセスは順調に進んだ。

こうした動きの背景で、AMさんは、地元の関係者のもとを直接訪ねて話を聞く活動を続けていた。AMさんはこの時期、登録に向けた調整や、登録に際して必要な「情報票」を作成するのに使う資料を収集するため、月一、二回のペースで大沼を訪れていた。そうした機会に、酪農家のリーダーの一人を繰り返し訪問し、ラムサール条約登録の意義についても話を聞いてもらえるようになっていた。

町としての賛意がまとまると、AMさんたちの活動の焦点は、登録後の活動の場づくりへと移っていった。新たにハコモノを建設するのではなく、既存の団体が協議会のような議論の場をつくる方向で、町や関係者の間で話し合いが進められた。メンバー構成などで意見がまとまらず、打ち合わせを繰り返すことになったが、AMさんらは現地へ繰り返し足を運び、協議会の設計について助言するなどの支援を続けた。そして、登録直前の二〇一二年春、地元の観光関係者や漁業関係者、町内会、自然保護団体など一二人からなる「大沼ラムサール協議会」をつくることが決まった。

二〇一二年七月、ルーマニアで開かれた条約の締約国会議で正式に登録が決まり、八月には町内で記念式典も開かれた。協議会の初代会長には、湖畔でペンションを営む自然ガイドのKSさんが選ばれた。ラムサール条約への登録が実現し、協働に向けた新しい枠組みが立ち上がったのを見届けて、AMさんはその年の秋、EPO北海道を退職した。大沼の人たちとは今後も長く付き合い続けることになるだろうが、EPOのスタッフとしてできることは、やり尽くしたように感じていた。オーストラリアから帰国してEPOで働くうちにあっという間に四年が経ち、また海外に出たいという思いも生じ始めていた。

5 協働の隘路と、再び聞くことによる支援へ

AMさんが大沼にかかわるきっかけをつくったIMさんにとってすら、ラムサール条約への登録という目標が定まってからの過程は「少し急展開な感じがした」と言う。「それならそれで良いんじゃないかなと思った程度で、悪いとは思っていない」と言うが、登録が決定する締約国会議までのスケジュールが固定されているなかで、多くの関係者にとって、瞬く間に事が運んだという印象はあったようである。

ラムサール条約に登録され、環境学習のための助成金などを得る機会は格段に広がった。協議会が窓口となって民間企業などからの支援を得て、大沼の自然観察ガイドブックをつくったり、小学生対象の環境学習プログラムを実施したり、道内の他の登録湿地と交流したりといった活動が進められた。協議会会長のKSさんの二〇年以上にわたる自然ガイドとしての経験が生かされる展開となった。

その一方で、漁業や農業、観光業などの関係者が出席するラムサール協議会では、水の汚れの原因について、最初から意見の対立があり、口論が起こることもたびたびだった。KSさんによれば、関係者の間での話し合いが成り立たない状態であったという。

「たとえば、「(漁協の)組合長として俺もできることは一生懸命やるから、農協さんもちょっと手伝ってもらえればありがたい」といった話し合いができればいいのだけれど、なかなかできない。それが、水がきれいにならない原因でもあると思うのですが。大げんかをして、会議に来なくなってしまった人もいました[11]」。

こうした指摘に、漁協のM組合長もいらだちを隠さない。

「アオコが出て、大沼は汚くてにおいがするからと嫌われる。そんな状態がずっと続くのはよくないから、補助金を使うなりなんなりして、遊水池をつくるとかいうことを話し合ってやっていくのが協議会であるはず。それなのに、俺が「水をきれいにしなければ」と言うと、「犯人捜しはやめよう」と逆に批判されてしまう[12]」。

会長のKSさんが、協議会の席上で一部のメンバーから個人的に非難される場面もあり、それに耐えかねてKSさんは一年半ほどで辞任を決意してしまう。AMさんが大沼に通い始めてから、五度目の冬を迎えようとしていた。

ちょうどその頃、EPO退職後、一年近く海外を旅行してきたAMさんが北海道に戻り、またEPOに勤めることになった。登録から一年あまりが経った大沼で、ラムサール条約は、地域の人びとが話し合う場をつくるための「手段」としては働いていなかった。大沼でまだできることがあると感じたAMさんは、再び大沼に通うようになる。

KSさんが退いた後、数カ月間空席になっていた協議会の会長は、IMさんが引き継いだ。IMさんは、「僕らが問題だと思っていて、関係者が絡み合っているところを客観的に整理してもらうなど、ＡＭさんたちには良い役割をしていただいている」と感謝しつつも、やはり地域に住んでいる立場でないとできないことがある、と考えていた。自ら多忙ななかでも、この仕事は後まわしにできないと思った。

「僕も函館出身で、大沼に住んでまだ二〇年。ＰＴＡや町内会の役職も務めてきたが、どこかよそ者という距離感がある。それでも住んでいるというのは結構大きい」。

ＩＭさんは協議会の会長になると、自ら事務局長を務めるＮＰＯの活動として、大沼の関係者間の協働を促進する事業の委託を環境省から受け、本腰を入れて活動を始めた。ＡＭさんは、ＥＰＯ北海道の担当者として、この動きを支援する役割を担うことになった。今度は、ラムサール条約登録のような短期的な目標はない。五年前に通い始めたときのように、ＩＭさんやＭ組合長をはじめとする協議会メンバーや、地元の関係者に寄りそいつつ、じっくりと話を聞く活動が中心となった。

その主な訪問先が漁協のＭ組合長であった。大沼の水質の改善に向けてラムサール協議会での話し合いへの期待を当初から最も強く抱いてきた一人であり、それだけに、議論が紛糾する場面の多くに彼が絡んでいたからである。

「Ｍさんは、その態度いかんで物事が進んだり、進まなかったりということがあるキーパーソンなので、時には三時間、四時間、二人で話をさせてもらいました。建設的な話ができる場づくりという目標が私の中にはあったので、『もうちょっと仲良くしてください』と。Ｍさんには面倒くさい奴だと思われていたと思いますが……」（ＡＭさん）。

M組合長との対話の過程で、AMさんの認識にも変化が起こった。「Mさんは、ただ自分の思いを通そうとしているのではなく、ちゃんと議論しようと言いたい面があるのではないか。自分の意見を通したいという強い気持ちもあるだろうけれど、他の人にも同じように意見を言ってほしいと思っている」と感じるようになった。数度にわたって話すうちに、M組合長が目指す、保全を基軸とした大沼の理想像にはAMさんも共感できる部分が少なくないと感じるようになった。だからこそ、急に進めようとするのは難しいと伝えたいと思うようになった。

この過程で、AMさん自身は「支援者であるという感じはゼロ」だったという。「ある事にかかわる範囲の人たちが、どうすればより良い選択をできるのかを一緒に考えたい。それは、同じ北海道、日本に住んでいる自分にも結局はかかわることだから。より良い選択をするためには一人ひとりの人の気持ちを知らないといけない。だからとにかく話を聞きたいし、なかでも思いが強い人の気持ちはやっぱり汲みたい」。

こうしたAMさんの大沼へのかかわりについて、IMさんは「AMさんには、地域の人の中にまで入り込んで本当によくかかわってもらっている」と感じている。AMさんらの大沼へのかかわりが、ラムサール条約登録という目標ありきのものではなく、漁業者や酪農家を含む関係者に寄りそい、地域の課題を把握しようとすることから始まっていた点は、地域の他の関係者にも高く評価されている。

条約への登録当時、七飯町の環境生活課で担当した課長と係長は、「役場から関係者へ話しに行くよりも、AMさんのようなポジションの人が個別に話しに行くほうが、地域の人は耳を貸し

写真7-3　船上からの観察会.

てくれると思う。AMさんの人柄も大きいと思うが、緩衝材のような役割はありがたかった[13]」と口を揃える。また、ラムサール条約登録当時の環境省地方環境事務所の課長も、「(地域の利害関係者に)すんなりといいよと言ってもらえたのは、AMさんが事前にいろいろ動かれていて理解が得られていたのが大きいのではないか」と振り返る。

新しい協議会会長のIMさんのもとで、地元の農産物を使ったメニューの開発や、女性の若手ガイド育成など、これまで協議会の活動に参加してこなかった女性や若い世代の参加を促す試みが動き始めた。湖の富栄養化の問題については、二〇一一年度から一二年度にかけて二年連続でCODの環境基準(年間平均値)が達成されるという朗報もあった。水質には、その年の天候も影響するし、二〇一三年度からはまた未達成に戻っているから、かならずしも楽観視はできないが、新たな動きが功を奏し始める兆しとは言えるかもしれない。関係者の間での協働はたやすいものではないが、ラムサール協議会が七飯町や道などと協力して、大沼の保全活用計画をつくる動きも始まっている。こうしたなか、二〇一五年春、担当していた環境省の委託事業が終了したのを機に、AMさんはEPO北海道を退職し、大沼とのかかわりにひと区切りをつけることになった。

6 「協働の支援」の二つのかたち――「寄りそい」型と「目標志向」型

AMさんの大沼へのかかわりを振り返って俯瞰すると、次のような四段階があったと言えそうである。

第一段階(二〇〇八〜〇九年)では、イベントの共催などを通じてIMさんとのつながりを深め、大沼を活動の対象に定めた。水質の問題をめぐって関係者の間に長年の対立があることを知り、これを乗り越えて協働を進めることに関与できないかという問題意識を抱くに至った。

続く第二段階(二〇〇九〜一〇年)では、AMさん自身が地域を歩いて繰り返し話を聞き、大沼の環境保全について関係者が協議できる場がないという課題を把握すると同時に、外部の専門家へのヒアリングも行って解決方法を模索した。その結果として、関係者が共通のテーブルに着くための「手段」として見いだされたのがラムサール条約への登録であった。

この案がT先生を媒介として実現に向かい始めた後の第三段階(二〇一〇〜一二年)には、登録に向けた狭義の支援として、調査や地元での説明会、それらのために必要な専門家のコーディネートなどのほか、登録後の協働の場となる協議会の立ち上げ準備にも奔走した。地元関係者は、登録に向けたプロセスが順調に進んだことを肯定的にとらえつつも、締約国会議に向けた既定のスケジュールのなかで、瞬く間に事が運んだという印象も受けたようである。

登録の実現後、第四段階(二〇一二年〜)には、環境学習などで進展がみられる一方で、水質改善に向けた協働はかならずしも順調に進んでいない。地道な協働の深化があらためて模索されている現状にある。

ところで環境社会学では、地域における協働の実践に研究者がいかに関与しうるか、さまざまな角度から議論されてきた。それらは最も単純化するなら、次の二つの路線にまとめられるように思う。一つは多様な価値観を有する当事者に寄りそって理解や共感を深める方向性であり、もう一つは地域における課題の全体像を描き出し、それを生かして具体的な目標を伴った事業や施策、それらに関する合意形成を支援する方向性である。

ここで仮に、前者を「寄りそい」型の支援、後者を「目標志向」型の支援と呼んで区別してみよう。現場においては、二つのかたちが組み合わされて展開する。たとえば、聞く技法を軸として、場合によっては「レジデント型研究者（地域社会に定住して研究を行う研究者）」として地域に根を下ろし、両局面を同時並行的に発揮するようなかたちがある［菊地 2008; 佐藤 2008; 茅野 2009］。また、前者の共感的な局面から支援を始め、その後、中長期的には「地域再生」などの政策的目標を達成しうるプロセスを設計しながら関与するかたちもありうる［鈴木 2014］。

「寄りそい」と「目標志向」の支援というこの区分は粗いものだが、環境社会学者による実践への関与にとどまらず、「協働の支援」全般を考える上での枠組みとなりうる。中越地震からの復興過程での地域づくり支援では、外部事業を導入して「掛け算のサポート」を行う前に、住民の不安に寄りそい共通体験を積み重ねる「足し算のサポート」が不可欠であったことが見いだされている［稲垣ほか 2014］。ここでの寄りそい型は「足し算のサポート」に、目標志向型は「掛け算のサポート」

に対応するものと言える。

地域における協働の支援とはやや文脈が異なるが、ソーシャルワークの分野でも、固定化された「問題」の枠組みからの解放を目指して、支援者があえて「無知の姿勢」を示し、専門的な支援を提供するのではなく、徹底的にクライエントに寄りそうアプローチがとられることがある［荒井2014］。これは、少なくとも支援のある段階において、徹底した寄りそいの姿勢が重要になるという話だと理解できる。

この寄りそい型と目標志向型というレンズを通して、大沼の事例をとらえ直してみると、まず明らかなのは、「ラムサール条約への登録」という目標志向型の介入の前段階に、寄りそい型の介入が存在していたことである。AMさんは、地域を歩いて関係者から繰り返し話を聞き、対立する関係者が大沼の環境保全について協議できる場がないという課題を把握するとともに、その解決方法を模索した。この結果として、関係者が共通のテーブルに着くための「手段」として見いだされたのがラムサール条約への登録という目標だった。

ここで寄りそい型と呼んでいるかかわりの内実は、AMさんのケースに沿って言えば、地域の鍵となる人たちを直接訪ねていき、ときには一緒に活動に参加するなどしてともに時間を過ごし、じっくりとかれらの話を聞く、ということに尽きる。その具体的なやり方は、相手や支援の局面に応じてさまざまであり、ここで要件などを体系的に示せるわけではないが、たとえば、仕事場に訪ねて行き、数時間かけて徹底的に相手の言うことに耳を傾けるというかたちがあり、また相手が主催する行事に参加してともに時間を過ごし、そのなかで打ち解けていくというかたちもあった。あらかじめ設定された目標を、限られた期間で達成することを目指す目標志向の枠組みだけからみれば、きわめて非効率なやり方である。

AMさんがこうした寄りそい型を重視したのは、「いわゆる「よそ者」が外から地域にかかわるには、地域にどういう人がいて、どういう関係にあるかを丁寧に理解しなければならない」と考えたからだった。当初からその思いは強かったが、それがある種の確信にまでなったのは、東日本大震災の被災地における経験が大きかった。AMさんは大沼での支援の仕事と並行して、二〇一一年五月から一三年初頭まで毎月、ボランティアとして宮城県の被災地へ通い、震災復興の活動に携わった。そこで印象的だったのは、経験豊富な支援者の中に、自らの過去の活動から得た「定石」を自信過剰気味に被災地に当てはめ、かえって地域住民の間に不和を生じさせるなどの問題を引き起こす人たちがいることだった。毎月の被災地でのボランティア活動のなかで、そうした支援の現実も見つめながら「地域にかかわることは「こわいこと」だと思うようになった」と、AMさんは言う。

こうしたことも踏まえると、寄りそいと目標志向の二局面は、前者から始まって順調にいけば後者へ移行するといった、単純な関係にあるわけではないことも明らかだろう。大沼でもラムサール条約への登録後、協議会での話し合いが円滑に進まず、AMさんが関係者を訪ねて話に耳を傾けることで局面の打開を探った、という経緯があった。ここでAMさんがあらためて徹底した寄りそいの姿勢をとったことは、被災地での経験が大きく反映していると言えるだろうが、もう少し一般化するなら、目標志向型のかかわりがひと段落したところで、寄りそい型の支援が求められる段階がありうることを示している。そもそも、ラムサール条約登録への動きが急ピッチで進んだという地元関係者の印象は、寄りそいと目標志向の両局面の間に、ある種のギャップが存在することの表れである。

目標志向の支援は、いったん明確なゴールが定まれば、しばしばそれに向かって集中的に資源が投下されることになり、成果も目に見えやすい。支援の効果を外部から評価するような場合も、目標志向の局面に焦点が当たりやすい。他方、寄りそいの局面は、最終的には地域における協働を促すという目的に収斂するとはいえ、地域の人たちの声に耳を傾け、対話を積み重ねることで、課題の所在についての理解を深めていく、という地道な構えが基本となる。この種の活動は、具体的な目標設定やそれに基づいた評価にすぐにはつながりにくいけれども、目標志向型の支援の苗床として欠かせない役割を担っている。

目標志向の支援が優勢になると、寄りそい型の支援は後景に退く。その部分だけをとらえると、寄りそいから目標志向への単純な移行が起こっているようにもみえる。しかし、目標志向が優勢にみえる局面でも、寄りそい型の支援が下支えの役割を果たしており、目標志向の支援にひと区切りがついた後、またかたちを変えて寄りそい型の支援が求められることもある。支援の二つのかたちは、前景に現れて私たちの目を引く目標志向の支援の基盤として、寄りそい型の支援が、より息長く、あるいは繰り返し求められる、という関係にあるように思われる。

寄りそい型の支援の継続や反復は、ここでみたＥＰＯ事業のような広域の中間支援の枠組みにはなじみにくいものかもしれない。しかしそれが、協働の支援が持続的に効果をあげるための不可欠な基盤であるとするなら、目標志向の支援がひと段落した現場においてこそ、持続的・反復的に寄りそい型のフォローアップを提供できる仕組みが求められている。[14]

註

(1)『大沼地域活性化ビジョン(平成二〇年度~平成二九年度)』[七飯町 2008]の資料編および七飯町ウェブサイト「観光客入込数の推移」(http://www.town.nanae.hokkaido.jp/hotnews/detail/00000665.html)による。本章におけるウェブ上の情報は、すべて二〇一六年八月二一日に閲覧した。

(2)北海道経済部観光局ウェブサイト「北海道観光入込客数の推移」(http://www.pref.hokkaido.lg.jp/kz/kkd/irikominosuii.htm)による。

(3)総務省統計局の政府統計ポータルサイト(https://www.e-stat.go.jp)に収録された作物統計調査市町村別データ(七飯町・肉用牛飼養頭数)による。

(4)本章におけるＡＭさんに関する記述や本人のコメントは、主に、二〇一四年四月二二日、同年一一月一九日、二〇一五年六月五日、二〇一六年七月一一日にいずれも札幌市内で行ったインタビューによる。これとは別に、ＡＭさんがＥＰＯ北海道スタッフとして大沼で活動したり、東京で行われる事例報告会に出席したりする際に同行し、参与観察した(二〇一四年一二月および二〇一五年二月)。そのほか、ＡＭさんの大沼に関する活動については、関係資料を閲覧させていただき、それらも参考にしつつ再構成した。大沼の状況やラムサール条約登録の経緯全般については、大沼ラムサール協議会事務局(七飯町環境生活課自然環境係)からも資料提供を受けた。

(5)本章におけるＩＭさんのコメントは、二〇一四年一一月一九日に札幌市内で行ったインタビューから引用した。その後、筆者が二〇一四年一二月から二〇一六年二月にかけて大沼に計七回にわたって滞在し、ラムサール協議会の活動を参与観察する過程でも、インフォーマルにＩＭさんから繰り返し話を聞かせていただいた。

(6)ラムサール条約のウェブサイト(http://www.ramsar.org)による。

（7）環境省ウェブサイト「ラムサール条約とは」(http://www.env.go.jp/nature/ramsar/conv/1.html)による。
（8）環境省自然環境局野生生物課への問い合わせ(二〇一五年六月)による。
（9）ラムサール条約への登録当時、環境省北海道地方環境事務所で野生生物課長を務めていたI氏へのインタビュー(二〇一五年六月二四日、仙台市内)による。
（10）環境省ウェブサイト「ラムサール条約湿地候補地検討会(平成二一年度・平成二二年度)」「ラムサール条約湿地検討会(平成二六年度・平成二七年度)」(http://www.env.go.jp/nature/ramsar_wetland/)。
（11）KSさんへのインタビュー(二〇一五年三月八日、七飯町内)による。
（12）M組合長へのインタビュー(二〇一五年六月一三日、七飯町内)による。
（13）ラムサール条約への登録当時、七飯町で環境生活課長だったO氏と、同課自然環境係長だったK氏へのインタビュー(二〇一五年七月二九日、七飯町内)による。
（14）筆者は二〇一二年から二〇一六年現在まで、EPO北海道の運営協議会委員を務めているが、本章執筆にかかる調査研究に対して、環境省や北海道環境財団から研究費の提供は一切受けていない。本章において示した見解は、すべて筆者個人のものである。

第8章

「よそ者」のライフステージに寄りそう地域環境ガバナンスに向けて

長崎県対馬のツシマヤマネコと共生する地域づくりの事例から

▦松村正治

1 はじめに——ヤマネコ保護に力を尽くす「よそ者」

長崎県の対馬(つしま)は、日本列島と朝鮮半島を分け隔てる対馬海峡に浮かぶ島で、韓国まで約五〇キロメートルと近く、「国境の島」と呼ばれている。日本では、沖縄本島と北方領土を除けば、佐渡島、奄美大島に次ぐ大きさの離島である。

この島には、絶滅のおそれがあるネコ科の野生哺乳類、ツシマヤマネコが生息している。二〇一〇年代前半の生息状況は、せいぜい一〇〇頭程度と推定され、環境省のレッドリストでは「ごく近い将来に絶滅する危険性が極めて高い」絶滅危惧IA類に指定されている。

本章では、これから対馬の事例をもとに議論を進めるが、ツシマヤマネコの保護対策を包括的に検討することが目的ではない。主な議論の対象は、対馬の社会がヤマネコの生息環境をいかに保全・再生するのかという環境ガバナンスのあり方である。そのなかでも、島外から対馬に来て、ヤマネコ保護に力を尽くす「よそ者」に焦点を当てる。

人口減少に悩む対馬では、外部からの移住・定住への期待が高く、また、取り上げる事例では「よそ者」の果たす役割が重要であった。だから、環境ガバナンスの鍵を握る「よそ者」に注目するのだが、彼らは人口問題や野生生物保護問題を解決するための「手段」ではない。「よそ者」も、島での暮らしが長くなれば地元住民と同化していくし、ライフステージの変化に伴い、ヤマネコ保護に対する気持ちも変わっていく。本章では、こうした「よそ者」の生き方に寄りそいながら、環境ガバナンスのあり方を議論したい。

まずは、議論の前提となる対馬の現状を確認することから始めよう。

2 対馬の地域社会とツシマヤマネコ保護

対馬市が抱える課題と複数のビジョン

対馬市の人口は、一九六〇年の六万九五五六人をピークに減少し続け、二〇一〇年には三万四四〇七人となり、この五〇年間に半分以下となった。二〇一三年に国立社会保障・人口問題研究所が公表した推計によれば、二〇四〇年には一万七九三八人と人口はさらに半減し、この間に六五歳以上の高齢化率は二九・五パーセントから四四・六パーセントまで上昇すると予測されてい

る〔国立社会保障・人口問題研究所 2013〕。

このような見通しに対して対馬市は、二〇一五年に「まち・ひと・しごと創生総合戦略」を策定し、人口減少に歯止めをかけようと努めている。対馬市の場合、合計特殊出生率が二・一八[1]と高いものの、高校卒業後は大学進学や就職のためにほとんどの若者が島を出るので、人口に占める二〇〜三〇代の割合が極端に少ない。一方で高齢者の割合は増加するので、人口構成のバランスが悪くなるおそれがある。そこで、市の総合戦略では、出産・子育て支援、雇用対策、移住対策などを最優先に取り組み、若者の割合を高めることで、人口の社会減を食い止めようとしている〔対馬市 2016〕。

若者が対馬に移住・定住するためには、島の将来に希望を抱くことができるビジョンが必要だろう。たとえば、近年、韓国から船で対馬を訪れる観光客が急増していることから、ボーダーツーリズム（国境観光）の振興を図るという考え方がある〔岩下・花松編 2014〕。「平成二六年度　長崎県観光統計」によれば、二〇一四年に対馬を訪れた宿泊客実数は二四万三一八三人で、このうち韓国人は九万八四七六人であった。二〇〇九年の韓国人宿泊客実数は二万七五四七人だったので、この五年間で約三・六倍に増加している。この間、日本人の宿泊客実数は一四〜一五万人台とほとんど変化していないので、地域経済に与える韓国人観光客の影響が急速に拡大していることがわかる。こうした事情を背景に、海外との玄関口である特性を生かし、日韓国境を船で越える観光に期待しようという考えだ。

これとは対照的に、「国境の島」という地理上の位置からは、海洋国家たる日本の防衛および海域の資源保護の砦として重要性を訴え、国の支援を仰ぐという方法もある。この考えは、二〇一六年に「有人国境離島地域の保全及び特定有人国境離島地域に係る地域社会の維持に関する特別措置法」の制定として実現した。

あるいは、恵まれた対馬の自然環境を生かして、将来の島の姿を模索するという方向性もあるだろう。対馬近海は豊かな漁場に恵まれており、明治期以降、中国地方・九州地方の沿岸から多くの漁民が移住してきた［宮本 1969, 1983］。現在も漁業は基幹産業の一つなので、海洋保護区を設定して水産資源を守りつつ、ブランド化や六次産業化を図るという方策がある。(2) また、島の約九割が森林に覆われているので、そのバイオマス資源を有効に活用しながら、林業やシイタケ栽培の再生に活路を見いだす考え方もあるだろう。

もちろん、対馬だけに生息するツシマヤマネコをシンボルにして、島内で使用する農薬を減らしたり、動物事故対策を徹底したりして、自然と共生する島づくりを推進するという方針も立てられよう。しかし、これもまた考えられる複数のビジョンの一つにすぎない。このように、いくつものビジョンが並立しうる状況で、ヤマネコの保護を進めるにはどうすればよいのかを考える必要がある。

ツシマヤマネコの保護対策——住民巻き込み型対策と機関中心型対策

ツシマヤマネコは、一九九四年に「絶滅の恐れのある野生動植物の種の保存法」に基づく国内希少野生動植物種に指定された。一九九五年には、この法律に基づく保護増殖事業計画が環境庁

（現・環境省）と農林水産省によって策定され、一九九七年にはツシマヤマネコの保護増殖、調査研究や普及啓発などを総合的に推進するため、対馬野生生物保護センターが設置された。

二〇一〇年には、この事業計画の下に位置づけられる実施方針が、ツシマヤマネコ保護増殖連絡協議会[3]によってまとめられた。実施方針では、主要な対策として、①生息域内における保護対策、②生息域外における保護対策、③ツシマヤマネコと共生する地域社会の実現、④関係者の横断的連携の促進、⑤科学的知見に基づく順応的管理、という五つが挙げられている。これらの対策を、関係するアクターの構成に着目して①③と②④⑤に大別し、前者を住民巻き込み型、後者を機関中心型と呼ぼう。

写真8-1　ツシマヤマネコ.

ここで機関中心型対策とは、野生動物保護にかかわる行政機関や教育研究機関などが中心となって行うものである。たとえば、②は絶滅リスクを避けるために島外の動物園でツシマヤマネコを飼育し、対馬以外にも個体群を確立することが主な対策である。④は保護対策の効果を高めるために関係機関が有機的な連携を図ることである。⑤はモニタリング調査によって生息個体数を把握しながら、その結果を保護計画づくりにフィードバックして、臨機応変に対策を進める管理方法である。

これらの対策は、いわゆる専門家や担当者が本来業務として従事

写真8-2　ツシマヤマネコの野生順化施設.

できるもので、アクター間の情報格差は相対的に小さく、課題を共有しやすいという特徴がある。もちろん、②は島外機関との調整を要するし、④は縦割り行政の壁を越えないといけないし、⑤では行政と相性が低い柔軟性が求められるように、それぞれ難しさを伴うだろう。それでも、関係機関の間で合意を形成できれば、課題解決のために必要な資源(人・もの・金・情報)を投入しやすいと言える。

一方、住民巻き込み型対策とは、関係機関だけでは進められず、一般の住民が保護活動に協力しない限り、実効性が上がらない対策を意味する。保護増殖実施方針では、①の生息域内における保護対策として、ツシマヤマネコの生息を脅かす減少要因ごとに対策が挙げられている。環境に配慮した農業や適切な森林管理などによる生息環境の維持・再生、動物事故に対するドライバーへの注意喚起、とらばさみ[4]の使用禁止、ノラネコやノネコの排除、イヌの放し飼い禁止などで、住民の協力が不可欠なものばかりである。それでも、こうした対策は減少要因の分析から導出されるので、その必要性は理解されやすい。

ところが、③のツシマヤマネコと共生する地域社会の実現となると、過疎化・高齢化対策、地域産業の振興策を優先すべきで、なぜそのようなビジョンを掲げるのかと課題設定そのものに対して疑問を抱かれても不思議はない。このように、住民巻き込み型の場合、機関中心型よりも多様なアクターがかかわる上に、それぞれの間の情報格差、立場の違いなどが大きいため、課題を共有することすら容易ではない。

こうした状況下で、島の事情を考慮せずに、ツシマヤマネコ保護に向けて住民を巻き込もうとしてもうまくいかないだろう。実際、一九八八年にツシマヤマネコの生息密度が高いエリアに国が鳥獣保護区を設置しようとしたとき、林業などの経済活動に規制が加わることを懸念した地域住民から強い反対があった。このときは、鳥獣保護区の指定の際、開発や立ち入りが制限される特別保護区は設定しないことで収まった[ツシマヤマネコ保護増殖連絡協議会 2010]。この経験からわかるように、ツシマヤマネコが絶滅の危機に瀕しているとしても、島民の生活環境より希少種の保護を優先していると思われたら、地域住民の理解を得ることは難しい。

地域環境コーディネーターの役割

環境省の立場からすると、ツシマヤマネコを保護し、住民と共生する地域社会を実現することが目的である。保護増殖がうまくいくほど、対馬市や島内の各地区に補助金・助成金を多く支給したり、地域を支える人を増員できたりするならば話は別であるが、調達できる資源は限られている。このため、環境省や関係機関が目的を実現するには、住民の主体性を引き出しながら地域環境を望ましい状態に向ける統治術が求められる[松村 2015]。

近年の社会学的な環境ガバナンス論では、野生動物保護や自然再生の事例が数多く取り上げられている。そうした研究によれば、各ステークホルダーの視点から、地域環境の望ましさや環境に働きかける行為の意味を理解することが重要である。そして、立場の違いによるズレを正そうとするのではなく適当にずらしながら、それぞれの役割に意義を見いだせるよう物語をつくり出す順応的ガバナンスが推奨されている［宮内編 2013］。

こうした研究を踏まえると、対馬においても、地域住民を含む多様なアクターが協働する良好な関係をつくるには、環境省は野生生物保護を前提とするのではなく、各主体が抱えている課題を理解することから始めるべきとなる。そして、その課題解決を図ることと、野生生物の保全とを両立できるように働きかけることが有効であろう。

ところが、そのような役割を中心的に担うべき環境省の自然保護官（レンジャー）は、会議や許可指導などの室内業務に追われ、現場で行う業務にまで手がまわっていない［瀬田 2009］。これは全国的な実態である。そこで、レンジャーの補佐役として、主として野外の現場業務を担うために補強されたのがアクティブ・レンジャーである。二〇〇五年度から全国で導入された有期雇用の制度で、対馬には初年度から二名が雇用された。

前田剛さん（一九七九年生まれ）は、この初代アクティブ・レンジャーの一人である。前田さんは大学で観光学を学び、大学院在学中に一年間、財団法人国立公園協会の嘱託研究員として沖縄県の西表島（いりおもてじま）に滞在し、イリオモテヤマネコの保護事業に携わった経験がある。西表島では、地元の公民館や青年会に所属し、島民と酒を飲み、語らい、ときには激論を闘わせながら、さまざまな意見を聞いた。島暮らしにどっぷり浸りながら地域社会のあり方や方策について提案書をまとめたのに、「島民の視点に立っていない」と離島振興の専門家に一喝された苦い経験もある

〔前田 2002, 2014a〕。その後、ヤマネコつながりで、対馬野生生物保護センターのアクティブ・レンジャーに応募し、採用されて、西表島と同様にヤマネコと共生する地域づくりにかかわることになった。

対馬では、前田さんが移住する前の二〇〇二年度から、環境省が「ツシマヤマネコと共生する地域社会づくり」を始めていた。島内で集落座談会を重ねるうちに、ツシマヤマネコの保護と地域活性化の両立を目指せるモデル地区を三カ所(佐護区、舟志(しゅうし)区、内山区)設定することにした〔環境省対馬野生生物保護センター 2015〕。次節では、このモデル事業において、前田さんがコーディネーターの役割を果たした佐護区と舟志区における取り組みを紹介しよう。

3 ツシマヤマネコと共生する地域社会づくり

千俵蒔山草原再生プロジェクト(佐護区)

二〇〇八年三月、千俵蒔山(せんびょうまきやま)で地域住民による野焼きが行われた。これは、麓に位置する佐護区の住民が、かつての千俵蒔山の草原景観を再生させ、次世代に継承したいという思いから四〇年ぶりに復活させたものだった(写真8–3)。

かつての千俵蒔山は、牛馬の飼料の採草地として利用されていたため、野焼きが毎年行われ、広い草原景観が維持されていた。しかし、一九六〇年頃から農業の機械化や離農が進み、一九六八年を最後に野焼きは途絶えていた。その結果、植生遷移が進み、一九七四年に一〇六ヘクタールあった草原の九割以上が消失し、山頂部に約七ヘクタールを残すのみとなった。この状況に心を痛めていた麓の住民は多かった。千俵蒔山は付近の児童が遠足でかならず登る山だったので、いつかまた美しい草原を復活させたいと考えていた。

写真8-3　千俵蒔山の野焼き.

一方、環境省は、ヤマネコが多く生息する佐護区でモデル事業を実施できないかと考え、二〇〇六年度に集落座談会を開催した。すると、千俵蒔山を誇らしく思い、かつての景観を記憶によくとどめている人たちがいた。前田さんら職員は、郷土資料から昔の千俵蒔山の写真を収集し、それを住民に見せながら記憶を拾っていった。そうした作業を重ねるうちに、地域の資源を再認識するだけではなく、何かできることから実行しようという機運が高まり、「千俵蒔山草原再生プロジェクト」が始まった。

このプロジェクトでは、地元住民が「以前のような、のどかな美しい草原を取り戻したい」と草原景観の再生を重視していたのに対し、環境省は「草原が復活すれば、さまざまな生きものも棲みつき、ツシマヤマネコの保護増殖につながるのではないか」と、ヤマネコの採餌環境の改善を目指した。両者の目的には微妙なズレがあったものの、野焼きによる草原再生が必要であるという認識を共有し、関係者が協働して取り組むことができた。
地域住民と環境省が草原再生という共通の目標を見つけるまでには、両者が立場や役割を超えて十分に話し合うプロセスが必要だった。そして、関係する当事者同士が互いをよく知り、ともに力を出して前進できる物語を見いだせた要因として、前田さんらコーディネーターの存在があった。

舟志の森づくりプロジェクト（舟志区）

次に紹介するのは、「舟志の森」という住友大阪セメント株式会社（以下、住友大阪セメント）が舟志区に所有する面積一六ヘクタールの森林で展開されている事業である。住友大阪セメントは、セメントの副原料となる粘土を採掘するためにこの土地を一九八九年に取得したが、その後に開発が凍結されて遊休地となっていた。

この場所をツシマヤマネコにとって生息しやすい環境に整備したいと提案したのは、地元のボランティアグループ「ツシマヤマネコ応援団」（以下、応援団）であった。この団体は、対馬野生生物保護センターの事業を支援するため、二〇〇三年に地域住民が中心となって設立されたもので、「ツシマヤマネコをはじめとする対馬の自然と共に生きる森づくり」のため広葉樹の苗を育てていた。その苗木を植える適地を探しているときに舟志の森のことを知った応援団は、対馬野生生物保護センターを通して、その森を「ツシマヤマネコ保護のモデル林としたい」と提案した。住友大阪セメントは、二〇〇七年に創業一〇〇周年を迎え、適当なCSR（企業の社会的責任）事業を検討していたこともあり、提案を承諾して協力することになった。ここでも、両者の目的にズレが見られるものの、共通の将来像を描けたのである。

二〇〇七年二月、住友大阪セメント、応援団、舟志区、対馬市の四者による「舟志の森づくり推進委員会」の発足式が設立された。住友大阪セメントは舟志の森を無償で貸与するほか、森林管理に必要な資金も提供し、地元側は伐採・間伐・植林を行うことによって、ツシマヤマネコが生息できる生物多様性の高い森へ変えていくことになった（**写真8-4**）［ツシマヤマネコBOOK編集委員会 2008］。

写真8-4　植樹1年後の舟志の森.

このプロジェクトは、多様な主体の協働による希少野生動物の保護、あるいは生物多様性の保全のための取り組みとして高く評価されている。たとえば、国連生物多様性の一〇年日本委員会が、多様な主体の連携、取り組みの重要性、広報の効果などの観点から推奨する連携事業を認定しているが、舟志の森プロジェクトはこの認定を受けている(5)。

この取り組みの連携主体に、対馬野生動物保護センターが入っていないのは意外に感じられるかもしれない。民間の資金を扱うので加わらなかったというが、まさにその不在から、前田さんらセンター職員が黒子的な役割を演じていたとうかがえる。応援団の提案を企業側につなぐ際には、環境省の出先機関としての信用を生かし、多様なアクターによる協働の枠組みをつくる際には、ボランティアからの発案から始まった点を強調して、応援団を前面に立てる。そして、環境省はツシマヤマネコと共生する地域社会づくりのモデル地区として舟志区を位置づけ、舟志の森づくりプロジェクトを側方や後方から支援する。前田さんらは、このように自分の立場や社会の仕組みなどを文脈に応じて巧みに使い分け、環境ガバナンスが機能するように適切に調整したのである。

専門家と市民の協働

舟志の森づくりプロジェクトでは、事業の効果をモニタリング調査し、改善に生かすよう設計されている。この調査の特徴は、専門家だけではなく、地元舟志区の住民も参加している点にある。調査を住民参加型にしたのは、日常的に森林を管理している住民自身が調べ、その効果を実感できれば、活動意欲の維持・向上も図れると考えられたからである。

このモニタリング調査を支援したのは、二〇〇七年から二〇一三年まで対馬野生動物保護センターでアクティブ・レンジャーとして勤務していた神宮周作さん(一九七九年生まれ)である。彼は、大学院修士課程在学中に対馬に通い、ツシマヤマネコの生態学的な調査研究を経験していたので、高い専門性を身につけている。

舟志の森づくりの初期の目的は、植林地を伐開して林床植生を豊かにし、ヤマネコの餌動物を増やすことだった。そこで、ネズミ類を指標としたモニタリング調査を実施することにした。二カ月に一回、罠にネズミが掛かっていれば種を同定し、後足長・体重等を計測し、標識を付けて放す。これを一週間繰り返してデータを収集した。参加した住民は、経験を積むうちに優れた調査員となり、難しい種の同定もほぼ間違うことがなくなった。

神宮さんによれば、地元住民がネズミの個体の顔まで識別できるようになると、生きものに対するまなざしが一段と深くなる。また、三六個の罠を掛けても、多いときで一週間に一〇個体くらい、少ないときは一個体も獲れない経験を通して、ヤマネコの生息環境を良くしたいという住民の意欲も強くなったという。

ある日、神宮さんはツシマヤマネコが一日に必要とする餌の量はどのくらいかと住民から質問されたことがあった。飼育個体の場合、二〇〇〜三〇〇グラムの肉が必要とされるので、平均的なサイズのアカネズミで五〜六匹を捕まえる必要があると説明した。こうした質問が発せられたことに、プロジェクトがヤマネコの採餌環境を本当に良くできるのかを知りたいという住民の意欲がうかがえる。

果たして事業の効果については、この森に生息する二種のネズミ類のうち、間伐後には下層植生を必要とするアカネズミが増加した。アカネズミはヒメネズミよりも身体が大きいので、採餌効率では前者のほうが良い餌資源になる。したがって、植林地における間伐は、アカネズミの生息環境を改善し、ひいてはツシマヤマネコにとっても暮らしやすい環境をつくり出したと言えるだろう。

4 環境ガバナンスに果たす「よそ者」の役割

前記の二つのモデル事業では、多様なステークホルダーが連携して、関係者それぞれが意義を感じられる物語を創出した。この過程で大きな役割を担った前田さんも神宮さんも、ともに対馬出身者ではなく、外部から来たいわば「よそ者」であり、本人もそう自認している。環境ガバナンス論では、こうした外部者の役割に注目する研究がみられる(6)。

鬼頭秀一の「よそ者」論は、否定的なスティグマを与えられてきた「よそ者」の役割に着目した点で重要である。鬼頭は、「地元」の住民と「よそ者」がかかわる過程で双方の価値観が変容し、ローカルな視点と普遍的な視点を獲得することで、より公共性の高い水準で地域課題を解決できる可能性を指摘した［鬼頭 1998］。

敷田麻実は、地域づくりにおける「よそ者」論について先行研究をレビューし、「よそ者」が持つ役割や効果を積極的に評価した。「よそ者」の効果としては、知識や技術の地域への移入、地域の資源や魅力の再発見、地域の変容の促進、しがらみのない立場からの問題解決などが挙げられている。ただし、地域が主体的に変わるためには、「よそ者」に依存するのではなく、「よそ者」をうまく活用することが大切であると説いた［敷田 2009］。

それでは、対馬の「よそ者」は、環境ガバナンスを機能させるために、どのように地域住民に対してアプローチしたのであろうか。

ツシマヤマネコは、明治期から戦前までは毛皮目的の捕獲が増え、近年でも襟巻きの実物が民家から発見されることもあるが、一九四九年に非狩猟獣に指定されてからは島民が気にとめることは少ない［ツシマヤマネコ保護増殖連絡協議会 2010］。今日では、保護すべき対象と考えられているものの、そもそも夜行性で目撃する機会がほとんどないため、日常生活から遠い存在だと言える［本田ほか 2010］。そこに、対馬にしか生息しないヤマネコを守りたい、棲みやすい環境を再生しようと、国レベルあるいは地球レベルの課題が環境省から持ち込まれる。対馬の一般住民と国とでは、この希少野生動物に対する意識や関心などが異なるので、島内のヤマネコを守ること、ヤマネコの好適環境をつくり出すことが地域社会にとっても有益であるという着地点を、「よそ者」は地域住民とともに試行錯誤しながら探っていったのである。

前田さんは、これまでのコーディネーターとしての経験から、「ヤマネコ保護、環境保全は、正攻法ではうまくいかない」と言う。つまり、ツシマヤマネコの保護を目的として、地域社会に働きかけても思うようには動かない。身近な課題の解決に直結することや、地域で盛り上がることができるものを探し、結果としてヤマネコの保護につながる活動を選んで支援してきた。このように地域に寄りそい、ローカルな文脈に即したアプローチが、順応的ガバナンスと呼ばれる柔軟な環境ガバナンスを機能させるには重要である。

一方、神宮さんは、ツシマヤマネコの生態にくわしい専門家として、科学知を地域社会に通じるように適当に翻訳する役割を担っていた。このときの彼の住民に対する向き合い方は、「よそ者」が地域にかかわることの意義と、その奥深さを教えてくれる。

舟志の森づくりプロジェクトが軌道に乗った頃、地域住民はツシマヤマネコが棲みやすい環境を増やそうと、丸太をくり抜いた巣箱を六カ所に設け、周りに柵をしてイノシシやシカの侵入を防止し、中にはキャットフードを置いてみた。神宮さんは、生態学的な専門知を身につけているので、野生動物を餌付けするような行為に対しては慎重である。巣箱に餌を置けば、ヤマネコ以外にもいろいろな動物を招くことになり、安心できる環境にはならない。しかし、彼は住民の発意を大切に思い、作るとすればこう作ったほうがよい、設置するならばこういう場所に置いたほうがよいと助言した。そして、巣箱を設置して終わるのではなく、巣箱の前に自動撮影カメラを設置してモニターすることを提案した。実際に試してみると、自動撮影カメラに映ったのはほとんどがツシマテンであった。

神宮さんにはこうした事態は予想できたに違いない。しかし、彼は住民の発案に対して、これを否定する結論へと急がなかった。試しにやってみた結果についてコメントすると、そのプロセスに対する感じ方が異なってくる。地域住民との長い付き合いのなかでは、速やかに解決することが正解ではない。「もっと深くて広い問題のとらえ方、解決の方法を考える」というスタンスをとったのである。

5 不安定な「よそ者」の地域への向き合い方

こうした事例の考察から、良い環境ガバナンスのためには、多様なステークホルダーを調整する役割や、専門的な科学知を地域社会に翻訳する役割が「よそ者」に期待できると結論づけることもできるだろう。つまり、二つのモデル事業は、「よそ者」がキーパーソンとなった成功物語であり、「よそ者」論を補強する好例として評価できそうである。さらに、そうした役割を担える人材をどう育成するのかと議論を展開することも可能だろう。

しかし、そのような方向で議論を進める前に、立ち止まって考えるべきことがある。

地域づくりや自然再生などの環境ガバナンスが問われる事例では、「よそ者」を主人公とした成功の物語がしばしば描かれる。対馬の場合、前田さんはその代表例であり、多くのメディアが地域のために奔走する「よそ者」の彼の姿に焦点を当てて記事を書き、映像を撮った。それは、たしかに感動的な物語かもしれない。しかしそれは、ガバナンスを機能させる際に「よそ者」に負荷が大きくかかっていることを示してもいる。むしろ、その点に問題を見いだし、これを改善する方向で議論を進めることが、「よそ者」論や環境ガバナンス論に深みを与えることになるだろう。だから、彼らが地域に寄りそって働きかけたように、私たちもまた、彼らの生き方に寄りそって考えることが必要である。

当時、前田さんも神宮さんも、ともに環境省のアクティブ・レンジャーという任期付きの職員だった。任期が切れた後の仕事は保証されず、将来は不透明なままで、いつ不安が頭をもたげてもおかしくない状態だった。端的に言って彼らは、外部からの移住者であるために島内に地縁・血縁がなく、また仕事上も不安定な立場にある三〇歳前後の若者であった。環境ガバナンス論で重要性が指摘されてきた「よそ者」は、対馬の場合、地域社会において周縁的な位置にあり、相対的に弱い立場に置かれていた。

そうした対馬の「よそ者」が、なぜガバナンスの重要な役割を担えたのであろうか。もちろん、個人のパーソナリティは重要だろうが、その立場の弱さゆえに、地域との関係をつねに考えざるをえなかったことに注目したい。

彼らは島民としては新参者であり、仕事上はもちろん、その基盤となる生活上において地域住民から多くのサポートを受けてきた。たとえば、食事や土産物のおすそ分けをいただいたり、海・山・川での遊びを教わったり、話し相手や飲み仲間になったりして、住民と一緒に過ごす時間を重ねてきた。前田さんは地元消防団に入り、佐護区の自治会役員として寄付金・補助金を獲得するなどコミュニティ機能を支えた。神宮さんは、地元青年会のバレーボールサークルや、島内を縦断する駅伝チームに入るなど、スポーツを通して住民と交流してきた。彼らは、このように地域に溶け込もうと努めながら、仕事上の役割としてだけではなく、対馬に住む一人の若者として付き合える知人・友人を増やしていった。

そうしてできた個人的な人脈は、仕事を進める上で役に立った。仕事上の付き合いしかなければ、環境省の職員としてしか見られない。それが、同じ地域、同じ島に住む一人の人間としての関係があれば、環境省職員の立場で行動している内容についても理解してもらいやすかったという。このように、「よそ者」が環境ガバナンスにかかわるには、地域社会に入り、地域住民から認められる過程が必要だった。

ただし、有期雇用の「よそ者」は、生活上の人間関係を築くことができても、任期後の仕事をどうするかという難題をつねに抱える不安定な存在である。島内で仕事に就けなければ、島を出て行かざるをえない。彼らもまた一人の島民として、対馬の人口減が止まらない最大の要因に直面することになる。

アクティブ・レンジャー制度は、任期終了後もその地にとどまることを想定したものではない。それでも前田さんは、対馬に移住したときから、任期後も仕事を得て住み続けようと考えていたし、豊かな人間関係に恵まれたので、その思いは強くなっていた。環境省で地域環境づくりを四年間行い、その経験を生かして起業しようと考えたときもあったが、対馬市の社会人経験枠の試験を勧められて合格し、二〇〇九年に職員として採用された。島外出身者として初めての対馬市職員になった。

一方、移住した頃の神宮さんには、対馬に定住しようという思いはなかった。対馬で三年間、ツシマヤマネコの調査研究を続けてきたが、研究者になる道をあきらめ目標を失っていたなかで、お世話になった島に恩返しをしようかという漠然とした気持ちで、アクティブ・レンジャーとして着任した。対馬には調査のために何度も通っていたが、一週間から一〇日の調査期間中は、無線でヤマネコを二四時間追跡して個体の位置を探るために、島民とゆっくりと時間を過ごすこともできなかった。そのため、対馬に移住してから、ようやく地域社会と向き合うようになった。モデル事業を実施する佐護区や舟志区の住民と親しく交わり、深いつながりを持ったこれらの地区は、神宮さんが対馬に入る足がかりとなる大事な場所になった。

神宮さんにとって前田さんは、「自分で役割を見つけるタイプ」であり、自分の知見や思いを持って地域の中で頑張れる「よそ者」の王道として映るという。「素晴らしいし、羨ましいけど、皆がそれをできるわけではない」とも思っている。一方、自分自身は「状況に流されつつも、そこに意義を見いだすタイプ」だから、移住当初の予想とは「一パーセントも合っていない」道を進んできたという。

神宮さんのアクティブ・レンジャーの任期は、最初の契約では最大四年間だったが、その後、最大三年間の任期で一回だけ更新できることに変更され、六年間まで延長できることになった。その間に、縁あって対馬生まれの女性と二〇一二年に結婚することになった。それまでは対馬に残るかの判断を保留していたが、相手の家族と話すうちに残ろうと決めた。二〇一三年、アクティブ・レンジャーの任期が切れると、彼もまた対馬市の職員となった。

6 「よそ者」のライフステージと地域との関係

二人の「よそ者」はともに市の職員となって、対馬に定住している。これもまた、任期付きの「よそ者」が定住した成功モデルとして見る向きもあるだろう。しかし、それは結果から見るからであり、将来の不安を抱えながら当時を生きていた彼らからすると、偶然に満ちた一回限りのライフコースだと感じているだろう。そして今、移住してきて一〇年前後の月日が流れ、彼らと地域との関係は、これまでと違った展開をみせている。

前田さんは対馬市役所に入庁すると、島内には地域コーディネーターを担う人材がもっと必要だと思い、総務省の地域おこし協力隊制度を用いて、対馬市独自の「島おこし協働隊」という制度をつくった。そして、対馬の課題解決につながる明確なミッションを示して公募したところ、海外からも含め各地から二八名の応募が集まり、二〇一一年、熱意があって専門性も高い若者五名を一期生として採用できた［矢崎編 2012］。そのうちの三名は、三年の任期を終えて起業し、対馬に定住している［前田 2014a, 2014b］。

このように前田さんは、ツシマヤマネコと共生する地域社会づくりにとどまらず、対馬の課題を解決するために、地域コーディネーターとして引き続き活躍している。しかし、アクティブ・レンジャーの頃とは違って、地域との深い関係を持てなくなってきた。事業を組み立て、適用可能な制度を生かし、島民が実践するための舞台を整える役まわりを果たしているので、地域住民との関係は疎遠になってしまうのである。

この間に、前田さんは二〇一〇年に結婚して妻を対馬へ呼び寄せ、子どもも生まれた。二〇一四年には、島の南部にある市役所までの通勤時間が約九〇分と遠いので、長らく住んでいた北部の佐護区から中央部に引っ越した。しかし、そのことを、ずっとお世話になってきた佐護区の人びとに言い出せずにいた。そのことが周囲に知れると、住民からは「ああ、そう」とだけ言葉が返ってきた。前田さんは、自分は「よそ者」だし、地区から遠い市役所勤めだから、そういう反応は当然だと静かに受けとめている。それでも、佐護への思いは強く、佐護区役員と地元消防団の籍は残した。

佐護区では、ツシマヤマネコをシンボルとした生きものブランド米の栽培にも取り組んでいる。

前田さんも田んぼを借りて無農薬の米づくりを続けてきたが、引っ越し後は通えなくなってきた。続けることで周りに迷惑をかけているのではないかとも考えてしまう。また、千俵蒔山の野焼きについては、準備も含めて多くの労力が必要なので、二年に一回に回数を減らすように提案したところ、「いや、毎年実施したい」と住民は応じた。佐護区の住民は、自分たちの意思で野焼きを続けたいと考えていた。

引っ越した先は、佐護区より行政機関や商店などが多く、移住者も多くてコミュニティのつながりも緩やかである。その地に居を構え、前田さんはなぜ自分は対馬で暮らすのか、何のために生きるのかと自問した。島のため、ヤマネコのためと実直に考えてきたけれど、対馬の人びとと同じように、身近なことから考えたほうが気楽かなと思うこともある。島に生まれていれば、家屋、農地、山林、漁業権などを継承して、これを大事に守る対馬の人として生きていけるのにと、地域との距離を悩ましく思うこともある。

前田さんが久しぶりに散髪や釣りのために佐護区に行く機会があると、住民は子どものことを心配してくれる。自分は「よそ者」だけれど、子どもにとって対馬が「ふるさと」になると思ったら、心の持ちようが変わったという。子どもが進学するかもしれない高校の今後についても、親として当然気になる。これまでは関心が環境分野に特化していたのが、福祉や教育などの分野にも広がった。こうした変化を受け入れつつ、自分の生き方と地域への向き合い方とに折り合いをつけようとし続けている。

一方、神宮さんは対馬市の職員となり、前田さんと同様、次第に限定された地域とかかわるだけでは済まなくなって、移住当初お世話になった地区との関係は薄くなっていった。かつて住民と親しく交わった舟志区とも特別の関係ではなくなり、モデル事業もすぼみ気味になっている。こうした地域との関係の移りかわりについて、はがゆさ、寂しさ、申し訳なさを感じつつ、受け入れてきた。

神宮さんが、このような変化を動揺しないで受けとめられるのは、最終的に帰着する場所が対馬にできたからであろう。彼は結婚する際、「もっと対馬に入りたい」と思い、自分から希望して婿養子となることを選んだ。それまでの彼は、外部から入ってきたために、「対馬に確固たる土台がなかった」。対して、「土地があり家があり墓がある地元の人」には「根本」があって、言動の一つひとつの重みが違うと感じていた。

それが、対馬生まれの家族の一員になると、気持ちの上で大きな変化があったという。家族の中でも、地域の中でも、しかるべき役割が求められるようになり、それまでの「よそ者」としての不安が解消された。以前と同じことをするにしても、中身の濃さ、意義が違って感じられるようになったという。研究者になる夢をあきらめ、流され、たどり着いた対馬の地で、彼はようやく納得できるかたちで自分の場所を確立したのである。

7　地域社会の「よそ者」の受け入れ方

対馬に有期雇用でやって来た「よそ者」は、ツシマヤマネコと共生する地域づくりのために、つねに前向きで迷いもなく取り組んできたわけではない。不安定で周縁的な立場であるために、絶えず地域との関係を良くしようと心がけ、その努力がこれでよいのかと考え続けてきた。だから、この事例は、「よそ者」が地域コーディネーター(調整役)や科学と社会のトランスレーター(翻訳者)として活躍した成功の物語としてはならない。

対馬の「地元」住民は地域に根を張って生きている。帰るべきホームがあり、自分の家や土地、地域の社会と環境を守ることを当然の義務として引き受けている。それに対して「よそ者」は、いくら意思が強くても、そこに必然性はない。自分はなぜ対馬でヤマネコを守るために必死に活動しているのかと問われると、そこに必然性はない。「よそ者」は移住できる自由があったから、対馬に来ることができたのだ。しかし、自由があるゆえに地域との関係は揺らぎやすく、不安な気持ちを覚えるときも訪れる。対馬に入りたいと願っても、島に根拠のない「よそ者」には、越えられない一線があると感じる。この思いは切ない。

完全なる「よそ者」だった彼らも、対馬に長く暮らして「地元」化していった。地域の事情を知れば知るほど、かつては住民に対して言えていたことが言えなくなったり、気軽に依頼していたことができなくなったりした。若者だった彼らも歳を重ねて青壮年となり、ライフステージの変化とともに地域との関係も変わってきた。それは、前例のない唯一の人生である。彼らは、対馬の環境ガバナンスの鍵を握る「よそ者」のパイオニアとして、自分のライフコースを切り拓いてきたのだが、後続する者たちには同じような境遇を経験させたくないのだろう。対馬に入ってくる若者に対するまなざしは温かい。

総務省の地域おこし協力隊制度では、三年間の任期を終えた隊員は、その地で起業・定住することが期待されている。対馬市の島おこし協働隊では、一期生の五人中三人が起業して定住したが、その後は起業できるニッチが狭まったのか、同様の道を歩むことが困難になっている。前田さんは、有期雇用で来島する若者を、任期終了後も対馬にとどめることは難しく、将来のためのキャリアパスとして、割り切って対馬に来ても構わないと考えている。対馬で経験した地域の環境や社会をつくる活動は、これからの日本社会にとって役立つはずと大らかにとらえ、若者の挑戦を応援している。

神宮さんは、地域に入る契機として、島おこし協働隊のような制度は良いと一定の評価を与えている。しかし、外部者に対して高い専門性を期待しているにもかかわらず待遇が良くないので、改善すべきという。任期付きで移住してきた若者が、安い労働力として使われているように見えることもあるようだ。

このように、対馬で揉まれてきた「よそ者」が、自らの経験を踏まえ、今度は地域側に立って「よそ者」の受け入れ態勢を考えている。この知見は、環境ガバナンスにおいて、地域社会が「よそ者」をどう受け入れるべきかという論点を深めるのに役立つ。すなわち、地域の課題を解決するために「よそ者」の仕事をつくることは、それが任期付きであっても、地域に入るきっかけとなる。任期終了後に「よそ者」が起業・定住することは前提にできない。だから、「よそ者」との縁を大事に思うならば、将来のあるべき社会や環境のあり方について地域戦略を練ることが必要である。その際、任期付きの若い「よそ者」がキーパーソンとならざるをえない地域のガバナンスのあり方を見直し、任期終了後の雇用を確保したり、必要な人材を厚遇して抱えたりするなどの積極的な対応も求められよう。これは、地域社会がイニシアティブを握り、地域の弱みを「よそ者」の強みで補っていく考え方である。

しかし、本章では「よそ者」が地域社会の周縁に位置し、島に根拠を持たない不安定な存在であることに注目してきたので、これとは別の考え方も提示できそうである。

なぜ任期付きの若い「よそ者」が環境ガバナンスの鍵を握る存在となったのか。そのこと自体の問題は先に述べたとおりだが、住民を巻き込みながら事業を進めていく際に、彼らの立場がガバナンスを機能させた要因でもあったと考えられる。ここでの立場とは、「よそ者」論で指摘されるように、地域住民とのしがらみがないという面もあるが、それだけではない。弱い立場の「よそ者」が地域に溶け込もうと必死にもがくからこそ、住民も彼らの姿勢に共感して協力したという側面もあったに違いない。実際、有期雇用中の彼らに対して、「仕事を見つけてあげられたら」と将来を心配する声は複数の住民から聞かれた。

若い「よそ者」が有期雇用でも対馬に来る理由のほとんどは、地域社会が大きな課題を抱えており、それを解決するために力になりたいと思うからである。つまり、不安定な立場の「よそ者」は、地域の弱さに導かれてやって来るのである。その「よそ者」が地域社会のために働きかけるから、周囲の住民も彼らに共感して協力し、結果として地域を動かしてきたのであろう。

こう解釈してよいのなら、ここから、それぞれが相手の弱さに寄りそう優しさを軸にして、多様なアクターが共生する社会を目指すというビジョンを導出できるだろう。地域の弱さに対して

「よそ者」の強みで対応するのではなく、地域の弱さと「よそ者」の弱さを掛け合わせてプラスへと反転させることを志向するのである。

さらに、こう考えて「よそ者」を地域に受け入れるならば、彼らを地域の弱さを補うために活用すべき人材、人的資源ととらえるべきではない。そうではなく、彼らの身になって、将来に対して夢とは言わないまでも、地域との関係において安定が見込める社会をつくることが求められよう。それは、地域社会のあり方を、人びとの数＝人口を指標に考えるのではなく、一人ひとりの人生を大切にすることから考える社会とも言い換えられる。

なお、ここでいう地域の弱さとは、人口と経済の規模だけで地域社会の強弱を測る場合のそれであり、実際に対馬を訪れる「よそ者」は、自然や文化の豊かさを知り、山の幸・海の幸を季節ごとに得る島人に感心して、この島の豊かさ、たくましさに心が動かされる[7]。「よそ者」からすれば、対馬の「弱さ」とは社会の一面にすぎず、生きものも含む多様ないのちと暮らしが賑わうポテンシャルを持つことは、未来を構想する上で島の「強み」と感じられるであろう。

「よそ者」が個性ある一人の人間として扱われる社会であれば、弱い立場にいる者であっても、人びとと交わるなかから自分の足場を確保していける。そういう社会に温かく受け入れられれば、「よそ者」は自分の住む地域を良くしようと思い、その一環として地域環境を良くするために動こうとするだろう。このような社会へと大きく向かうとき、結果的に環境ガバナンスはよく機能し、地域の環境保全はうまくいくように思われる。

註

（1）厚生労働省が二〇一四年に公表した「平成一九年～平成二五年人口動態保健所・市区町村別統計」の数値で、全国一七〇〇あまりの市区町村の中で五番目に高かった。

（2）近年の漁獲量は一九七〇～八〇年代のピーク時の約三分の一に激減しており、対馬では二〇一〇年から国内で初めて海洋保護区の設定と管理が試みられている［清野 2014］。

（3）この協議会は、①環境省九州地方環境事務所、②林野庁九州森林管理局長崎森林管理署、③長崎県環境部自然環境課、④長崎県対馬振興局、⑤対馬市、⑥対馬市教育委員会によって構成されている。

（4）狩猟用の罠の一種だが、「鳥獣の保護及び狩猟の適正化に関する法律」の二〇〇七年改正により、狩猟を目的とした使用は全面的に禁止された。対馬では、庭などで飼っている鶏を守るために、鶏舎に仕掛けている住民が少なくなかった。

（5）国連生物多様性の一〇年日本委員会のウェブサイト（http://undb.jp）によれば、二〇一六年三月に推奨すべき連携事業として認定された。

（6）レジデント型研究者（機関）論［佐藤 2009］や地域サポート人材論［図司 2014］でも、外部者の役割や効果が分析されている。

（7）月川［1988, 2008］には、昭和三〇年代の対馬の暮らしが記録されており、当時の島人がいかに深く自然とかかわっていたかを知ることができる。そうした島の自然と文化の豊かさは、今日の対馬でもしばしば感じられる。

IV 学びと評価

――プロセスの気づきと多元的な価値の掘り起こし

第9章

自然再生の活動プロセスを社会的に評価する

社会的評価ツールの試み

■菊地直樹・敷田麻実・豊田光世・清水万由子

1 コウノトリの野生復帰から考えたこと

兵庫県但馬(たじま)地方の豊岡盆地。田園風景が広がるこの地域では、先駆的な自然再生の取り組みが行われている。一度は野外で絶滅したコウノトリの野生復帰プロジェクトだ。(1) 二〇〇五年からコウノトリを野外に放し、二〇一六年現在では約九〇羽が大空を舞うに至っている。

このプロジェクトの拠点として設置されたのが、兵庫県立コウノトリの郷(さと)公園(以下、郷公園)という、研究者が四人しかいない小さな研究機関である(二〇一六年現在は一〇人の研究者を揃えている)。筆者の一人である菊地(以下、私)は、設立当初の一九九九年一〇月から二〇一三年一月まで、郷公園の環境社会学担当の研究員として働いてきた。

写真9-1　人とコウノトリが暮らす環境は重なっている．
コウノトリが暮らせる自然は，人間にとっても暮らしやすい環境である．
写真提供：西村英子氏

郷公園の初代研究部長であった池田啓は、タヌキの生態学者から文化庁の調査官を務め、コウノトリの野生復帰に身を投じた研究者だった。池田は鳥類学や生態学、環境社会学といった異なる学問を坩堝にすることにより、コウノトリの野生復帰という課題解決に向けた実践的な研究をつくる必要性を説いた［池田 1999: 64］。コウノトリの生息環境は、水田や里山といった人との多様なかかわりによって成り立っている二次的自然である。そこは人の生活空間であり、地域住民の営みによって維持される自然であるため、再生の対象は人と自然のかかわりにまで拡大する。コウノトリの野生復帰は「社会的な問題」であり、自然科学の知見だけをベースに進められるものではないのである（**写真9-1**）［池田 2000: 577］。

池田はだからこそ、数少ないポストの一つに環境社会学をあてたのだとも言っていた。こうした言葉にプレッシャーを感じることもあったが、私はその言葉を自分なりに解釈しながらコウノトリの野生復帰にかかわり、現場経験を積んでいった[菊地 2015]。地域住民への聞き取り調査から人とコウノトリのかかわりを明らかにしたり、コウノトリを象徴とした農業の再生、コウノトリの観光資源化、コウノトリの飛来を機にした放棄田のコモンズ化(前著第8章=[菊地 2013])、多様な関係者のコミュニケーションの促進などに関する研究活動に携わってきた。振り返ると、コウノトリの野生復帰について体系立てて研究してきたわけではない。そのときそのときに問題になっていることと、あるいは私に要請があったことへの対応の一つの表現として論文や本を執筆してきたのだ。

行き当たりばったりではあったが、経験を重ねることで、ある程度は自信をもって「コウノトリを野生に戻すことは社会的な問題である」と言えるようになった。その一方で、私のなかに、ずっと引っかかっていることがある。それは、自然再生という理念は共有されていても、現場ではかならずしも協働や合意形成が進んでいるわけではないし、活動がなかなか広がってもいかない、ということだ。その理由の一つは、自分たちの活動や事業がどのような効果を生んでいるのか、何を達成できていて何が達成できていないのか、というプロセスが見えにくいことからではないか。こうしたプロセスを見えるかたちで評価できれば、自然再生にかかわる人たちが試行錯誤しながら協働や合意形成を進め、自分たちで次は何に力を入れればよいかを確認できるのではないだろうか。

当事者たちが自然再生のプロセスを評価できるツールを開発すること。これこそが、現時点での私の現場への対応の一つかもしれない。そう考えるようになったのである。

2 自然再生の順応的プロセス

自然再生の手法と対象

二〇〇二年、議員立法で自然再生推進法が制定されたことにより、同法に基づく自然再生協議会が、北は北海道の上サロベツ自然再生協議会、南は沖縄県の石西礁湖自然再生協議会まで全国二五地域で設置された。その対象となる自然環境は湿地や湿原、森林、河川、干潟、サンゴ礁、湖沼、草原等とさまざまであり、そこにかかわる関係者も地域社会によって多様である。もちろん、自然再生推進法に基づかない自然再生も数多く見られる。コウノトリの野生復帰はその一つだ。

では、なぜ自然再生なのだろうか。二〇世紀、日本でも多くの動物が絶滅したし、自然破壊は深刻であると認識されるようになった。自然破壊の危機を回避するために、「環境負荷の低減」と「循環型社会の形成」に加え、「環境の回復と再生」が環境政策として位置づけられるようになった[淡路 2006]。自然保護でも、人間が手をつけずに保護する「保存」、人間が維持・管理して保護する「保全」に加え、人間が積極的に介入し、何らかの望ましい自然を「再生」する手法がとられるようになった(2)。

自然を守るために自然環境に積極的に介入することが行われるようになるには、自然破壊の危機に加えて、自然への人為的影響に関する評価の変化が影響している。戦後間もない自然保護運動の草創期には原生自然の景観が重んじられ、その後、自然科学的な学術的価値が重視されるようになった。学術的価値といっても、当初は「最古、最大、最小、最後の「自然」であり、学術上かけがえがないから保護しなければならない、と主張しなければ、保護も非常に困難」[石川 2001:49]な状況にあった。希少性という価値が保護の根拠となったのである。さらに生態学の発展により、まとまりを持った生態系の価値が重くみられるようになり、希少性だけが保護のよりどころではなくなった。

一九八〇年代後半、守山弘は著書『自然を守るとはどういうことか』の中で、人の手が入らないと維持できない雑木林を例に挙げ、「「まもられるべき自然」とは、いっさいの「人為」が排除された原生自然以外のものではありえないのだろうか」と問いかけた[守山 1988]。この頃まで一定の力を保持していた原生自然の保護を目標とする自然保護運動の中では、人為的な介入によって自然を再生することは、本来の自然の性質を損なう行為であるととらえられていた。守山の議論を契機に、人為の影響下にある自然の価値が認められるようになり、身近な自然にまなざしが向けられるようになった。また近年では、生物多様性という概念が提唱されるようになり、学術的に貴重な特定の生物だけではなく、ごく身近なありふれた自然の持つ価値が認められるようになった。人の暮らしと自然環境とのかかわり(たとえば、里地、里山、里浜などと表現される人と自然の相互作用の結果として生まれた環境)を、自然保護の論拠に組み入れることが重要になってきたのである[淺野 2008:222]。

まとめると、自然に手を加えることなく保護するだけでは不十分と考えられるようになり、人間が積極的に介入して、何らかの望ましい自然環境を再生する必要性が唱えられるようになった。その対象は希少性から生態系、生物多様性へと拡大し、さらには人と自然のかかわりまでが含まれるようになった。そして人の営みは、自然に負を及ぼすものばかりではなく、正をも含むさまざまな影響として認識されるようになったのである。

私がかかわってきたコウノトリの野生復帰は、一見すると希少なコウノトリの生息数増加を目指しているように見えるが、コウノトリの生息地となりうる水田や里山という二次的自然にかかわる営みの再生を目指した地域再生という特徴をもっている。生きものに優しく付加価値の高い農業が普及し、観光資源としての生きものの新たな価値が創出され、そのことによって自然再生が進んでいく。私は、コウノトリの野生復帰を通して、自然再生とは地域再生との一体的な実現に向けた人と自然のかかわりの再生であると学んだのである。

自然再生のプロセスに評価を組み込む

あらためて言うまでもなく、自然再生は科学的なデータや知見に基づいて実行されることが重要である。ただし、厄介なことは、科学がかならずしも明確な答えを出してくれるわけではないということである。いくら発展したとはいっても、科学でわかることは限られている。科学の不確実性という問題だ。自然再生に向けた科学的な手法として発展してきたのは、生態学的なモニタリングによるフィードバックをもとに、試行錯誤して自然環境の管理を行う順応的管理(adaptive management)である。わかる範囲で調査をし、その結果に基づいて計画を立て実行する。

さらに、その結果を検証し、軌道修正を図っていく。科学ではわからないことがあることを前提にした誠実な対応と言っていい。

ただ、順応的管理も万能というわけではない。自然再生は、誰がどんな自然とのかかわりをどのように再生するのかという「社会的な営み」としてとらえるべきものであり、科学の不確実性は問題の一部分にすぎないからだ［宮内 2013:17］。たとえば、かかわる人は自然保護に興味ある人や研究者、行政関係者だけではなく、さまざまな分野にまで広がっていく。時には相反する主張を持つ複数の人たちがかかわるようになる。ある人はこう言う。「コウノトリは地域経済を活性化するための資源である」と。ある人は「コウノトリそのものを守っていくことが何よりも大事である」と言う。人が自然に付与する価値観もまた多元的である。自然再生の手法と担い手は、事態の推移のなかで変化していくし、目標も変わっていく。当然のことながら、社会もまた不確実なのである。

ここで確認しておきたいのは、本書の序章で宮内が指摘したように、科学と社会の不確実性と変化を前提とする柔軟な方法を模索したほうがいいということである。そもそも、確実なデータを集め、きちんとした計画を立てることは無理だからである。無理なことを無理に進めると無理が出る。むしろ、どうしたら研究者、行政、市民といった多様な人たちが協働しながら、手法や目的を順応的に変えていくプロセスをつくり出すことができるかを考えたほうがいいだろう。こうした順応的なプロセスを動かそうとすれば、段階段階で自分たちの活動や事業を自己評価していくこと、つまり、自然再生のプロセスに評価を組み込むことが大事になってくる。自分たちの活動や事業の到達地点（どのような効果を生んでいるのかいないのか、何を達成できていて何が達成できていないのか）を確認することによって、活動や事業を修正したり、次に何をすればいいのかを自分たちで導き出す可能性は高まるからである。

不確実性を前提とするからといって、むやみやたらに進めればいいわけではない。不確実性のなかを進んでいくための羅針盤となりうるツールが必要なのだ。

3 自然再生の社会的評価ツールの開発

こうした問題意識に基づき、菊地・敷田・豊田・清水（以下、私たち）は二〇一一年度から、自然再生プロセスの「社会的評価ツール」の開発に取り組んできた。

なぜ、社会的評価なのか。これまで、自然再生をめぐる視点は、「再生の具体的な技術」や「自然のモニタリング方法」という自然科学的な手法に限定されがちであった。しかし、である。人と自然のかかわりの再生を目指す自然再生は、地域社会にさまざまな影響を及ぼす総合的な取り組みである。むしろ議論しなければならないのは、自然再生を軸に、自然とかかわる営みがどのようにつくられ、そこに暮らすことの価値がいかに創出されたかといった社会的な変化なのではないか。自然再生の社会的側面の評価が必要だ、——私たちはそう考えたのである。

そしてツールと呼ぶには、それなりの理由がある。第一に、今までの活動や事業の評価手段であること、第二に、関係者自らがこれから地域で取り組むべきことを発見する手段であることを意識していたからである。[3] そして、自然再生の現場で起きている多様な活動を「可視化」し、関係者で共有できることを重視した。現場の人が使えることを大事にしたいと考えたのだ。

以上の方針を確認した上で、それぞれの現場経験の語り合いを行った。環境社会学を専門とし、豊岡のコウノトリの野生復帰に実践的にかかわってきた菊地。京都府京丹後市や北海道の霧多布湿原の再生などを調査するなかで、活動プロセスのモデル構築を行ってきた敷田［敷田・末永 2003; 敷田ほか 2009］。環境哲学をベースに佐渡島で佐渡島加茂湖水系自然再生研究所を動かしながら、汽水湖の再生に実践的に取り組んできた豊田［豊田 2008］。環境政策を専門とし、公害地域の再生や石垣島のサンゴ礁を軸にした地域再生という研究を積み重ねてきた清水［清水 2013］。専門も違えば、かかわる地域も違う。現場へのかかわりにも濃淡があるが、それぞれの現場で学び悩んできたことを語り合い、自然再生を社会的に評価するポイントについて議論していった。

当然ながら、私たちはそれぞれの体験も思い入れも違う。「何を評価すべきか」についてもまた異なっていた。そこで、個人の思いからはいったん離れて、自然再生の現場で起きている「事実」を共有し、現場が違っても起きたことや行ったことに共通点がないか、お互いに探ってみることにした。そうしたら、やり方も成果も違った活動に見えていたそれぞれの自然再生活動の体験には、共通する事実が多いことが見えてきたのである。

私たちはまず、「課題認識」が重要であると考えた。課題は、固定的というよりも状況によって変化していく性質を持っている。たとえば、コウノトリの野生復帰では、当初の課題は野外においてコウノトリが無事であることであったが、その後、自活が課題となっていった［菊地 2008］。

「何が問題なのか」という課題認識が繰り返し行われていることに気がついたのだ。

次に、自然再生はさまざまな人がかかわり、その人たちがネットワークを紡ぎながら進められていくので、かかわる人やネットワーク、身体的なコミュニケーションの場の形成といったことが重要と考えた。再びコウノトリの野生復帰の経験から考えると、現場に郷公園という拠点があり、また豊岡市役所にコウノトリ共生課が設置されたことにより、研究者と行政が物理的に近接した場所で密接なコミュニケーションを形成できたことは大きい。そこで、「アクター（かかわっている人たち）」、「ネットワーク（つながり）」、「プラットフォーム（集まる場）」を、活動の評価対象に加えたのである。

また、自然再生そのものに関する「知識や技術」も重要である。たとえば、魚道の設置といった自然に直接介入する技術がないと進められない。しかしそれに加えて、現場に持ち込まれる生態学や工学といった科学的知識を地域で使えるように変換する社会技術も大事であると考えた。外からの知識や技術が地域化されているか、それとも外来の知識のままなのか。自分たちで何をするかを考える際に、結構重要な事柄になると思ったのである。

自然再生がもたらす地域の豊かさ、地域外からの評価や主観的評価の「変化」も重要な視点であろう。関係者の実感という地域内での「主観的評価」で語られることが多い一方で、外部者による自然再生の好意的紹介や報道などの地域外からの評価等が地域の誇りの回復につながることも重要な視点であることが確かめられた。現場では苦労話をよく聞くが、その一方で地域外から評価されることが動機づけになったり、地域の豊かさを再発見したという経験も私たちはよく体験してきたからだ。

さらに、自然再生を進めていく上で、地域での「意思決定」も欠かせないと考えた。たとえば、意思決定が現場に近いところで行われているのか、それとも遠いところで行われているのかによって、活動へのかかわりも異なるだろう。コウノトリの野生復帰プロジェクトの場合、現場である豊岡でいろいろな意思決定が行われているが、佐渡のトキの野生復帰の場合はどうなのだろうか。おそらく地域ごと、テーマごとで違うと推測した。

最後に、自然再生にかかわる具体的な行動として「アクション」が必要だろう。自然に直接介入する行動もあれば、ネットワークを形成する行動もあるが、かかわる人びとの実際の行動によって自然再生が実現する。これは私たちに共通する意見だった。

こうした検討を踏まえて、自然再生の社会的評価指標を一二にまとめてみた。社会的評価指標を縦軸に設定し、横軸には時間軸を設定することで、社会的評価指標の変化とそれぞれの関係を表現することができ、自然再生のプロセスを可視化できるのではないか。進むべき方向性を考えていくことにつながるのではないか。図9-1は、ワークショップ用の社会的評価シート(以下、シート)である(バージョン1)。

果たして、このシートはツールとして使えるものなのか。具体的な現場で、実際に試してみなければわからない。そこで豊田がかかわっている佐渡島加茂湖水系自然再生研究所の三人のメンバーに集まっていただき、三時間におよぶワークショップを行った(二〇一五年四月三〇日)。私(菊地)がファシリテーターとなり、時系列的に活動を聞き、豊田が語りを社会的評価指標に落とし

評価項目	評価項目の内容	変化の有無	具体的な内容
課題認識	何が課題であるかを集合的に認識するプロセス		
アクター	「自然再生」を目的に行動する主体		
ネットワーク	アクターたちのつながりの状況		
プラットフォーム	多様な主体が情報やサービスを交換する，主に空間的な場		
知識	ある事象に関する認識・理解の内容および方法		
自然再生技術	自然に介入する技術（社会的ハンドリング可能性）		
社会技術	自然再生を社会的な対象として扱えるように変換する技術		
意思決定の仕組み	目標を選択し，利用可能な手段群の中から特定の手段を選択するための仕組み		
豊かさの変化	経済・社会・自然の変化		
社会的評価	主に外部からの承認		
主観的評価	アクターが認識している楽しさ・充実感		
アクション	自然再生にかかわる具体的な行動		

図9-1　社会的評価シート（バージョン1）

込んでみた。落とし込むたびに、参加者に確認を求めた。私たちは、このツールが、これまでの活動を振り返り、その意味を整理し直すことにつながると実感した。自然再生プロセスの社会的評価への可能性を感じることができたのだ。ただ、改善の余地も多く含まれていた。率直に言って一二の指標は多すぎたのである。分類が困難なだけではなく、指標に落とし込まれた情報のつながりを視覚的にとらえづらくなる。

話は前後するが、私は環境省の自然保護官（レンジャー）を対象とした研究会（二〇一四年一一月五日）で、コウノトリの野生復帰と自然再生の社会的評価について話題提供した。その場にいた環境省の担当者が興味を持ち、島根・鳥取両県にまたがる「中海（なかうみ）の自然再生」を社会的に評価してほしいという依頼を受けた。私は中海の自然再生についてほとんど知らなかったので躊躇したが、ツールを実践的に鍛えるための場であるととらえ、依頼を受け入れることにした。二〇一五年九月から、中海に通うことになったのである。

4 中海の干拓事業中止と自然再生

干拓事業の経緯と自然再生への動き

中海は島根県と鳥取県にまたがる汽水湖で、日本で五番目に広い湖である。昭和三〇年代前半までは水が澄み、海藻が生い茂り、アカガイ（サルボウ）をはじめとするたくさんの魚介類が生息し、各地に海水浴場がある美しい湖だったという[4]。しかし、紆余曲折の末に中止となった「国営中海干拓事業」（以下、干拓事業）により、中海の自然は大きく変化してしまった。豊かな自然は損なわれ、人と湖のかかわりも変わってしまった。現在では、官・民・学の連携で中海の自然を取り戻そうとする自然再生が進められている。

では、干拓事業とはどのようなものだったのか。私は現地に通い始めたばかりであり、干拓事業そのものを論じる能力も資格もない。くわしくは浅野［2008］、渋谷［2012］に譲るとして、ごく簡単な経緯だけを書くことにしたい。

干拓事業は当初、戦後の食糧難の解消と土地の拡大を求める目的で計画された。事業主体の農林省は島根・鳥取両県の要請を受け干拓事業計画を立てた。具体的な内容は、第一に、中海の約四分の一にあたる五地区、約二五〇〇ヘクタールを干拓し農地を創出すること、第二に、中海と日本海を遮断して海水の流入を阻止し、中海とその上流の宍道湖（しんじこ）を徐々に塩分のない淡水湖に変えること、第三に、農業用水として利用可能となった淡水を、干拓農地一三〇〇ヘクタールはもとより、渇水に悩む周辺市町村の農地約七〇〇〇ヘクタールに供給し、近代的農業経営を可能とする先進的農業地帯を創出すること、という壮大なものであった[渋谷 2012: 42–43]。

一九六三年から準備を整え、事業に着手したものの、一九六七年に漁業交渉を終えて間もなく、政府は米の生産調整（減反政策）を打ち出し、一九七〇年には干拓事業について開田抑制を通達せざるをえなくなった。しかし、稲作を主目的としていた干拓事業は、畑の整備に目的を変更して継続された。その後、山陰発展の拠点としてネイチャーリサーチ都市構想を開発するという案も浮上した。

一九八一年に国が県に淡水化の試行を打診すると、水門を閉じれば中海と宍道湖の水質および生態系に悪影響を及ぼすという声が出てきた。中海の淡水化試行をめぐって水質問題がクローズアップされ、干拓・淡水化事業と環境をめぐる科学論争が活発になった。また、市民・住民運動が盛り上がり、一九八八年には淡水化事業は無期延期になった。市民・住民運動側が「科学論争に持ち込んだ」戦術の成果であった[淺野 2008: 44]。

一九九六年、島根県知事は農水省に対して干陸（かんりく）工事の再開を要請したが、激しい反対運動と大型公共工事の見直しを求める世論の高揚により、二〇〇〇年に政治的決断をもって干陸工事の中止が決定された。無期延期されていた淡水化事業も二〇〇二年に中止が決定された。一九六三年の事業開始以来四八年の時が過ぎた二〇一一年三月、干拓事務所は閉鎖された［渋谷 2012: 14–15］。

干拓事業が中止になったとはいえ、およそ四〇年間の巨大公共工事により、生態系は大きなダメージを受けた。「工事に伴って悪化した環境・生態系の再生」が課題になり、中海を再生しようという取り組みが行われるようになったのだ。淺野によれば、一九九〇年代末頃から、干拓反対運動とは距離をおいた市民活動も組織的に行われるようになり、流域や湖岸の再生にかかわる活動が活発になった(5)［淺野 2008: 231–232］。

二〇〇五年一一月には中海・宍道湖がラムサール条約登録湿地に指定された。二〇〇六年三月、島根大学の研究者や一般市民などが集まり、行政機関の協力を得て、自然再生推進法に基づき自然再生の支援を目的とした自然再生センターが設立された。自然再生センターは二〇〇七年四月にＮＰＯ法人として認可され、さらに二〇一三年には認定ＮＰＯ法人として認可された。自然再生センターは自然再生に力を注ぐとともに、中海の歴史や自然に関連したシンポジウム・講習会などのイベントを企画し活動している。

二〇〇七年六月には、ＮＰＯ、行政、大学などが自然再生推進法に基づく中海自然再生協議会を発足させ、個別に取り組む再生事業をとりまとめる動きが出てきた。この協議会は、ＮＰＯである自然再生センターの呼びかけでつくられた点、また中国電力という企業との連携によって進められている点で、全国でもユニークな存在である。

かつて干拓事業をめぐって激しい対立がみられた中海だが、現在はNPO活動が事業に反対するのではなく、より積極的に望ましい環境の創造に向けて行動を起こし、実際に事業化を実現するようになった。行政に反対するというよりも、むしろ積極的に中海とのかかわりをつくり直す存在としての運動が現れている［淺野 2008: 253］。

中海の自然再生の取り組み

中海の自然再生の取り組みにおける中核的組織といえるのが、自然再生センターである。二〇一五年三月三一日現在、正会員は一二二名、賛助会員（個人）が六七名、賛助会員（団体・法人）が二二団体を数え、多様な取り組みを行っている。

二〇一四年度の主な取り組みを紹介しよう。第一に、中海自然再生協議会の運営である。現地説明会、シンポジウムの開催、調査の実施、事業の効果の報告などを行っている。第二に、窪地の埋め戻し、アカガイの生息環境モニタリングである。干拓事業でもできた多数の窪地が、中海の水質に多大な影響を与えていると考えられていることから、窪地を埋め戻す活動を行っている[6]。第三に、海藻の循環利用である。未活用資源となっている海藻を回収し、水質汚濁の原因となる栄養素を湖から減らすとともに、回収した海藻を農作物用の肥料などに加工して再活用し、循環させるための仕組みづくりである（写真9-2・9-3）。第四に、子どもパークレンジャー、水質・生態系調査である。宍道湖の水質調査や生きものの観察、散策といった体験プログラムを実施している。第五に、伝える活動である。三つの小学校で、体験活動を通じた中海の環境学習を行った。

写真9-2　中海に浮かぶ大根島での「おごのり（藻）刈り」．
刈ったおごのりは畑の土壌改良に使うことで，
中海への化学肥料の流入を減らす．
循環型社会を目指した取り組み．
写真提供：認定NPO法人 自然再生センター

写真9-3　地元の漁師と小学生の協働による「おごのり刈り」．
写真提供：認定NPO法人 自然再生センター

第六に、触れる活動である。近くて遠い存在になりつつある中海や宍道湖を身近に感じてもらうために、流域環境を船でめぐりながら学習するイベントや、水質・環境を改善する活動、食の会などを開催した。第七に、つなげる活動である。大学生のインターンシップを受け入れたり、パンフレット、ウェブサイト、SNS（ソーシャル・ネットワーキング・サービス）での情報発信などを行った。

5 中海の自然再生を社会的に評価する

話を聞き、シートに落とし込む

二〇一五年一〇月一日、中海の自然再生の社会的評価に向けたワークショップを開催した。いよいよツールを実践的に鍛える場がやってきたのだ。私にとっては初めての現場であり、初対面の人ばかりであった。中海をめぐる事情もよくわからなかった。参加者は、自然再生センターから理事長と事務局長、中海自然再生協議会の会長、環境省の担当者、島根・鳥取両県の担当者二名ずつ、社会貢献として窪地の埋め戻しにかかわっている中国電力から二人、計一〇名であった。

中海の自然再生は、空間的にも活動内容的にも広範囲に及ぶ。議論が拡散しないように、対象は自然再生センターの活動に限定することにした。私が学ぶ意味も含めて、自然再生センターがNPO法人になった二〇〇七年度から二〇一四年度までを二年ごとに区切り、関係者から時系列的に話を聞くことにした。具体的には「いつ」「何」を行い、どんな「人」が「参加」し、どのような「結果」が起こったのかを聞いていくことにしたのだ。そこで出てきた話を整理し、シートに落とし込んでいった。八年間の活動を聞くのに三時間を要した。

私の力不足もあり、当日のうちにまとめきることができなかった。持ち帰ってまとめる作業をするなかで、現場で使えるツールにするためには、社会的評価指標は少なくし、なるべくわかりやすい言葉で表現する必要があると実感した。また、社会的評価指標を「問題」「人」「技術と行動」

「知識と評価」というグループに分けたほうが、わかりやすいとも思った。試行錯誤しながらシートを修正したのである。

シートを用いた活動の振り返り

前回の結果を整理したシートを持参し、二回目のワークショップを行ったのは、二〇一五年一二月七日であった。関係者から、社会的評価指標の妥当性の評価と前回のワークショップでの発見についてお聞きした。図9-2は、一回目と二回目のワークショップの結果をまとめたシートである(バージョン2)。内容について説明しよう。

二〇〇七~二〇〇八年度は、勉強会や自然再生の全体構想の策定が主な活動であった。シートを作る作業のなかで、この時期の活動は研究者主導で始まっており、研究フィールドとしての魅力が大きなテーマであったことが振り返られた。シートからは、島根大学の研究者とそのネットワークが中心であることがうかがえる。外部からの評価はあまりなかった。

二〇〇九~二〇一〇年度は、研究の進展により窪地問題と水質問題が課題となった。窪地の埋め戻しが具体的な活動となり、中国電力が社会貢献の一環としてハイビーズという技術と資材を提供するようになった[7](写真9-4)。アマモの保全・再生事業も始まった。シートを使ったことにより、行政との連携や企業・NPOとのネットワークの形成が進んだことが可視化された。ネットワークが広がりをみせたため、事務局体制の強化が課題となった。行政が活動を認知するようになり、生物多様性アクション大賞を獲得するなど外部評価が高まった。

二〇一一～二〇一二年度は、継続して窪地の埋め戻しが行われるとともに、生物多様性保全に向けた活動や一般市民を対象にした夕暮れコンサートが活動内容に加わった。シートを使ってみると、外部評価は高まっても地域でなかなか活動が広がっていかないなか、何のための自然再生かという問い直しが起こったことを可視化できた。湖の中だけを考えるのではなく、陸域との関係を考えていくため、米子高等専門学校の都市計画を専門とする研究者が加わり、「泳げる海」という住民巻き込み型のビジョンが形成された。大型の研究費を獲得したことにより、事務局運営は安定した。全国的に認知される活動になっていった。

二〇一三～二〇一四年度は、認定NPOになるなど社会的評価が高まるとともに責任も大きくなったことにより、助成金に依存しない自立できる組織運営を目指すことが課題となった。シートでは、かつて豊富に採れた資源であったアカガイ(サルボウ)を象徴に、共感を創出することにより、市民参加の促進がテーマとなり、企業とのネットワークが強化されたことが可視化された。

写真9-4　窪地の埋め戻し.
干拓事業によってできた多数の窪地は
ハイビーズによって埋め戻されている.
写真提供：認定NPO法人 自然再生センター

活動の社会的評価

以上みたように、関係者が集ってシートを作成したことにより、「問題」「人」「技術と行動」「知識と評価」の変化とそれぞ

2009–2010	2011–2012	2013–2014
窪地問題・水質問題 住民とのつながりの創出	「泳げる海」→住民を巻き込めるビジョン形成 何のためか→包括的視点	活動の自立化・持続化 共感の創出→アカガイのシンボル化，住民の参加促進
漁協，米子高専	中尾さん， 熊谷先生（米子高専）	企業，行政，NPO，住民
行政側との協定 企業・NPOとのネットワーク	小学校 米子側との交流	企業とのネットワーク
中海会議（2010）	エコショップ 米子と疎遠	
事務局体制の強化（2009） 環境学習重視 信頼構築と協力的参加 ネットでアイデアと実施者を公募	事務局運営（間接経費） 助成金の獲得 小学校での環境学	認定NPO（2013） 助成金からの脱却 専門家（会計士，労務士）の雇用
活動の具体化 窪地の埋め戻し アマモの保全・再生事業	窪地の埋め戻し 生物多様性保全・環境活動 夕暮れコンサート	組織強化
ハイビーズ（中国電力）		
アマモの保全・再生	都市計画との融合	
社会的実績の蓄積 行政側に認知 生物多様性アクション大賞	全国認知 共感を呼ぶ	社会的評価と責任 国連生物多様性の10年日本委員会連携事業（2013.9）

	評価項目	評価項目の内容	2007–2008
問題		何が課題であるかを 集合的に認識するプロセス	研究フィールドとしての魅力
人	かかわっている 人たち	「自然再生」を目的に 行動する主体	島根大学の研究者
	人のつながり	アクターたちのつながりの状況	島根大学ネットワーク 住民会議 経済界
	集まる場	多様な主体が 情報やサービスを交換する, 主に空間的な場	白潟サロン
	意思決定の 仕組み	目標を選択し，利用可能な 手段群の中から特定の手段を 選択するための仕組み	
技術と行動	自然再生を行う ためのノウハウ （社会技術）	自然再生を社会的な対象として 扱えるように変換する技術	勉強会 協議会設立 全体構想の策定
	具体的な行動	自然再生にかかわる具体的な行動	調査，勉強会 活動の試行錯誤
	自然再生の技術	自然に介入する技術 （社会的ハンドリング可能性）	
知識と評価	知識	ある事象に関する認識・ 理解の内容及び方法	水質，生態系
	評価	主に外部からの承認，アクターが 感じている楽しさ・充実感	外部評価があまりなし 積極的発信

図9-2　中海の自然再生評価シート（2007–2014年）

れの関連性を可視化することができた。コーディネーターを担当した私の視点からやや強引にまとめると、研究者主導による水質問題から市民参加へとテーマが変わっていったといえよう。具体的には、湖だけでなく陸域とのつながりで考えること、中海のおいしい魚介類を象徴にしていくこと、多くの市民に共感してもらえるようにしていくという変化である。干拓事業によって遠い存在になった中海を近い存在にする方向性といえよう。テーマが変わるなか、課題は多様な関係者とのネットワークの構築や事務局運営という社会技術へと移っていた。ただ、自然再生の技術は窪地を埋め戻すハイビーズが中心であり、大きな変化はない。これは湖の中の活動であり、専門性もきわめて高いため、市民にとっては実態をとらえづらい。テーマは市民参加へと変わってきているが、活動は市民参加型とは言いがたいのだ。市民参加型の活動をつくり出すことが、今後の方向性であるとはっきりと認識できた。そのためには、事務局を柔軟に変えていき、多面的な活動を創発することが課題である。ちなみに、意思決定の欄は空白であった。空白もまた重要なデータであるので、ここを埋めるような努力はとくに行わなかった。ただ、社会的な責任を果たし、多面的な活動を生み出すことができる事務局体制への問題意識は高まった。

当事者にとってのワークショップの意義

では、当事者にとって、シートを用いたワークショップにはどのような意義があったのだろうか。私は、二〇一六年五月一二〜一三日に中海を訪ね、自然再生センターの理事長と事務局長から聞き取りを行った。

第一に、ワークショップによって自分たちの活動を振り返ることができたという。そもそも「なぜ自然再生をするのか」。それは干拓事業によって切れてしまった人と中海のかかわりを再生するためである。広く共感を生まなければ、多様な人たちとの協働は進まず、人と中海のかかわりは再生できない。中海の自然再生は、研究者主導で始まったがゆえに、そのままでは自然再生の「研究」活動になってしまう。研究者は多様な人との連携があまり得意ではなく、どうしても視野が狭くなってしまいがちである。しかし、研究のための自然再生ではないのだ。あまり意識していなかったが、活動が広がりを持ってきていると知ることができた。振り返りによる気づき効果である。

第二に、研究の視点のずらしと、異なる視点との交差の意義の発見である。社会的評価指標を意識しながら活動を振り返ることで、水ぎわからの目線や食による共感の創出など、研究に加えて新しいことを「上書き」していくことの大事さにも気づいた。これまで、どうしても研究の視点から問題をとらえていたが、人と技術、行動、知識と評価はつながっている。自然再生が社会的な営みであることは、ぼんやりと意識してはいたが、ワークショップをして、より自覚的に意識するようになった。地域社会に影響を及ぼす社会的な営みとして自然再生をとらえ直すことができたのだ。ただ、その認識と自然科学的な研究の視点にはズレがある。研究という視点をずらし市民の視点と交差させ、自然再生と地域再生を一体的に、そして柔軟に進めていく必要がある。それが、中海流域に暮らす市民として大事にしたいことである。

第三に、比較による自信の創出である。当事者は当事者であるがゆえに、肌で感じている自分たちの活動の変化を言語化したり、第三者的に見渡すことが難しい。当事者の肌感覚と第三者的な視点を行き来させていくことで、自分たちが次に何をしていけばよいのかを見通せるようになった。環境社会学を専門とする私という、これまでにない第三者が入ったことにより、中海の自然再生を社会的な営みとして進めていく方向性に、「これでいいんだ」と自信を持てるようになったという。自信がないと取り組んでいけない。その自信は第三者の眼を通すことによっても培われる。

ワークショップは、こうした多様な視点をもたらしてくれ、自分たちの活動の課題と可能性に気づくことができた。これが現場の当事者にとっての意義であった。

6 社会的評価ツールの使い方

この社会的評価ツールは開発途上であり、本章はあくまでも中間報告的な内容にすぎない。現時点で考えられる具体的な手順をまとめておきたい(写真9-5)。

・用意するもの……手書きで行う場合は、A3判から模造紙大のシート、ICレコーダー、ボールペンである。パソコンを使う場合は、パソコン、プロジェクター、ICレコーダーである。プロジェクターで投影しながらシートを作成することができる。

・参加者……なるべく多様なほうがよいだろう。ただ、人数が多すぎると話が拡散してしまう恐れがある。

・チーム……少なくとも二人は必要だと思われる。一人は聞き手、もう一人はシートに記入する役割である。一人二役は不可能ではないが負担が大きい。

・聞き方……まだ試行錯誤しているが、私は以下のような聞き方をした。活動を時系列的に聞いていく。最初に何を問題として認識したのかを聞き、次に具体的に「いつ」「何」を行い、どんな「人」が「参加」し、どのような「結果」が起こったのかを聞いていく。聞き手はなるべく事実的なことを聞くことに努め、語り手が問題や課題などを発見することをサポートする。できる限り、その場でシートを作成するように努める。そうすることで新たな発見につながっていく。

・時間……要する時間は長くても三時間程

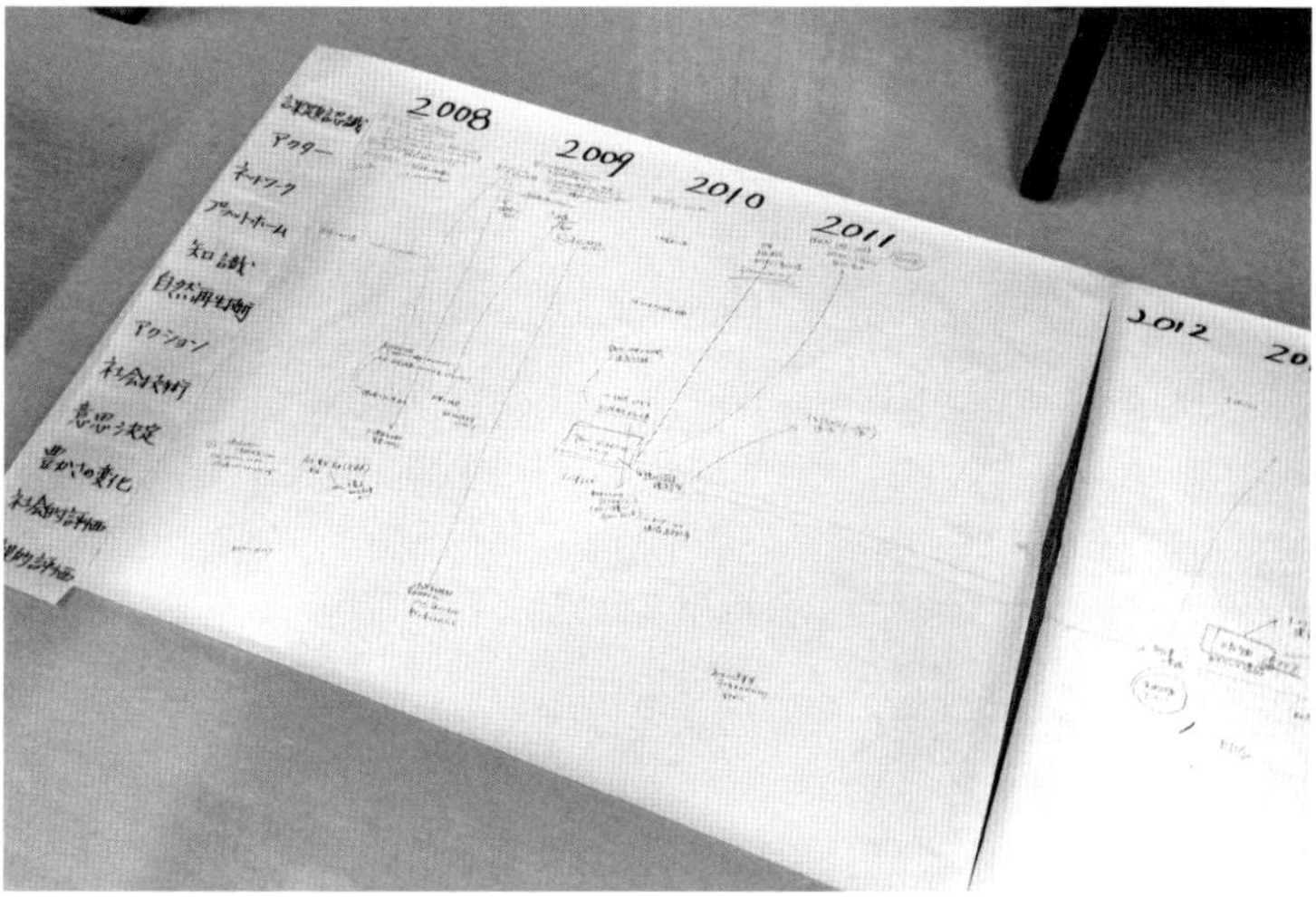

写真9-5　社会的評価シートの記入例.
佐渡島加茂湖水系自然再生研究所にて.

度であろう。それ以上長くなると、語り手も聞き手も疲労してしまう。

自分のことを自分で評価することは、思いのほか困難である。大事なことは、寄ったり引いたりと、カメラのレンズの焦点距離を変えることで見えてくるものが変わってくるように、現場への視点を変えていくことを意識することである。当事者としての経験を、いったんは第三者的に見ていくことを促す。そのことで自然再生のプロセスが可視化され、関係者によって大事にしていることの違いも見えてくる。新たな気づきが導き出されるのだ。第三者的な視点から見えてきた気づきを、再び当事者の問題に変換していく。みんなで作成したシートを囲みながら、自分たちが次に何をしていけばいいのかを共有し、活動へと具体化することを考えていくのである。

7 おわりに――自然再生を使いこなすツールづくりに向けて

序章で宮内が指摘しているように、不確実性が前提となるなかで柔軟なやり方を進めていくためには、当事者たちが大きく間違わないハンドル操作が大事になってくる。シートを使ったワークショップを行うことで、第一に活動の多面性に気づき、第二に視点をずらし異なる視点と交差させることができ、第三に比較によって自信を持つことができる。このように自然再生プロセスに自己評価を組み込むことにより、現場で問題になっていることを発見したり共有したり、異なった人たちと協働したり、次に進むべき方向性を見つけたりすることにつながるだろう。ハンドル操作をサポートできる可能性はあると思う。

考えてみれば、自然再生は地域外から新しいモノ・コト・ヒトを呼び込む取り組みである。自然再生を機に新たな予算がもたらされたりする。さまざまな活動が生じてきたり、遠くの研究者が地域にかかわるようになる。時には地域が振りまわされたり、専門家依存の状況も起こりえるだろう。研究の視点と市民の視点が大きくずれてしまうこともあるだろう。当事者だからこそ、迷路に入り込んでしまった感覚を抱くこともあろう。

しかし、要は使い方次第である。地域の人たちが、試行錯誤しながら協働や合意形成を進め、自然再生によってもたらされるモノ・コト・ヒトを自分たちの資源として「使いこなす」ことができればいいのだ。そのためにも、当事者の肌感覚と第三者の眼を行き来しながら活動や事業を自己評価することが不可欠である。自分たちの強みと弱みを知らなければ使いこなすことはできないからである。当事者と第三者の視点の行き来を促す社会的評価ツールの意義は、自然再生を使いこなすことにある。そうすることで、自然再生と地域再生の一体的な実現に向けたプロセスを動かしていける。

使いやすいツールでなければ、人びとは使いこなせない。今後もワークショップを重ねていきながら、より使いやすいツールになるよう努力したい。興味がある方は、一緒に考えていただければ幸いである。当事者たちが自然再生を使いこなすためのツールになるならば、これほどうれしいことはない。

謝辞

本研究は、科学研究費補助金基盤研究C「自然再生の順応的ガバナンスに向けた社会的評価モデルの構築」(23510050)、科学研究費補助金基盤研究B「包括的地域再生に向けた順応的ガバナンスの社会的評価モデルの開発」(15H03425)、科学研究費補助金基盤研究A「多元的な価値の中の環境ガバナンス:自然資源管理と再生可能エネルギーを焦点に」(24243054)、総合地球環境学研究所・未来設計プロジェクトE0-5「地域環境知形成による新たなコモンズの創成と持続可能な管理」の研究の一環として行われた。研究を進めるにあたっては、多くの関係者、とりわけ認定NPO法人自然再生センターの徳岡隆夫理事長、小倉加代子事務局長、中海自然再生協議会の熊谷昌彦会長、環境省(現在、岡山県真庭市)の高下翼さんに大変お世話になった。また、宍道湖・中海の環境運動を研究してきた広島大学の浅野敏久さんと和歌山大学の田代優秋さんにも、いろいろと助言をいただいた。本章は、こうした人たちとの対話に基づいている。記して感謝いたします。

註

(1) コウノトリは全長が約一〇〇センチメートル、翼長が二メートル前後、体重が四~五キログラムになる水辺に生息する大型鳥類である。繁殖地であるシベリア東部と越冬地である中国揚子江周辺を行き来する渡り鳥であり、生息数は三〇〇〇~四〇〇〇羽程度と推定される。食性は肉食性で、ドジョウ、フナなどの魚類、カエル、バッタ、ミミズなど、豊富な餌生物を必要とする。

江戸時代後期には日本各地に生息していたが、明治時代になって狩猟により個体数は大幅に減少し、一九七一年に野外では絶滅してしまった。最後の生息地となった豊岡では一九六五年から人工飼育が取り組まれ、一九八九年に飼育下繁殖に成功した。これ以降、飼育下繁殖は順調に進んでいる。一九九九年、野生復帰の拠点である兵庫県立コウノトリの郷公園が開園し、野生復帰プロジェクトが始動し、二〇〇五年に豊岡で五羽のコウノトリが放鳥された。コウノトリの野生復帰とは、絶滅したコウノトリを野生に戻すことを軸に、人と自然のかかわりを再生しようとする取り組みである[菊地 2006]。

(2) 自然再生という理念の生成については富田[2014]にくわしい。

(3) プロジェクト評価でよく採用されているモデルにPDCAサイクルがある。PDCAサイクルとは、計画(Plan)を立て、実行(Do)し、それを評価(Check)した上で、改善(Action)するものであり、明確な目標の達成度を評価するのに適している。ただ、まだ見ぬ人と自然のかかわりをつくり出そうとする自然再生の場合、目標は固定的ではなく変化するものであり、活動の柔軟性や変化そのものを評価の対象にするべきだと考えた。したがって、PDCAサイクル的なモデルではないものを模索することにした。

(4) 長年、中海干拓事業を取材してきた渋谷久典は、古老の証言として、中海のアカガイ漁は昭和二〇年代までは隆盛をきわめたが、中海の汚濁が進むとともに藻場の消失など生息環境が悪化し、昭和三〇年代になるとその姿はだんだんと消えていったと指摘する[渋谷 2012: 28–29]。

(5) 中海は外海操業の少ない明治末までは、島根県内最大の漁獲を誇る豊かな漁場だった。干拓事業に際し、漁業者は転業補償を含む漁業補償を受け漁業権を放棄した。そのために毎年契約更新の許可漁業が行われている(公式統計に漁獲量は記録されない)。主な漁獲は、アカガイ(サルボウ)、アサリ、ウナギ、スズキ、シラサエビ、クルマエビ等である。アカガイは宍道湖のシジミに匹敵する存在であったが、事業による湖の環境改変の影響でほとんどとれなくなった[浅野 2008: 47]。漁業権が放棄されていることも、中海の自然再生にさまざまな人がかかわることができる要因の一つといえよう。

(6) 窪地の底には、時期によってきわめて溶存酸素の少ない場所(貧酸素水塊)ができて、その水の塊が外に出て湖を遡上し、水産物に被害を与えることが問題になっている。それを防ぐために窪地を埋める取り組みが進められているが、単純に埋めればよいわけではない。穴の上から単純にものを落とすと、貧酸素水塊が押し出されて外に出てきてしまうので、埋めること自体に漁業被害を招く恐れがある。これをどう解決するか、試みが行われている。

(7) ハイビーズとは、石炭灰に少量のセメントと水を加えて造粒した機能性材料であり、環境修復機能を持っているという。生物生息環境の改善効果が示されている[斉藤ほか 2014]。

第10章

どうすれば自然に対する多様な価値を環境保全に活かせるのか

宮崎県綾町の「人と自然のふれあい調査」にみる地域固有の価値の掘り起こしが環境保全に果たす役割

富田涼都

1 はじめに——自然に対する多様な価値づけは環境保全の厄介者なのか

私たちが自然に対して見いだす価値は多様である。たとえば、森林に木材供給源としての価値を見いだすこともあれば、希少生物の生息地としての価値、思い出の場所としての精神的な価値を見いだすこともある。害獣の棲家などの否定的な価値もあるかもしれない。しかも、ある自然環境に対して見いだされる価値群は単に多様なだけでなく、時代や状況によってダイナミックに変化する。「順応的ガバナンス」は、こうした生態系と価値の多様性やダイナミズムを踏まえた環境保全のアイデアとして登場している[宮内編 2013]。

ところが、この自然に対する価値の多くはつねに目に見えているわけではない。自然に対する何らかの働きかけがあってはじめて顕在化することも少なくない。たとえば、「希少な生態系の保全」という価値を掲げた環境保全のプロジェクトが実行されることで、それとは異なる生業や思い出などに基づく地域の人びとにとっての自然環境への価値づけが顕在化する［富田 2014］。

こうして顕在化した（多様だからこそ）「異質な」価値に環境保全のプロジェクトが対応できないと、「うまくいかない」原因になるだけでなく、対立などが深刻化してフォロー自体が困難になる場合もある（前著第1章＝［富田 2013］）。こうなると、環境保全を推進しようとする側にとって、後から顕在化してくる自然に対する多様な価値づけは、プロジェクトを頓挫させかねない「厄介者」に見えてしまう。

しかし、環境保全のそもそもの動機は、自然に対して見いだす価値があるからこそ生まれる。また、多様な価値観に基づいた多様な動機に支えられる取り組みのほうが、よく多くの人の参画を得て、より強力に推進できるはずである。つまり、自然に対する多様な価値づけを「厄介者」として触れないようにするよりも、むしろ積極的に顕在化させて環境保全のプロジェクトに活かすあり方について検討しておく必要があるだろう。

そこで、本章では、自然に対する積極的な価値の顕在化を実際に行い、環境保全ともリンクしていった事例を紹介し、検討を行う。具体的には、筆者もかかわり宮崎県綾町(あやちょう)で行われた「人と自然のふれあい調査」を取り上げ、その環境保全における可能性を、当時の資料や関係者への聞き取り調査から検討する。そして、こうした価値の顕在化を積極的に行う手法が、環境保全に果たす役割について考えたい。

2 「人と自然のふれあい調査」とは

綾町の事例の検討に入る前に、「人と自然のふれあい調査」(以下、「ふれあい調査」)とその経緯について説明しておこう。「ふれあい調査」とは、日常的な生活を通じた身近な自然との関係について、市民の手によって調査を進め、成果のまとめを行う手法である。その経緯は、一九九七年公布の環境影響評価法(環境アセス法)の評価項目として「人と自然との豊かな触れ合い」が定められたことにさかのぼる(環境庁告示第八十七号)。その後、二〇〇一年に技術指針がまとめられるが、二〇〇四年により身近な「自然との豊かな触れ合い」を調査する手法を研究・開発するために日本自然保護協会(NACS-J)が主催する共同研究会がつくられた。筆者もこの研究会に参画し、また後述する綾町の「ふれあい調査」にかかわった。

研究会では、市民の手によって身近な自然との関係について行われた日本全国の調査事例から調査の手法と成果のまとめ方について研究を行い、二〇〇五年には中間的なまとめとして『地域の豊かさ発見*ふれあい調査のススメ』[NACS-J ふれあい調査研究会 2005]という小冊子を制作した。この時点で、聞き取りや現地踏査を軸とした調査をすることと、懇談会を開催して参加者やゲストの間で調査結果を共有することを繰り返すプロセスや、成果を地図や冊子などにまとめるかたちの基本的なアイデアが定まった。その後、日本自然保護協会が関与した環境保全の現場において試行されるようになる。二〇〇七年には、日本自然保護協会も参画する「綾の照葉樹林プロジェクト」が行われていた宮崎県綾町で研究会メンバーが深く関与しながら「ふれあい調査」を本格的に実施した。二〇一〇年にはその成果を含めて『人と自然のふれあい調査はんどぶっく』[NACS-J ふれあい調査委員会 2010]を発行している。

3 綾町と照葉樹林の保全

宮崎県綾町は宮崎市街から車で四〇分ほどの場所にある。三方を山に囲まれており、それらの山々を源とする綾南川(あやみなみがわ)と綾北川(あやきたがわ)(総称して綾川と呼ばれる)が流れている。二〇一六年二月一日現在の人口は七二七一人。二〇〇九年に「日本で最も美しい村」連合に加盟し、二〇一二年にはユネスコの生物圏保存地域(ユネスコエコパーク)に登録された(写真10－1)。

綾町の環境保全の発端は奥山の照葉樹林の保全だった。一九六〇年代までは林業が盛んであり、山奥までトロッコが延び、林業従事者の集落や学校、製材所などもあった[綾郷土誌編纂委員会 1982]。なかでも一九五六年から一九六〇年の綾川総合開発では、ダム開発とともに四〇〇〇ヘクタールの森林が伐採された。ところが、開発が終了すると急速な人口減少が発生した。国勢調査によれば、一九六〇年の人口が一万六八人だったのに対して、五年後には八四一九人、一〇年後には七三三九人と減少している。この人口減少から、綾町は「夜逃げの町」と呼ばれたという[郷田・郷田 2005]。こうした状況下で一九六六年に町長に就任した郷田實は、営林署が計画した約四〇〇ヘクタールの照葉樹林の伐採計画に反対し、撤回させることに成功する。これは、戦争

写真10−1　綾の照葉樹林.
写真提供：坂元守雄氏

で死線をさまよったときに心の支えとなった故郷の原風景を守りたいという気持ちと、助役時代に推進した綾川総合開発が山や川を荒廃させ、町を衰退させる要因になったことへの反省があったという［郷田・郷田 2005］。

その後、郷田は町政改革として集落単位の自治能力を高めるための自治公民館制度を成立させ（一九六七年）、自然環境の保護と創出を推進することにより、現在および将来の町民の健康で文化的な生活の確保を図るための「綾町の自然を守る条例」（一九七五年）、自然生態系を生かし育てる町を謳った「綾町憲章」の制定（一九八三年）、照葉樹林文化シンポジウム開催と「照葉樹林都市宣言」（一九八五年）、自然の摂理を尊重し、自然生態系を有効に生かした農業を推進する「綾町自然生態系農業の推進に関する条例」（一九八八年）と施策を打ち出した。これらは、すべて地域の自然や人間の潜在力を活かすことで実現される「ほんもの」という価値を創造するという点で目的を同じくしている［池田 2006］。つまり、郷田は自治、農業、環境などの課題に個別に取り組んだのではなく、「ほんもの」という理念のもとに統合的なまちづくりを構想し、照葉樹林などの環境保全はその基盤として位置づけていた。

しかし、「ほんもの」という理念による統合的なまちづくりと照葉樹林の保全は、郷田町政に特有な発想だった。照葉樹林は綾町の奥山であり、住民の多くは、まちづくりと照葉樹林の保全の関係について観光以外の場面で具体的に意識する機会は少ない。一九九八年頃に表面化した綾の照葉樹林における高圧送電線の建設計画（鉄塔問題）では、対抗措置として世界遺産登録運動もあったが、反対運動は町民全体に浸透せず、建設を止めるほどの力にはならなかった。この「町民全体に浸透しない」という課題は、後の照葉樹林の保全でも問われている。

4 上畑地区における「ふれあい調査」の実施

一方、世界遺産登録運動によって綾の照葉樹林の希少性が学術的に示されたことや、日本自然保護協会などの全国規模の環境保全ネットワークのつながりができたこと、国有林政策の転換などをきっかけにして、二〇〇五年に九州森林管理局、宮崎県、綾町、日本自然保護協会、「てるはの森の会」（事務局および市民）の五者による、照葉樹林の復元と保全を目的とした「綾の照葉樹林プロジェクト」（以下、綾プロジェクト）が開始された［朱宮ほか 2013］。「てるはの森の会」は、宮崎市に本拠を置く照葉（＝「てるは」）樹林の保護・復元の活動を行う市民団体で、会員数は二〇〇名弱である。

しかし、市民参加の森づくり事業を目指して始まった綾プロジェクトだったが、綾町外の「よそ者」の参画が目立ち、肝心の綾町民のプロジェクトへの参加は芳しくなかった。照葉樹林の保全に長年携わり、綾プロジェクトにもかかわる綾町職員の河野耕三さんは、その状況をこう振り返る。

「町民が参加する、取りかかりの部分というのは、結局見えないまま一年過ぎ、二年過ぎ……。これではやっぱり綾プロジェクトは町民を巻き込むかたちの取り組み、プロジェクトにはならないなあ、という。どうにかして町民が参加する取り組みができないものかな、というのは悶々としてあったわけです」(二〇一五年九月二八日の聞き取り)。

そうした状況のなか、二〇〇七年一二月に綾プロジェクトに対して日本自然保護協会から「ふれあい調査」の提案があり、これまでの照葉樹林という自然環境を中心とした取り組みとは異なる視点のアイデアに対して、「これはいい、とすぐに飛びついた」(河野さん、二〇一五年九月二八日)という。その後、「てるはの森の会」メンバーの住民の仲介で、綾町の上畑(うわばた)自治公民館と日本自然保護協会、研究会メンバーの専門家との協働で最初の「ふれあい調査」が行われることになった。自治公民館は綾町の集落ごとに設置されている住民自治組織で、行政の下請けではなく、集落ごとにあらゆる事柄に対応して自律的な判断で運営されている点に大きな特徴がある。

上畑地区の「ふれあい調査」では、二〇〇八年三月に、①目に浮かぶ風景、②耳に残る音、③鼻に思い出す匂い、④肌によみがえる感触、⑤舌に懐かしい味、と五感の要素に自然とのふれあいを分けて聞く「五感アンケート」を行った。上畑地区の場合、アンケートで書かれた人と自然のふれあいは、地区を流れる綾南川に関するものが圧倒的に多かった(表10-1)。四月にはこの結果を地区住民と共有して、さらに思い出などを語り合う「ふれあい懇談会」を行い、六月には実際に地区内を歩いてまわった。その後、懇談会での聞き取りや現地踏査を繰り返し(写真10-2)、二〇〇九年一月からは成果物の作成が始まった。

上畑地区は綾中心部から照葉樹林に向かう入り口にあたる場所にあるが、多くの観光客は地区を素通りして奥山の大吊り橋などの観光スポットに向かうのが常だった。そのこともあって、上畑自治公民館では当初から「上畑地区の魅力をいろいろな人に感じてほしい」という意向が強く、成果物も訪問者が実際に見てまわれるように持ち歩き可能な地図(ふれあいマップ)になった。地図は現地を歩き下絵を作り、掲載する素材を加えながら懇談会等で地区側の意見を取り入れて仕上げていった(図10-1・10-2・写真10-3)。こうして制作された上畑地区の「ふれあいマップ」は、照葉

表10-1　上畑地区のアンケートによる「ふれあいランキング」

順位	内　容	カウント数
1	川，綾南川，川のせせらぎ	20
2	魚とり，アユ釣り	11
3	レンゲ（畑）	10
4	川で泳ぐ，水泳，川遊び	7
4	鳥，小鳥の鳴き声	7
5	ミカン	6
6	菜の花（畑），菜種	5
6	味噌，味噌汁，ピーナッツ味噌	5

写真10-2　上畑地区の現地踏査.

樹林の山々から流れる綾南川が大きく強調され、食べたりした動植物、呼びかけられて振り向くと吸い込まれるという「しゃべる石」の存在、地区内に点在する水神様などが書き込まれ、二〇〇九年一〇月に第一版が完成した（図10-3、二八八―二八九頁）。

それに先立つ二〇〇九年八月には、下絵の「ふれあいマップ」を用いて、上畑自治公民館主催で夏休み中の小学生と上畑地区内を歩いてまわる「ふれあいウォーク」を開催。翌二〇一〇年二月には、「てるはの森の会」を通じた一般公募でも「ふれあいウォーク」を開催した。二〇一六年現在も、

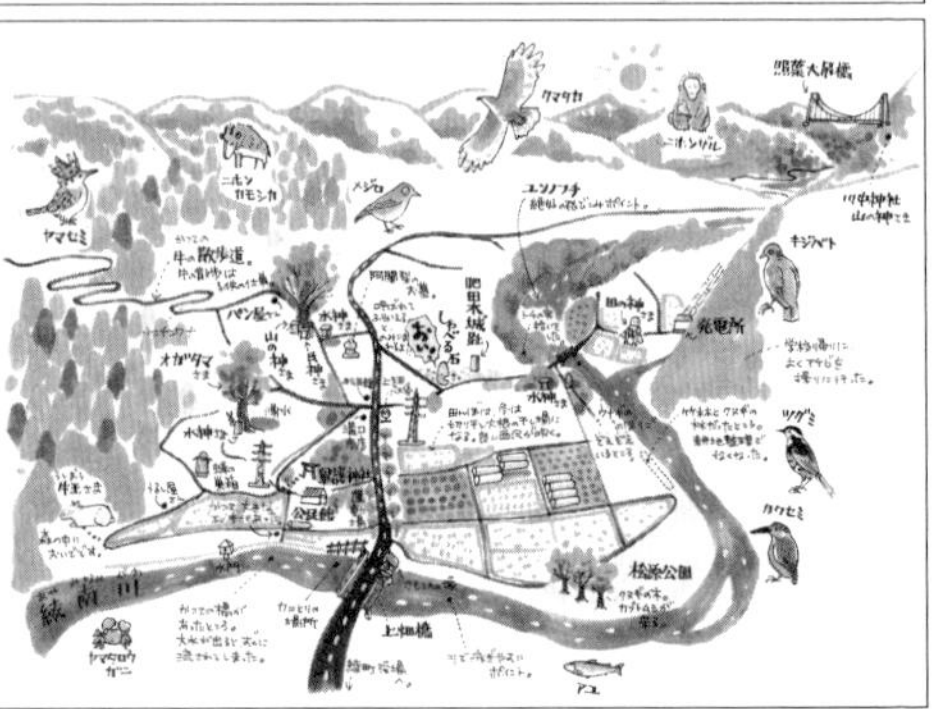

図10-1・10-2 「上畑ふれあいマップ」の制作過程.
イラスト：岩井友子氏
制作：結デザインネットワーク
出所：NACS-J ふれあい調査委員会［2010］

写真10-3 地図を囲んで.

視察対応を含めて年に数回は行われており、二〇一三年頃からは、後述する「地域づくりワーキング」の取り組みの一環として、フットパス（森林や里山などに設けられた歩行者用の小径）のアイデアを取り入れた綾町独自の里歩き「ひゃらひゃーっウォーク」（「ひゃらひゃーっ」とは綾方言で「ずらっと並んでいる様子」の意）と名付けられて行われている。

5 上畑地区の「ふれあい調査」後の展開と波及

古屋地区、杢道地区、川中地区での「ふれあい調査」の実施

その後、「ふれあい調査」は綾町内の別の地区でも行われるようになる。二〇一〇年には古屋地区、二〇一二年には杢道（もくどう）地区、二〇一四年には川中地区でも行われた。古屋地区では、自治公民館と日本自然保護協会、研究会メンバーの専門家に、「てるはの森の会」も加わった。しかし、古屋地区の「ふれあい調査」は、口蹄疫の発生や新燃岳（しんもえだけ）の噴火などの影響を受けて、日本自然保護協会と専門家が綾町を訪問しにくい状況が発生してしまった。そのため、当初はオブザーバー的だった「てるはの森の会」が、現場での実施主体として主要な役割を担うようになり、成果として昔の暮らしや信仰などについての記憶をとりまとめた冊子『綾・ふれあいの里　古屋』[NACS-J ふれあい調査委員会 2012]を発行した。

この経験から、「てるはの森の会」が「ふれあい調査」を企画、実施することが可能になり、杢道地区、川中地区の「ふれあい調査」の実施にも主体的にかかわった。こうした一連の取り組みが評

イラスト：岩井友子氏　制作：結デザインネットワーク

図10–3 完成した「上畑ふれあいマップ」.

価され、二〇一五年には「生物多様性アクション大賞」の「つたえよう部門」優秀賞を受賞するに至っている。

「地域づくりワーキンググループ」の設置

また、「ふれあい調査」による活動は、綾町内の他の活動にも影響を与えた。「ふれあい調査」が提案された時期と同じくして、綾プロジェクト内に綾町民がメンバーとなった「地域づくりワーキンググループ」（以下、「地域づくりワーキング」）が設置される（二〇〇八年六月）。これも「ふれあい調査」と同様、町民が綾プロジェクトに参加する取りかかりをつくるという目的のもとに作られている。

しかし、「地域づくりワーキング」は当初、綾町の紹介で自治公民館やPTAなどの役職付きの町民によって構成されていたことや、綾プロジェクト自体が綾町民に理解されていなかったことから、依頼を受けた町民は「私は鉄塔反対派ではないのに、なぜ委員なのか」という反応も見せたという（てるはの森の会スタッフ相馬美佐子さん、二〇一五年九月二七日の聞き取り）。これは、多くの住民には当初、綾プロジェクトによる照葉樹林の保全が「鉄塔問題」の反対派の活動と解釈され、綾町のまちづくりとは切り離されて理解されていたことを示す象徴的な例といえるだろう。

そのため、「地域づくりワーキング」では、綾プロジェクトがどのようなプロジェクトなのかについて、講演会等を通じて一年間かけて議論しなければならなかった。その後、二〇〇九年からワーキンググループ独自の活動の模索のなかで、上畑地区の「ふれあい調査」が取り上げられた。

表10-2　綾町ふれあい調査・地域づくりワーキング関連年表

年月	ふれあい調査	地域づくりワーキング
2007.10	綾プロで紹介	
2008.3	上畑地区五感アンケート	
2008.4	ふれあい懇談会	
2008.6	地区内の巡検	ワーキンググループ設立
2009.1	ふれあいマップ作り開始	
2009.6		上畑地区「ふれあい調査」見学
2009.8	地区小学生「ふれあいウォーク」	
2009.10	「上畑ふれあいマップ」完成	
2010.2	上畑「ふれあいウォーク」実施	東京・神楽坂視察
2010.3	古屋地区五感アンケート	
2010.4	口蹄疫発生・古屋調査中断	
2010.7		ユネスコエコパーク申請を提言
2011.1	新燃岳噴火・古屋調査中断	
2011.5		国際照葉樹林サミット開催
2012.3	古屋地区ふれあい冊子完成	
2012.7	杢道地区ふれあい調査開始	ユネスコエコパーク登録

偶然PTAとして「地域づくりワーキング」にも参加していた上畑自治公民館の小西俊一さんからも、「ふれあい調査をして、地域の中も変わった」（二〇〇九年五月一四日の地域づくりワーキング議事録）と紹介があり、六月一五日には上畑地区を「地域づくりワーキング」として歩いた。

また、東京・神楽坂（かぐらざか）のまちづくりの視察（二〇一〇年二月）を行った。これは、交流のあったNPOから寄せられた、他のまちづくりを見たほうがいいというアドバイスによって実施したものだった。当初は神楽坂のまちづくりを先進事例として視察しようとしたが、結果的に綾町の良さを実感することになった。このときの反応を、「地域づくりワーキング」の事務局を兼ねていた相馬さんは、「うち（綾町）にはもっといっぱいいいところがある、安くてもっとおいしいものを食べられるのに、っていうのを反対に見て。そこで「地域づくりワーキング」の人は結構意識が変わった」(二〇一五年九月二七日の聞き取り)と振り返っている。

ユネスコエコパークの登録

この一連の経験は、「ひゃらひゃーっウォーク」などのアイデアに活かされているほか、二〇一〇年七月の「地域づくりワーキング」による綾町に対するユネスコの生物圏保存地域(以下、ユネスコエコパーク)の申請の提言にもつながった。

ユネスコエコパークの登録は、綾町の環境保全としても大きな意味をもつ。ユネスコエコパークは、自然の合理的な利用と保護に関する科学研究を進めるMAB計画(Man and the Biosphere Programme)の一環として一九七六年に始まった制度であり、当初は「核心地域(コアエリア)」の生態系の保全に力点があった。しかし、一九九五年に決定された「セビリア戦略」では、保全と開発を調和的に行う新たな方針が示され、持続可能な社会づくりのモデルとなる取り組みが展開される「移行地域(Transition zone)」が設置されるようになった[UNESCO 1995]。現在のユネスコエコパークでは、この持続可能な社会づくりの取り組みが行われる「移行地域」が登録に際して重視されている。

綾町は、日本で初めて「移行地域」を伴ったユネスコエコパークであり、照葉樹林の生態学的な希少性のみならず、奥山と流域をともにする「移行地域」における長年の有機農業による地域づくりなどが高く評価された[UNESCO 2012]。つまり、奥山の照葉樹林の保全だけでなく、人里における農業やそれを基盤にしたまちづくり全体が、持続可能な社会づくりのモデルとして国際的にも評価されたといえるだろう。

6 環境保全に「ふれあい調査」が果たした役割

地域固有の自然に対する価値の掘り起こし

綾町の環境保全の展開において、「ふれあい調査」はどのような役割を果たしたといえるだろうか。当初は、綾プロジェクト（照葉樹林の保全）に住民が関与するきっかけとして導入されたが、上畑地区の「ふれあい調査」では、照葉樹林ではなく、人里における身近な自然との関係を調べた。その結果、「ふれあいランキング」（表10−1）や「ふれあいマップ」（図10−3）のように、地区内を流れる綾南川の存在や川遊び、魚釣り、「食べた」動植物、点在する「水神様」や「しゃべる石」の存在などがクローズアップされた。上畑地区の「ふれあいマップ」づくりの過程においても、住民に下絵を見せて意見を聞くと、異口同音に川の形や橋などの位置関係について細かい修正点が出された。

こうしてマップ等に書き込まれた要素は、ただの客観的な情報ではない。身近な自然の中でも、川の遊びやアユ釣りがよく語られたり、動植物が「食べた」かどうかで判別されたり、道端にある石が「しゃべる石」として意味づけられるのは、上畑地区の住民たちの自然に対する価値づけの表現でもある。ここでは、個別の自然との関係にどんな価値づけを行っているかだけでなく、日常の中で無数にありえる自然との「ふれあい」のなかで、そもそもどんな自然との「ふれあい」がクローズアップされるのかということから認知の世界も表現されている。それゆえに、具体的な「ふれあい調査」において記述される対象は地区ごとに異なるし、その内容も異なる。たとえば、古屋地区の冊子では、同じ水でも農地の水の確保に苦労した話が真っ先に登場し、遠足の舞台となった三本松からの眺望や「うねび焚き」などの神事等が強調されている。

このように、「ふれあい調査」はその地域や住民の自然に対する多様で固有な価値を浮かび上がらせる。ただし、それらは住民にはかならずしも常日頃から意識されているわけではない。むしろ、上畑自治公民館の小西さんが、「僕にとってもよかったわけよ。新しい、いろんな話が聞けたし。あの人はここの山のことも知ってるんだ、って聞いたし。それで仲良くなったもん、そのおじさんと。小学校六年から炭焼きしてたとかね」(二〇一五年九月三〇日の聞き取り)と語るように、「ふれあい調査」が行われなければ、住民間でもその存在すら知られることがなかった出来事や思いも多かった。とくに子どもや若い世代には知られていないことも多い。小西さんは、「ふれあい調査」の成果をマップにして地区を案内することに使いたいと考えていたが、それは単に観光客相手のツアーをやるだけでなく、「子どもたちが知らないから、教えとかないといけないと思って。(中略)もう自分の子どもが大きくなるにつれ、外で遊ばんなぁ、川にも行かないなぁ、部活動ばっかりだなぁ、と。僕たちのときはもう、日曜日になったらばーって公民館に集まって。まず公民館の掃除があったんです。掃除して、その流れで遊んでましたもんね」(二〇一五年九月三〇日の聞き取り)と振り返っている。

つまり、「ふれあい調査」は、特定の地域の具体的な人と自然のふれあいを、その当事者も交えつつ調べて、目に見えるかたちにまとめたり、それらを活用したりすることで、その地域に潜していた自然に対する多様な価値づけを掘り起こして顕在化させている。「ふれあい調査」で顕在化された自然に対する多様な価値は、従来は日常の生活に埋もれて価値あるものとは考えられてこなかったものも多い。地域づくりワーキングのメンバーが、上畑のふれあい調査と東京・神楽坂の視察を経てはじめて、綾町にある価値を再認識したことはその典型例と言える。

連鎖的な価値の顕在化の動き

さらに、顕在化された価値が社会的に承認を得ることで、また別の価値を連鎖的に顕在化させることもある。上畑地区での「ふれあい調査」で顕在化した自然に対する価値づけは、その地区の歴史や文化、アイデンティティとも強く結びついたものだった。それが目に見えるかたちで示されたことによって、「ふれあい調査」による価値の顕在化の意義が認められて、他の地区での「ふれあい調査」の実施とさらなる価値の顕在化に結びついている(図10-4)。

綾の環境保全にとって大きな節目となったユネスコエコパークに関しては、遅くとも二〇〇九年七月の会議で申請の提案がなされた[朱宮ほか 2013]。ちょうどその頃、「地域づくりワーキング」では、独自の活動を模索して六月に上畑地区の「ふれあい調査」を視察しており、翌二〇一〇年二月の神楽坂の視察を経て、ユネスコエコパークに申請するための動きを活発化させている(表10-2参照)。

しかし、当初は住民主体の「地域づくりワーキング」でも、奥山の照葉樹林の保全と人里の有機

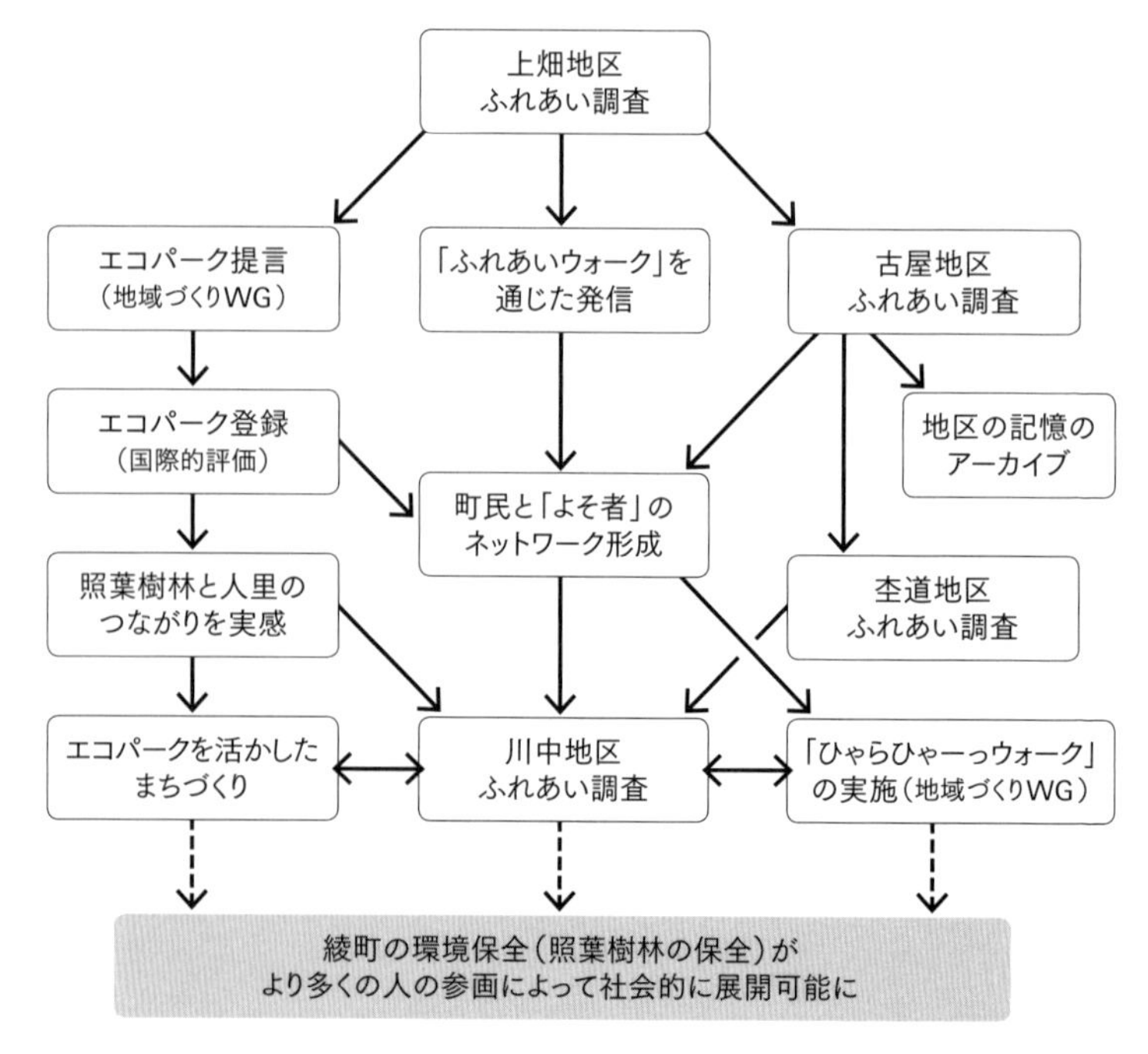

図10-4　上畑地区「ふれあい調査」をきっかけとした連鎖的な価値の顕在化の動き

農業によるまちづくりの関係が理解しにくいと言われていた（「地域づくりワーキング」議事録より）。一方、視察に行った上畑地区の「ふれあい調査」では、綾南川やアユ釣りなどに対する価値づけが顕在化されており、背景にその源となる照葉樹林の山々の存在が浮かび上がっていた。こうした具体的に顕在化された価値づけが、綾町民からなる「地域づくりワーキング」に、綾町のまちづくりと照葉樹林の保全を結びつけて認識させ、ユネスコエコパークの求める持続可能な社会づくりについて具体的なイメージを与えたことは想像に難くない。

じつは、綾町の照葉樹林の保全の原点となった一九六七年の照葉樹林伐採の反対運動では、照葉樹林の伐採が川で育つ「黄金のアユ」を絶やしかねないと、アユと川を媒介にして森と人間の関係を結びつけていた[郷田・郷田 2005]。その意味では、上畑地区の「ふれあい調査」から始まり、ユネスコエコパークという国際的な承認を得るまでの一連のプロセスは、綾町の照葉樹林保全の原点となった自然に対する価値づけと同様のものを、半世紀以上の時を経て波及的に顕在化させたとも言える。

そして、二〇一四年からは、照葉樹林の山々の中にある川中地区において、「てるはの森の会」や「地域づくりワーキング」のメンバーによって「ふれあい調査」が行われている。現在、川中地区には居住者はおらず、従来の身近な自然に着目した「ふれあい調査」とは少し異なる意義を持つと言える。ここで顕在化されたのは、照葉樹林の林業の記憶や、町内外から篤い信仰を集める川中神社の信仰を通じた、綾町民の奥山の流域レベルの自然に対する価値づけである。身近な集落レベルを超えた流域レベルの自然に対する価値づけは、ユネスコエコパークなどの国際的枠組みとも直接的な接点をもっている。

「よそ者」がかかわることの効果

一方、「よそ者」が「ふれあい調査」という価値の顕在化に携わること自体の効果もある。先述のように、結果的に「てるはの森の会」が専門家等の助言を受けながらも調査を企画運営することになり、その過程で綾町の住民と密接にかかわることになった。その結果、「「てるはの森の会」の強みになったかなって。それによって私たちも綾町の人をものすごく知ることになったし、いろんなことで今も助けてくれる人いっぱいいるから。(中略)この人に聞けばどうしたらいいか教えてくれるっていう人がいっぱいできた」(二〇一五年九月二七日、相馬さんの聞き取り)と言うように、宮崎市の市民を主な会員とする「てるはの森の会」と綾町住民との交流が生まれている。川中地区の「ふれあい調査」が、町外住民主体の「てるはの森の会」と町内住民主体の「地域づくりワーキング」のメンバーの協働によって実現したことは、こうした交流の効果と言えるし、綾町のまちづくりと照葉樹林の保全を具体的につなげる点で今後も注目すべきだと考えられる。

住民が環境保全に参画する価値づけの創出

このように綾町の「ふれあい調査」は、自然に対して住民が抱く多様な価値を顕在化する作業であると言え、また、こうした顕在化が連鎖的に別の価値を顕在化させる「きっかけ」にもなっている。顕在化された自然に対する価値づけの多くは、日常に潜在していて地域の歴史的文脈に強く依存するような根源的で個別性の高いものだった。しかし、だからこそ綾町で暮らす住民にとっては、その意味を直感的に理解しやすく、照葉樹林の保全に関しても住民なりの意味を見いだし、新たな価値づけを行いやすいと考えられる。少なくとも、「鉄塔問題」や綾プロジェクトが住民の参画に頭を悩ましてきた経緯を踏まえれば、照葉樹林やその生態系の学術的な希少性など、綾町外からの一般的な価値づけは住民に共有されやすいものではなかった。

そして、「ふれあい調査」を振り返った小西さんが、「もし、こういうふれあい調査をやるんであれば、そこを動かす人を見つけて入ったほうがいいよ、って思うのよ。まず人を見つけてそこから入らないと、「はい、できました、誰も動く人いません。終わり」なのよ」(二〇一五年九月三〇日の聞き取り)と語るように、「ふれあい調査」の成果物のかたちとその活用に関しては、地区側のカウンターパートとなっていた自治公民館の意向と機能が大きな役割を果たしている。つまり、価値の顕在化の連鎖や、環境保全に対する住民なりの新しい価値づけのしやすさには、住民自身の自治能力が大きくかかわっていると言える。

結果的に、綾町における「ふれあい調査」は、地域に潜在していた自然に対する固有の価値を顕在化することで、住民の自治やまちづくりに新しい観点から照葉樹林の保全を組み込む役割を果たした。それが、従来の「照葉樹林の保全」には関与しなかった人たちが、結果的に綾町の環境保全に参画する社会的な状況を生んだのである。

7 自然に対する多様な価値を活かすために

綾町の「ふれあい調査」とその波及を見るに、地域に潜在している自然に対する価値を顕在化することは、多様な自然との関係を守ろうとする活動に対して多様な動機を見いだすことにつながっている。そのため、より多くの人の協力を得て、持続可能な社会をつくるような環境保全に貢献していると評価することができる。そこで見いだされる多様な価値は、環境保全の「厄介者」

ではないことも明らかだ。

もともと、自然に対する価値が目に見えるかたちで顕在化していれば、たとえば、上畑地区で綾南川に関する価値づけが多かったように、その地域や住民にとって何が「守るべきとされる自然との関係」なのかが事前に予測しやすくなるし、それを活かして環境保全の具体策を練ることもできる。つまり、具体的な環境保全のプロジェクトを起こす前に、価値の顕在化を図ることができれば、ボトムアップで効果的な環境保全の取り組みをデザインすることが可能になる。その意味で、「ふれあい調査」のような自然に対する価値を積極的に顕在化させる手法は、環境保全のプロジェクトを先導するものとして位置づけるべきだろう。また、こうした事業や計画のデザインのあり方こそ、事業が行われる前の意思決定段階で、効果的な環境保全を盛り込む戦略的環境アセスメント（SEA）の理念にも合致し、より社会に根差して「主流化」した環境保全につながると考えられる。

もちろん、こうした顕在化した多様な価値を、環境保全のプロジェクトに反映させる具体的なプロセスの構築にはまだ課題もある。綾町の「ふれあい調査」は、もともと綾プロジェクトの一環として取り入れられた。ところが現状では、綾プロジェクトは、奥山において「原生的な照葉樹林を厳正に保護するとともに、この照葉樹林の周辺に存在する二次林や人工林を照葉樹林に復元する」ことを目的とした動きに限られており、「ふれあい調査」とそれをきっかけとする人里における諸活動のうねりをかならずしも十分に取り込めているわけではない［朱宮ほか 2016］。

その要因は、住民の自然環境そのものに対する意識が低いからではない。なぜなら、住民の個別性の高い自然に対する価値づけに関しては、まちづくりの中で意味が見いだされて、その社会に根付いているからである。また、綾町が半世紀近い時間をかけて自治公民館のような独特の政策によって住民の自治能力を涵養してきたことを考えれば、綾プロジェクトによる奥山の活動や制度が、住民自治を含めたまちづくりの力を活かしきれていないことに問題があるととらえるべきだろう。

そうだとすれば、顕在化した綾町の自然に対する多様な価値づけを、照葉樹林の大半を占める国有林の管理のあり方において、事業目的を含めてどう位置づけることができるのか。また、それを可能にする予算措置や手続きなどを含めて具体的な設計をどう構築できるか、という国(林野庁)や自治体(綾町や宮崎県)といった「ガバメント」の環境保全に対する参画のあり方がきわめて重要である。

綾プロジェクトが綾町の住民に浸透して「持続可能な社会づくり」が行われ、綾町独自の新しい「照葉樹林文化」ともいうべきものを形成できるかは、こうした課題の解決にかかっている。つまり、「ふれあい調査」のもつポテンシャルを環境保全に活かすためには、顕在化した個別性の高い自然に対する価値づけに基づいて、環境保全にその土地ならではの意味づけをできるかどうか、それを実現する社会的な仕組みを整えることができるかどうかが大きく影響する。換言すれば、環境保全が「社会に順応する」ことが大切なのである。

この課題を乗り越える糸口としても、「ふれあい調査」は貢献する。実際、「よそ者」が主体だった「てるはの森の会」が、「ふれあい調査」を通じて綾町のコミュニティ内に新しくネットワークを形成し、それを活かしながら住民主体の「地域づくりワーキング」と協働で川中地区の調査を始めるに至ったことは象徴的である。また、「ふれあい調査」は、身近なものでも流域レベルでも、どこまでも具体的で固有な自然に対する価値づけを顕在化するという性質をもつ。そのため、川中地区の「ふれあい調査」は、住民の個別の記憶や信仰などの具体的な価値づけから、奥山と人里をつなぐ自然に対する価値づけを顕在化することができる。これが、今後の綾プロジェクトとまちづくりを流域レベルで結びつけるアイデアを生み出すきっかけになるだろう。

このように、その場所に固有で具体的な自然に対する多様な価値を顕在化していくことによって、それを環境保全に活かすための地域社会に根差した人的なネットワークやその地域固有の具体的なアイデアを生み出すことができる。それは、環境保全が「社会に順応する」ための入り口でもあり、そのプロセスをデザインすることにも貢献する。目指す「順応的ガバナンス」の姿は、その先に見据えることができるはずだ。

第11章

空間の記憶から環境と社会の潜在力を育むために

岩手県宮古湾のハマと海の豊かな記憶から

■福永真弓

1 はじめに——社会的営みとしての「想像」

順応的な環境ガバナンスの難しさは、よくわからないゴールに向かって、日々生まれる課題にそのたびに対処し、ゴールをそのたびに修正しながら進み続けなければならないところにある。対処の結果がいつどこに、どのような時空間スケールで影響を与えるのか。実践と評価、フィードバックと再調整のリズムを刻みながら、金銭、人手、制度、対処できる時空間スケール、どうしても解決できない複数の合理性のズレなどの条件をにらみつつ、課題の解決あるいは状況が維持されたりよりよくなったりするよう考えねばならない。

よくわからないゴール、と言ったのは、私たちがもはや、ある完璧な原型の自然環境が目減りしないように、どうにかして維持する、保全する、という環境保全の時代に生きてはおらず、完璧な原型という理想像に「戻す」ことを到達すべき目標にもできないからである。生態系、土や大気などの物理的環境、人間社会はそれぞれ、異なる時空間スケールと固有のリズムをもって動きながら多様に存在している。そのなかで私たちは、すでに開発されたり、大半が人工物（コンクリートの灌漑設備の農場）や、人工的に再生産過程を経ている生物群（育種）で占められたりするような「自然環境」をかたわらに、多様な不確実性（科学の、社会の、自然の、など）のもと、複数のスケールとリズムをうまくつかみながら、「何をゴールと見据えるか」から決めることが必要になる。

また、ゴールを考える上では、ガバナンスから距離を取り、その営み自体を批判的に自省することも必要となる。「よい」ことや「よりよい」ための基準もまた、時代や状況、文化的背景などによって大きく異なりうるし、誰がそれらを考え、評価するのにふさわしいのか、それらがどう社会的に承認されうるのか、ということも問い続ける必要がある。なぜなら、それらを考慮しないガバナンスは、統治の仕組みを形式的な水平性に合わせただけの、強権的な統治に転倒するからだ。

かくも、順応的環境ガバナンスのゴールを見いだすのは難しい。では、どうやってゴールを見いだせるのか。あるいは、人びとはどうやってゴールを見いだす力を持ちうるのか。本章では、この問いへの答えの一つとして、想像すること、想像する力を人びとが自らのうちに育むことについて、事例をもとに考えてみたい。重要なのは、過去の記憶から地域の環境と社会のかかわりの多様さとその幅、質、その背景にある社会の価値観をたどり、実際にその想像が現実化しうる、社会と生態系のポテンシャルの程度について把握できるすべを持つことである。どういうことか少し考えてみよう。

たとえば、私たちが、もっとホタテがよく太り、おいしくなる湾にしたいと考え、それを目標の一つとして、湾の環境を順応的に管理する社会の仕組みをつくろうと努力しているとしよう。この場合、ここにはホタテがよく太り、人びとがそれによって恩恵を受けられる社会がありうる、という想像が先にできなければ、このような目標は設定できない。その想像に基づいた「ここまで近づけた、あるいは近づけなかった」という評価もできない。想像はつねに目標に先んじるものであり、評価やフィードバックにおいてもつねに軸として参照されるものである。そして新たに目標がつくられるときには、想像もまた新しく想い起される。人びとの想像の力いかんで順応的環境ガバナンスはその全体像が大きく変わりうるのであり、その想像の多様さ、幅を生み出す想像の力を持てるかどうかが、じつは人間社会側にとって重要な底力のありかとなる。同じ環境を目の前にしても、資源がただ先細りしていき、その環境ではその資源を利用する社会を維持することが難しくなる場合もあれば、想像する力によって、環境に潜む新しい可能性から資源を利用し続けることができるよう、違う展開の未来を描ける場合もあろう。

これまで私たちは、人びとの環境と社会に関する想像がどのようになされうるか、想像の力とは何か、ということ自体を問題にはしてこなかった。順応的環境ガバナンスの議論で問題になってきたのは、誰もがたやすく一定の未来を想像しうるという前提のもと、異なる参加者の多様な想像のあいだで、誰による想像が実際にガバナンスの中心にあるのかという権力問題や、どうやって共通の目標を設定するか、その点に関する合意や社会的承認の問題、あるいは、金銭、人手、制度、対処できる時空間スケール、どうしても解決できない複数の合理性のズレなどの条件の折り合いをどうつけるかという問題であった。

想像そのものが問題とはなってこなかった背景には、単純に人びとが持つ想像力への信頼があったかもしれない。しかし、想像は実際のところ、個人がもつ、あるいは集団がもつ経験や知識、場所の感覚に依存する。その意味で想像は、社会的要因や環境に依存する、社会的営みである。ゆえに、目の前の自然の履歴と未来を想像するには、自然に関する経験やそれを社会的に共有できる装置がなければ難しい。

本章では、そのことに着目しながら、想像する力を育むにはどうすればいいかを具体的に考えてみよう。そのためにも、まずは経験と直観、そこから導かれた未来への想像について、自分の言葉で捕まえている人びとの営みと言葉を明らかにしよう。鍵となるのは、潜んでいる人間社会と自然環境の可能性を捕まえた人の物語と、潜んでいる可能性の幅を豊かに語りうる人の記憶の物語である。そして、彼らの言葉を手がかりに、想像の力を育むための具体的な試みについて論じてみたい。

2 気づきと記憶——潜んでいる可能性を見いだすために

まだ見ぬ価値を想像させ、現実化させた「海の力」

まずは、あるカキ養殖漁師が経験的に培ってきた想像の力について、想像の力を持ちえたきっかけと、その想像から潜在的な価値を見いだし、現実化した彼の物語から考えてみよう。

岩手県宮古市赤浜堀内集落でカキの養殖[1]を手がけてきた漁師、山根幸伸さん(五八歳)は、収穫時期の違いを利用してカキとシューリ(ムラサキイガイ)を養殖している。宮古湾のカキは、一般のカキの季節よりも遅く、宮古で梅と桜が咲く花見の頃、四月から五月が食べごろになる。つまり、市場でカキのシーズンが終わった頃に出荷時期が来るので、市場での値が悪かった。しかし、時期のズレは、堀内の養殖漁師にとっては「当たり前」であり、その時期のカキが最もおいしいのは確かである、ならば地元の人に向けて、おいしく食べてもらえるようにしたほうがいいのではないか。山根さんはそう考えた。

そこで二〇〇二年から、時期の遅さはそのままに、カキを二年ないし三年かけて一般のカキの大きさの三倍ほど(一個五〇グラム)に育て、花見カキとして地域ブランド化した。旬の時期がずれるという当たり前を、この地域ならではの価値として現実化したのである。花見カキは、生産に大きな打撃を受けた東日本大震災後も、集落の他の三人の漁師たちとあわせて年間八〇〇〇個ほど生産されており、宮古市民の台所である宮古魚菜市場に並ぶと、三〇〇個が約二〇分で売れていく。その多くは都市部に住む子どもたちや親戚、友人らに宮古の自慢の一品として贈るために買われる。そのことが、直売所と宮古市内での販売にこだわる山根さんの自慢になっている。

山根さんはこの花見カキの物語を、もう一つ別の物語と結びつけて語る。花見カキというまだ見ぬ価値を潜ませることができる、海の力の物語である。それは一九九九年、東京大学による宮古湾のニシンの初期生態に関する研究[2]のため、ニシンの稚魚捕獲を頼まれたときのことだった。そのときあることに気づいたという。

「(定置漁業では)いつも小さいものは狙わないし、稚魚なんて透明だし見えんのかと思ったけど。本当にいるのかなと思ったら、いるんだね。湾の、伏流水が湧いているところ、藻(アマモ)がゆらゆらってしてるところにいた。タモ網ですくったら入ったんだ。この、前の海(宮古湾の堀内集落の前)なんて何にもいないと思ってた。なあんもないとこだって。なあに、ちがうんだね。いるんだよ、見えなかっただけでね。(中略)結局ね、そういうこと、それは力があるってこと、海の力がね、あるっていうこと。カキができるのはそれがあるからだと思っている。(中略)港のあっち側はほとんど埋め立てられたけれど、こっち側はまだ砂浜が残っているから。結局、力がある。海の力ね。だから環境を大事にしないとと思って、藻場・干潟を考える会をつくった。ああ、環境っていうのは、普通の環境保護ではなくて、漁師だから、魚がいっぱいとれますように、という環境保護だからね[3]」。

山根さんが気づいたのは、彼が言う「海の力」と、それがあってこそ生み出しうる新しい可能性である。山根さんは東京で働いた後、地元でサケの定置網のカゴ(網子)として船に乗ることから漁師を始め、カキ養殖をするようになった。そのときは、集落の目の前の海は「なあんもない」海だと思っていた。だが、ニシンの稚魚が教えてくれたのは、「湾のこっち側」、宮古湾の東側に、小規模の漁港部分を除きすべて残っている岩場と砂浜や、重茂半島や津軽石川奥にある森林の生む伏流水と川が運ぶ砂と栄養素の豊かさがあるということだった。それらは、十分な伏流水を生み、藻を育み、循環を支える。そのような、「海の力」があることに山根さんは気づいた。

そこで山根さんは、二〇〇〇年に県、市や東北区水産研究所（国立研究開発法人水産総合研究センター）と共同で「宮古湾藻場・干潟を考える会」をつくった。宮古湾の生産性を支える「海の力」を維持し、さらに力強いものにするためである。そして「海の力」のことを念頭に、カキの生活史の地域性を生かした花見カキの現実化を進めた。それは、宮古湾の中にあった「海の力」[4]に気づいた山根さんが、そこに潜む花見カキという「まだ見ぬ価値」を想像し、現実化した物語である。山根さんの想像の力は、「海の力」の気づきから生まれたのである。

かつての海の力を語る人と、津波が届けた海の力の証

一方で、五〇グラムという花見カキの大きさが、宮古湾では珍しい大きさであると評価される今の状況を、残念だなあと思う人も同じ湾にはいる。今度は、かつての「海の力」の話から、そこにあったけれども見えなくなった、「あったけれど、もうわからない」ハマと価値を知る人、その人の持つ想像力について論じてみよう。

二〇一五年の夏、宮古湾の西側、高浜に住んでいる中嶋哲さん（八四歳）を訪ねたときのことである。長らく宮古水産高校で教鞭をとり、サケの中骨缶詰の生みの親として地元でも有名な中嶋さんは、山根さんの集落の向かい側、宮古湾の高浜地区の住民で、ハマをよく知っている人であ

る。かつて実家は高浜の巾着網の網元であった。高浜で埋め立てが進んだ後も、暇があれば残されたハマを歩き、今では誰もがあまりしなくなってしまった海藻拾いをしながら、ハマの変化と海の観察を欠かさない。

中嶋さんは、震災後に打ち上げられたアカガイや、高浜の海岸では数十年姿を見なかったというオオノガイ、大きなマガキやアワビ、それらのたくさんの稚貝を拾い集めたものを、次から次へと箱から引っ張り出しては、身を前に乗り出して説明をしてくれた。

「むかしはこういうの(オオノガイ)がハマのぴょーんと引っ込んだところにいたのす、もう絶滅したと思ったら、出てきて、(興奮して)あっづくなっててんのす」。

その貝たちは、ここ一〇〇年、二〇〇年のハマが育ててきたものを津波が湾の中から掘り起こし、出してきてくれたのだという。ここ六〇年から七〇年のあいだ見られなかった、すなわち、中嶋さんが小さい頃に獲ったり見かけたりしてからこの方、見ることのできなかった貝の種類だった。中嶋さんは、津波がハマに打ち上げた掌(てのひら)よりも大きなオオノガイを右手に、左手の指で親指の先ほどの小さなオオノガイの殻をざらざらとかきまわしながら、「これ(小さいオオノガイ)手えつけなければス、閉伊川(へいがわ)と津軽石の川は長い間に土砂を運んでくれるのです、それを大事に守っていかねば、何年かかっかわかんねけども」と、ハマや干潟を育てることと、貝類の大きさと種類の豊富さのつながりを強調した。このような中嶋さんの言葉の背景には、すでに失ってしまった、しかしいつでもふつふつと彼の中に湧き出ているハマの豊かさの記憶がある。

しかし、そのハマの豊かさの記憶は、人間活動による川の汚染やハマ痩せ、埋め立てによるその豊かさの喪失と表裏一体であり、中嶋さんはつねに豊かさと人間活動による変容を一緒に語ってきた。とくに言及されるのが二つの変容をもたらした原因である。

閉伊川には下流を少しのぼったところにラサ工業会社の宮古工場（一九三七年工場建設、当時はラサ島燐鉱株式会社）がある。宮古湾北部の田老鉱山から硫化鉱を採掘して運び加工していたこの工場は、一九五〇年代から六〇年代にかけて最盛期を迎えていた。この工場については、亜硫酸ガス汚染、汚水の流出が戦前から問題になっており、内水面漁業はその対応に長らく苦しんできた。ちょうど水質汚濁防止法が施行される直前の一九七一年六月一日には、硫酸の流出事故により、稚アユが数十万匹死ぬという事件も起きている[宮古市教育委員会市史編纂委員会編 1991: 493]。

その後は水質汚濁防止法の施行などにより汚染は止まり、現在では水質は向上した。しかしちょうど、ラサ操業による汚染と前後して始まったのが、宮古湾の西側の大規模な港湾開発と埋め立てであった。一九五三年に出された宮古港総合整備計画大綱に従い、大型船発着の港湾開発と工業用地利用を見込んだ大規模埋め立て開発が本格的に進んだ。遠浅の海の砂は、国道四五号線をはじめとする道路工事のために用立てられ、浚渫は進み、失われていった。かくして、かつて須賀と呼ばれていた藤原・磯鶏の広大な砂浜とその間に点在する磯、高浜、津軽石、赤前とつながった遠浅の干潟と砂浜は（写真11-1）、度重なる浚渫・造成・埋め立てを経験することとなった（写真11-2）。藤原・磯鶏須賀は、一九八三年には完全に姿を消し、現在に至っている。現在でも唯一残る藤の川の砂浜は、埋め立て反対運動の成果として残ったものである。

中嶋さんの眼の前の高浜の海も、チリ地震津波(一九六〇年)後、国道工事用に砂が採られ、サス(砂州)とワンド(湾処。ここでは、浜から半島状に突き出た砂地が入江をつくっている場所を指す)と呼ばれるところがなくなってしまった。

「それ(サスとワンドがなくなったこと)がほんと悔やまれるんだよね。楽しかったんだよね。ホッキからマデガイとかガガミ(クリガニ)もいれば、うん、藻が多いから、その中にはウナギもいるしカニもいるし、タツノオトシゴとかヨウジウオとかいたったよな。

その頃はワンドの中が泥で、ウナギが冬眠しているんですよ、土の中でウナギが冬眠してるんですね。船で、ウナギを捕るアレ、「ウナギ掛け」つぅのをやるんですよ。そうすっとこんなの(肩幅ぐらいに手を広げる。四〇センチメートル強)が引っかかってくるンですよ。それは春先。ウナギも豊富だったですね。そのようなのな、この浜だったです」[5]。

ウナギは、ハマの近くに住み、よくハマで遊んでいた人びとにとっては、かつての海の豊かさを象徴する存在としてよく語られる。一八九三(明治二六)年の宮古湾の秋鮪建網漁三ヶ統で獲れた魚種の記録からも、マグロ以外の雑魚で筆頭に上がるのはウナギ(降りウナギ)である。単年度の記録から資源量をきちんと評価することはできないが、証左の一つにはなるだろう。また、宮古湾に砂浜を供給する津軽石川、八木沢川、閉伊川いずれにおいても、アユやカジカとならび、か

写真11-1・11-2　宮古湾西側の埋め立て前（1948年）と埋め立てが進んだ姿（1977年）.
出所：国土地理院空中写真閲覧サービス

つての川の豊かさを示す存在でもある。オキバリやドウを使ったウナギ獲りの話は、川で遊んだ人びとが競うように語り合う記憶でもある[6]。つまりウナギは、ハマのある湾と、そこに注ぐ河川に共通する豊かさの指標でもあった。

豊かなハマの記憶があるから、中嶋さんは震災後も、壊れた堤防の近くに現れた干潟と小さな砂浜を、立ち入り禁止と言われようと、慈しんで歩いて、貝と海藻を拾う。慈しむのは、干潟と小さな砂浜は、防潮堤が再建されれば再び消えてしまうことがわかっているからだ。中嶋さんにとって、ハマに打ち上げられたたくさんの貝殻は、ここ一〇〇年、二〇〇年、河川や沿岸が大きく変わってきても う二度と得られないかもしれないもの（大きなカキやアワビ）と、これからまだハマがその生態系のポテンシャルを発揮しうるかもしれない可能性と期待（小さなたくさんのアカガイ）、その両方を表すものである。それらは、高浜のハマとともに過ごしてきた中嶋さんが想像した豊かさを、ハマが実際の貝というかたちで目の前に示してくれた、かつての海の力の証である。そして中嶋さんに、「何年かかっかわかんねけども」、かつての海の力がまだこの宮古には眠っている、大事にすればまた得られる、という具体的な想像をもたらす源でもある。

さて、これまで、海の力に気づき、そのなかに潜んでいた価値を現実化した山根さんの想像の物語と、「あったけれど、もうわからなく」なってしまったハマと海の力に関する豊かな記憶から想像を生み出す中嶋さんの記憶の物語について描いてきた。この二つの物語をもとに、もう少し考えてみよう。

3 環境の潜在力を語る記憶と物語

物語が語りうる海の力——環境の潜在力を想像する

二人の物語にあった海の力とはいったい何か。あらためて考えてみると、山根さんの花見カキの生産を可能にした海の力、中嶋さんの記憶にあり、震災後打ち上げられた貝が示した海の力は、経験的に二人が見いだし、二人の未来を想像する力となってきた、目の前の海の潜在力そのものである。

潜在力という言葉から、人と環境の将来を考える指標としてよく用いられる環境容量を思い起こす人もいるだろう。環境ガバナンスにおいて重要な指標として用いられてきた環境容量は、ある環境の中で生物が生きられる最大数の限界をはじきだし、その環境収容力を減じることない人間活動の総量はどれくらいかを問う概念である。環境容量と環境収容力は、自然環境の状態とその将来予測について、流域や湾内の水質の変化、栄養塩の流入量や循環、生物生産量などの自然科学的データを用いて算出する。それに基づき、具体的な規制や政策を練るための指標と、その指標内に収めるための人間活動のシナリオがつくられる。

他方、山根さんと中嶋さんが語る潜在力は、環境容量ではうまく表現できないことも表現しうる。二人の語る潜在力は、地元のハマに触れ、水産に携わるなかで蓄えてきた、経験的な知見からの理解や予測に基づいたものである。それらをもとに物語られるのは、山根さんが見いだした、ニシンの稚魚と伏流水、藻場、森林、花見カキを育む海の生物生産と循環の連関性である。そして、中嶋さんが語る、人間活動による汚染や開発に伴い、その生物生産と循環の連関性が途切れて、ハマの豊かさが喪失していくという相関性である。物語られた潜在力は、このような循環性や相関性を、複数の時空間スケールのもとで表すことができる。じつはそのような表現は、環境容量や科学的説明では難しい。しかし、物語であれば、中嶋さんが幼くハマを走りまわっていた頃から現在に至るまで、中嶋さんの人生というのぞき窓を借りて、私たちは自然環境の循環性や人間活動とハマの変化の相関性について知り、考えることができる。彼が表現する音や匂い、触り心地や味までが加わったその窓は、私たちを鮮やかな想像へと誘う。

物語が物語られるとき——聞き語りの可能性

言うなれば、物語は人びとに、ある人の人生の窓を借りて、そこから、過去の一時期の自然環境と人間のかかわりを想像することを可能にする。その物語的説明に根差した想像は、科学的説明とは異なるかたちで人びとを動かす。少しそのことを考えてみよう。着目したいのは、ある物語が聞き手によって、一貫性があり真実と考えるに足ると判断されたとき、物語は人びとのあいだで共有され、時にその人たちの行為や言動を支える物語となっていくということである。

なぜそれが可能かは、物語るという行為と物語がもつ特性に由来する［野口 2002: 22–29］。物語るという行為は、話者の現実を組織化する。語ることによって人びとは自分が把握可能な世界をきちんと序列づけ、意味あるかたちでまとめ上げ、現実を自分で認識しうるように整える。また、科学的説明と異なり、物語的説明では、必然性ではなく、偶然性を多く記述することが可能になる。そして人びとは、物語ることで、出来事や物事、人びとの営みや環境そのものの空間的配置や時系列について把握することが可能になる。最後に、そのように語られた物語は、次に何かあったときに繰り返し引用されることによって、人びとの世界を見るまなざしや、今の現実をどのように判断するのか、その判断基準に影響を与えるようになる。ハマのかつての豊かさを知ってあらためて見たとき、目の前のハマを「ああ、そのときの豊かさを持ち合わせないハマなのだ」と思うのは、すでにハマの物語が、あなたの世界の見方と、その世界がどのようなものかを判断する基準を変えているからである。

この物語の特性については、一九八〇年代以降に急速に広がったナラティヴ研究やエスノグラフィー研究の中で広く論じられてきた。実践とのかかわりでいうと、医療や看護の現場において、科学的な説明や合理性では割り切れない領域こそ、ケアを行う上では最も重要な領域である、という認識のもとで発展してきた。そしてこの分野では実際に、物語ることを軸に、ケアをする人とされる人のあいだ、医者や看護師、理学療法士など専門家と患者のあいだ、患者同士、患者と他の市民のあいだなど、複数のあいだの対話をつなぎ、それによって、社会関係の改善や精神的状態の維持、回復を試みるなどの、物語を通じた社会的介入が試みられてきた［荒井 2014］。昨今では、物語ることから見える民俗の姿を、ケアされる人とともに描写する介護民俗学も注目を集めている［六車 2015］。

環境の現場でも、物語の特性を活かした実践は行われてきた。もともと民俗学や環境社会学の分野では、聞き書きという営みを通じて、物語として語られる過去から現在に至る人間社会と環境の変容を描写することが広く行われてきた。また、環境社会学は、学問分野として自身が成立したときから、公害や災害の被害者の声を丹念に聞き書きから拾うことを、環境社会学たる由縁、学問的礎の一つにしてきた。そして、数値や項目分けの中では見いだせない被害の姿や、その人の人生だからこそ問題になる被害の固有性、被害同士が連鎖しているがゆえに見えなくなりがちな被害の全体性を明らかにしてきた［福永 2014］。そこで活かされているのは、科学的説明が不得意とする部分を可視化し、被害とは何か、そこからの回復とは何かについて、人びとに想像と理解を促すという、聞き書きの持つ特性である。

このような物語と聞き書きの特性を活かしながら、順応的環境ガバナンスに必要な想像の力を育むことは可能だろうか。山根さんや中嶋さんの物語が示すのは、人びとの人生というのぞき窓を借りた物語が、聞き語られることで人びとに想像を呼び起こすこと、重なった記憶の物語の可視化が、人びととの想像の力を広げるという可能性である。次に、その可能性を生かした試みについて論じてみよう。

4 絵地図という手法――複数の世代の記憶から紡ぐ環境とのかかわりの履歴

空中写真と誰かの記憶の物語というメディア

忘却することは、日常を生きていくために、人間にとって重要な営みである。それゆえに、人と環境のかかわりのなかで、開発や産業化の影響を受けて変化した状態のものは、変化した状態がいったん自明の理となって日常の縁に沈んでしまえば、「今、ここ」で思い出されて浮かび上がってくることは難しくなる。しかも、冒頭の山根さんが、最初に海の力に気づく前に、目の前の海のことを「なあんもない」と考えていたように、たとえ毎日漁師として海に向き合っていても、自然と社会の潜在力そのものも、平生の生活では認識が難しいものでもある。だが、誰かの記憶の物語を重ねたとき、潜在力は人びとの前に直観的に理解できるものとして現れ、人びととの未来に向けた想像の源になる。そして、忘却の淵で「なかったこと」にされていた物、事柄、空間が姿を現す。

物語の力を活かして想像の源を地域社会に育めないだろうか。そのためにも、流域と湾に関する物語を、どうしたら語ってもらえるか。私がそのことを考えながら宮古湾の話を聞いていたとき、一九四八年の空中写真を見た五〇代の男性が、「懐かしいねえ、こんなだったんだものねえ、これぐらいハマだったんだよね、涙出てくるな」と少し黙りこみ、それからとても詳細に、ハマ遊びの話をし始めた(7)。

空中写真や昔の写真が人びとの記憶を呼び起こし、物語る行為を促すことは、琵琶湖博物館が一九九七年に行った琵琶湖の生活史調査でも明らかにされている［滋賀県立琵琶湖博物館 1997］。記憶をたどるとき、誰もが試みたことのある手法だろう。

そこで私は、宮古湾の西側全体をとらえられるよう、国土地理院から入手した空中写真をつなげて、A2判、人数によってはA1判の大きさで印刷し、聞き取りに使うことにした。これは、複数の人びとが自由に指先でたどり、頭を突き合わせて書き込みができる大きさである。空中写真は、一九四八年のまだハマ痩せも埋め立てもない頃のハマの写真と、一九七七年のすでにハマ全体の半分以上の埋め立てが進んだ頃の写真を用意した。前者は昭和ひとけた世代にとってのハマ、後者は昭和三〇年代に生まれた世代にとってのハマである（写真11－1・11－2参照）。

同時に、戦後からずっと地域の古写真を集め、ご自身でも写真を撮っている方々からハマの生活文化をうつした写真を資料として提供してもらい、空中写真とともに並べたり、話題ごとに見せたりしながら聞き取りを行うことにした。

あるとき、五〇代の方が三人、聞き手役をお願いしていた地元の四〇代の方一人が揃った聞き取りの場があった。空中写真を前にして、あっという間に三人は、身ぶりと手ぶりをあわせて三人の世界に没入した。正確に言えば、すでに八〇代の方と六〇代の方から聞いていたハマの話を、四〇代の方が他の三人に伝え、五〇代の三人はそれと自分の記憶とを照らし合わせて比較しながら思い出し、語った。さらに、四〇代の方が自分自身の記憶とそれらを照らし合わせ、違いを聞いていた。(8)

そのとき、その場には、八〇代、六〇代、五〇代、四〇代と四つの記憶の空間が広がって、こちらが用意した二葉の空中写真(ハマの埋め立て前と埋め立て後)の上で自在に展開されていた。もちろん、中心にあったのは五〇代の三人の記憶の空間である。話のたびに、少しずつそれは、他の世代との記憶の違いをたどることから輪郭を見せ始め、想像されたハマは、さらに詳細な情報で埋まっていくのだった。五〇代はちょうど開発されていくハマを目の当たりにした世代なだけに、生まれが数年違うと、ハマの残り具合、ハマの生業や各家の生計の稼ぎ方から、ハマでの遊び方、覚えている景観も異なる。そうして、すでに聞き取っていた八〇代と六〇代のハマの記憶の物語と空中写真を中心に、新しく集まった物語がさらに記憶を呼び起こすメディアとなって、聞き語りが進んでいった。

異なる世代の記憶の空間——ごちゃまぜ記憶絵図の魅力

そのときの聞き取りの記録をもとに、空中写真と物語、両者のメディアを世代ごとの記憶の空間を呼び起こせるように一枚の図にしたのが**図11-1**である。そのときに人びとの話題が集中したり、盛り上がったりした生きものや出来事、具体的な景観については、次回にくわしく見られ

図11-1　聞き取りの記録を空中写真と組み合わせた図.
作成:佐久間淳子氏

るように写真などを貼りつけておき、再び人びととのあいだでの聞き取りに戻した。

聞き取りから明確に見えてきたことがあった。空中写真を使った聞き取りは、人びとが互いの記憶をすりあわせ、自分が生きた時代のハマを他者の記憶が語る時代のハマと比較しながら、評価し、その多様さと質を明らかにしていく過程を生み出す、ということである。

ここでいう質とは、環境の潜在力から取り出しうる資源やサービスの幅や多様性の大きさと価値の高さである。たとえば、四〇代に関して言えば、八〇代が人生の半分をともにした広大なハマ自体を知らない。わずかに残ったハマで自分なりに楽しんだハマ遊びも、ハマの広さや特徴、動植物が異なるゆえに遊び方もずいぶん異なるということを、八〇代の物語から初めて知ることになった。自分が当たり前だと思っていた質と、別の世代が当たり前に長らく享受していた質の違いに、そのとき気づいたのである。[9]

このような質は、そもそも人びとによる価値づけと結びついているものなので、そのような質だと判断した理由も含めて、物語の中からしか拾えない。質は、科学的なデータやシミュレーションでは明らかにできない。さらに言えば、複数の時代の物語を比較してはじめて、語り手は質の差異や内容について認識することができる。そして、人間活動と自然活動のありうる姿を想像することができる。

違うグループでもその過程を繰り返し、ハマの物語を集め、あらためて、ハマが埋め立てられる前、人びとが慣れ親しんだハマという記憶の空間を一枚の絵地図におこしたものが図11―2である(三二四―三二五頁)。この地図は現代の地図ではない。失われたハマの記憶の物語の絵地図である。

この絵地図は、ハマが失われる前の世代の記憶も、失われつつあったハマとともに多感な時期を過ごした世代の記憶も、わざとまぜて一枚にまとめたものである。イラストレーターには、何度も聞き語りの現場に身をおいてもらい、同時にそれ以外の聞き取り資料や写真をすべて渡し、可視化した記憶の物語をたどって、異なる世代が見ているハマを同じ図面に作ってもらう、という作業をお願いした。絵地図だから可能な、異なる時空間スケールを同じ画面にのせるという荒業である。ある世代が見たとき、「あれ、これはこうだったかな、私のときはこうだった、今はこうだけど」と引っかかってくれればよい。あるいは、昭和ひとけた世代に、「ああ、このような変化の中を生きてきた」と、人生の丸ごととハマの変容をあらためて突き合わせてもらってもよい。そのたびに、別に用意する空中写真に空間の記憶をくわしく描き込めるよう、その最初の手がかり、話題にしてもらえるように作っている。

世代ごとの細かな聞き取りの見取り図となる空間の記憶地図とは違い、このごちゃまぜの記憶の空間こそが、未来をここから考えるための重要な仕掛けである。それは誰かの物語の小さなアイコンの集まりであって、そこから自在に開いてもらえるコミュニケーション・ツールである。そして同時に、山根さんや中嶋さんが語っていた「海の力」、環境の潜在力をとらえるための物語群の所在を示し、潜在力を具体的に想像してもらうためのツールである。

すでに聞き取った物語、空中写真、古い写真、それらをつねに複数の語り手となりうる人びとともに聞き語りの場を設定する。そして、人びとが互いの異なる記憶をすり合わせながら、環境の潜在力を見いだせるよう、記憶の物語が可視化された仕掛けを含む絵地図を作る。それにより、どのような想像の力が育まれ、順応的環境ガバナンスを動かし続ける仕掛けが可能だろうか。その点について最後に論じてみよう。

5　想像の力とともに環境と社会の潜在力を育む

聞き語られた物語は、人びとに想像を促す

もうなくなってしまったものを、そのように明らかにすることに、いったいどのような意味があるのか――。この言葉は、ハマの記憶を聞き取るときに、あるいは一時期はあったけれど今は

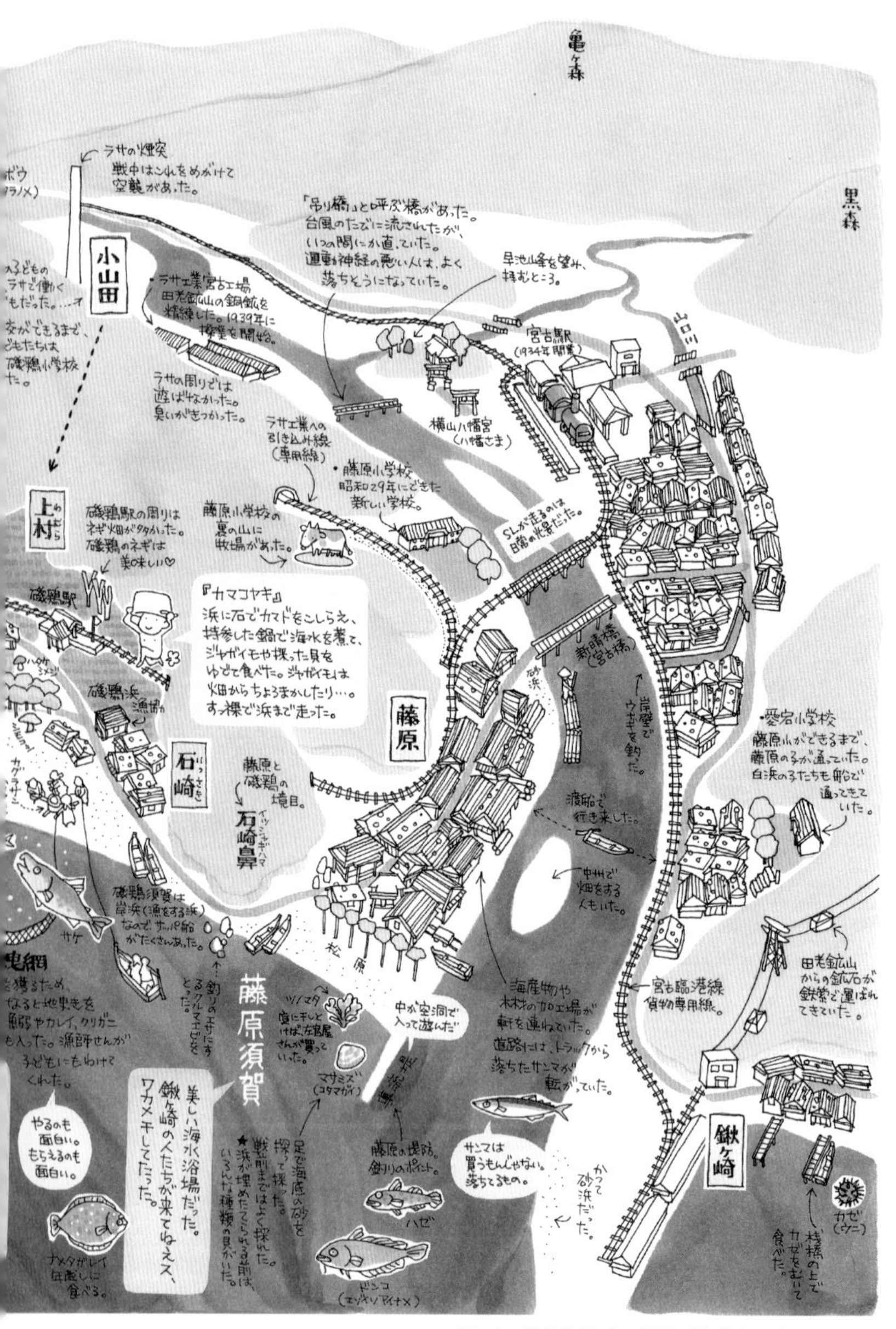

イラスト：岩井友子氏　制作：結デザインネットワーク

図11-2 さまざまな世代のハマの記憶を1枚にまとめた絵地図.

ない産業や生業の営みを聞き取るときに、聞き取り対象の人びとからよく投げかけられる言葉である。

だが、考えてみてほしい。「あったけれど、もうわからない」こと、人間と自然の相互作用の多様さや質、かつてそれらを価値づけていたことを忘れたとしたら、私たちには、目の前の環境の潜在力しか見えなくなってしまう。これまで確認してきたように、日々、記憶の中で日常の居場所をつくるためにそれぞれが紡いでいる物語は、私たちの世界の見方、ものの見方、行為を縛る。すなわち、環境の潜在力が「あったけれど、わからなくなった」日常の物語の中にしか居られないなかでは、私たちは、すでに狭められてしまった潜在力を、さらに縮小させる方向を選んでいたとしても、それに気づかない。

生業としてつねに自然と向き合っていない限り、自然と接する時間が少なく、社会システムの厚い介在によって生産現場からはるかに遠い私たち(の多く)は、潜在力があることも想像しえず、思いつかないかもしれない。よしんば見いだしたとしても、その潜在力が狭められているのかどうかは、比較対象があってこそ判断できることである。

何気ない日常の中で埋没してわからなくなった人間社会と自然環境のかかわり、それはどのように繰り広げられていたのか。たとえば、河川の土砂体積や水量の増減が明確に見えていれば、地震の活断層の所在や河川の増水・洪水などは目でもそのイベントで影響を受ける空間や予期される変化を追うことはできやすいかもしれない。だが、人間社会の産業やインフラ整備、リスク管理が進めば、新しい空間が生み出される。かつてあった自然の特徴や人間活動の痕跡は、上書き・刷新され、見えなくなってしまう。現在の宮古湾の巨大な埋め立て地からは、ハマの姿など想像しようもない。上書きされたものが自明視された日常になれば、かつての空間が想い起されることは難しい。ハマの話が、海の力という潜在力が、人びとの日常の想像の中で見いだされることも、とても難しくなる。

だからこそ、「あったけれど、もうわからない」ことから見いだせる、人間と自然の相互作用の多様さや質、潜在力の幅をとらえることが重要である。過去の活動は、それだけのポテンシャルがかつてあったこと、まだあることを示してくれる。かつて流域に数多くあった水車は、今はもはや土台の石を残すばかりとなった。しかしその水流を整え、高さを調整した水路は、マイクロ水車を置ける可能性も持つ。つまり、まだ見ぬ価値を想像することで、私たちは再び潜在力を育めるような余白を生み出せる。過去と同じものは得られない。だが、新たに自然と社会、双方の潜在力を増やす手立てを探すためには、過去から現在へとつながる人間と自然の相互作用の多様さと質、潜在力の幅をとらえるすべが必要なのである。

想像の力から、環境と社会の潜在力をともに育むために

本章でそのすべとして提案したのは、空中写真や古写真をもとに聞き語りの場をいくつもつくり、聞き語りをもとにした絵地図を作成するという手法であった。

聞き語りから絵地図を作成する手法は、聞き語り、すりあわせ、話者同士の社会と環境の潜在性への気づき、再びの絵地図作成、というリズムを刻んで終わらずに続いていく過程である。順

応的環境ガバナンスの一環として、地域社会でずっとまわっていくことがおそらく望ましい。絵地図は、一度出てきたものを皆で眺めるのも、聞き語りからそれを作り出す過程も、すべて人を惹きつけ、楽しい。まずは川の周囲の生業の記憶を中心に、次は地域にあった行商や商店街の記憶を中心に、など、さまざまに観点を変えて作りかえることもできる。あるいは、毎年、子どもたちに地域の人びとの記憶や現在のかかわり方について尋ねて絵を描いてもらってもよいだろう。絵地図を用いて想像の力を育む過程は、人びとの関心の掘り起こしを行いながら、変わらずにリズムを描いて続くことが可能であろう。

さらに、絵地図作成の過程が掘り起こすのは、人びとの関心や想像の力だけではない。順応的環境ガバナンスにおいては、参加者と利害関係者の掘り起こしは重要な課題であるが、絵地図を作成する手法は想像力を育むとともに、その過程も担いうる。また、聞き語りを営みの一柱としているがゆえに、語りに居合わせた人びとのあいだに、新たな社会のネットワーク形成を生むこともあろう。想像の力を育む絵地図作成の過程は、順応的環境ガバナンスの他の基礎の形成をも手助けする役割を持ちうるのである。

人びとの人生の中の記憶という窓を借りながら、環境と社会のかかわり方の歴史をとらえ、環境と社会が多様性の幅と質、想像の力を育むこと。その重要性は皮肉にも、科学技術の進展やそれに伴う人間活動のかつてない広がりと資源消費量の増大によって、自然環境システム全体を揺るがしてしまう現在だからこそ、ますます強くなっている。冒頭に確認したように、私たちはすでに、残された自然の領域をただ守っていくという段階にはない。現代社会は、気候変動や、原子力利用とその事故等による放射性物質の生産と拡散、人工の水路としてつくり上げられた河川などに顕著であるように、人間活動が自立的な自然のダイナミズムに大きく干渉した社会―生態システムとともにある。

そのようななかで環境と社会のガバナンスを行うためには何が必要か。すでに本章で論じてきたように、その答えは、環境と社会それぞれと、そのかかわりがもたらす潜在性、未来に向けた可能性を減じずに、むしろ現在の状態からいかにそれらを豊かにしていくか、ということにある。気候変動などの社会側の予測や予防を超えてしまった事象にどう適応し、緩和策を練るか、という新しい課題に対処する上でも、このことは非常に重要である。生態系とそれが長い時間とともにつくり出した物理環境は、災害への適応と緩和に非常に効果的であり、人工インフラよりもはるかに低コストでその効果が望める上、景観や生活のアメニティを高めるという別の機能も持ちうることから、支援環境の創出が現在、非常に注目を集めているからだ。[10] もちろん、近代化の過程で私たちの社会が喪失してきた多様な自然の潜在力についても、失われた姿を把握しつつ、今、ここから新たに創出していくことも課題となろう。

そのためにも、本章で確認してきたように、人びとの人生の物語という窓から、環境と社会の多様なかかわりの質と幅を探る、口述の環境史を見いだし、そこから想像の力を育む過程こそが重要な鍵である。人びとが過去の多様な想像力を広げ、自然と社会双方の潜在力を増やし、新しく実現できるまだ見ぬ価値を生み出す余白をつくり出していくこと。それこそが、現在の順応的環境ガバナンスを動かし続ける原動力となると同時に、これからの未来の可能性を豊かにし、人びとが生きていくことそれ自体の可能性を探る、重要な営みなのである。

註

(1) 宮古湾のカキの養殖は、一九三一年に水産学校(現・宮古水産高校)が実験的に行ったという記録が市史で最も古いが、明治時代の終わりには、泥牡蠣養殖と呼ばれるものがあったという聞き取りもある。

(2) この当時の研究成果は、千村[2004]に記述されている。

(3) 二〇一五年五月九日、宮古市堀内集落、山根さんの仕事場にて、山根さんへのインタビュー。「あっち側」とは埋め立てが進んだ宮古湾の西側、「こっち側」とは堀内集落のある湾の東側(重茂半島側)のことである。

(4) じつは、海の力を保持する漁師の活動は、宮古湾では他にもいくつも並行している。湾の北にある田老漁協では、一九七五年に婦人部が鉱山で荒れた森林に植生を始めて、合成洗剤の使用もやめた。太平洋側の重茂地区でも、一九七六年に漁協婦人部が合成洗剤を追放する運動と植生保全を行ってきた。

(5) 中嶋哲さん、高浜のご自宅で。二〇一五年八月五日。

(6) 閉伊川流域の旧新里村(にいさとむら)の廻立(まわたつ)、茂市(もいち)、刈屋(かりや)、腹帯(はらたい)集落などでの聞き取りから。川遊びをした記憶を持つ六〇代以上の人びとに広く共通する話でもある。

(7) Kさん(五六歳)への聞き取りから。二〇一四年八月二日、宮古市内喫茶店にて。Kさんは磯鶏出身、磯鶏周辺で漁業権をまだ持っている。

(8) 二〇一四年、ハマ聞き取りワークショップ、宮古市内飲食店にて。

(9) Mさん(四二歳)への聞き取りから。二〇一五年一〇月二三日、ご自宅にて。Mさんは磯鶏で生まれ育ち、現在でも釣りやハマ遊びをしていて、平均的な四〇代よりも幼少時よりハマに慣れ親しんだ自覚がある。

(10) 実際の政策においても、日本では自然再生事業にその一端がみられ、欧米ではすでに、グリーンインフラや生態系を活用した減災・防災事業(Eco-DRR)として取り組みが始まっている。

終章

順応性を発揮するプロセスデザインはいかに可能か

持続可能な環境ガバナンスの進め方

宮内泰介

1 順応的ガバナンスにおける三つの要件

どうすれば環境保全はうまくいくのだろうか——。

本書でたびたび議論されているように、私たちの対象は不確実性を伴った自然であり、複雑な社会である。したがって、はっきりとした決まりや明確な規制基準をつくって環境保全を図る、ということは難しい。求められるのは、リジッド(固定的)な仕組みではなく、順応性をもった環境ガバナンスのあり方である。

前著『なぜ環境保全はなぜうまくいかないのか』で私は、順応的ガバナンスの要件として、①試行錯誤とダイナミズムを保証する、②多元的な価値を大事にし、複数のゴールを考える、③多様な市民による調査活動や学びを軸としつつ地域の中での再文脈化を図る、の三つを挙げた。本書の各章で挙げられた事例でも、この三つの要件をめぐる話はたびたび登場する。①については、たとえば獣害対策の事例を扱った第4章や第6章において、最初から計画を立ててそのとおりに進めるのではなく、そのつど出てきた課題を踏まえて次に進むというやり方が描かれる。②については、たとえば第5章で、森林のリクリエーション利用を図るユーザーたちが、地域社会との軋轢や海外の事例からの「学び」や「気づき」を経て、人口減少や高齢化という地域が抱える課題に取り組む様子が描かれる。また第7章では、湖沼環境をめぐって最初から何か枠組みを持ち込むのではなく、まずは関係者の話を丁寧に聞きながら何ができるか試行錯誤している支援者の姿が描かれている。これらは、多元的な価値の尊重や複数のゴールの設定ということの好事例だと言えるだろう。同様に第8章で取り上げられた対馬の草原再生プロジェクトでも、住民と行政との価値の違いを踏まえたプロジェクトになっていることが描かれている。③の「学び」「再文脈化」も多くの章で描かれている。やはり第8章で取り上げられた森づくりプロジェクトでは、住民参加型モニタリングが効果的であったことが描かれている。第10章では、住民と支援者が協働で行う「ふれあい調査」の効果が議論されている。

2 五つのポイント

しかし、これらの三つの要件を満たしていても、順応性をもったプロセスをつくり出すことはなかなか簡単ではない。順応性を保ちながら間違わないプロセスを維持していくためにはどうすればよいだろうか。序章では、そのためのポイントとして、①複数性の担保、②共通目標の設定、③評価、④学び、⑤支援・媒介者、の五つを挙げた(図0-2参照)。

第3章で筆者の田代自身が試みたのは、目的外の使用を許すような多機能な農業用水の設計だった。そのヒントになったのが地域に昔存在した「縁田(えんた)」(水路の泥を掻き上げて造成した水田)であり、また、遊水池機能を持つ幅の大きな水路で営まれた、魚とりを兼ねた泥の掻き上げ作業だった。これらは、①「複数性の担保」を具体的なスペースとして形にしたものであり、それによって、住民たちの主体性なプロセスが創出されることが期待できる。

第4章では、「とにかくムラにクマを出さない」という②「共通目標」を設定することが鍵となった。山本が言うように、この目標は、異なる「目的」をもつステークホルダーが共有しうる具体的な目標として設定されたものである。同様に第1章でも、ごみ政策をめぐる合意形成において共通目標の設定が有効に働いたことが描かれた。この章で大沼が紹介した札幌市の事例では、争点となりうる「有料化」をあえて「争点」とはせず、むしろごみを減量するにはどうすればよいかという目標を設定することに主眼が置かれた。さらにその目標達成のための施策を議論からまとめ、有料化はその一つにすぎないという位置づけにされた。共通目標の設定によって、対立が避けられ、信頼と合意が生まれた。

③「評価」について正面から議論したのは第9章である。ここで菊地らは、「不確実性のなかを進んでいくための羅針盤となりうるツール」として評価の仕組みを考えた。菊地らの評価は、定

量的な評価というより、社会的な側面についての定性的な評価であり、プロセスを前に進めるための中間評価である。したがって、外部による評価よりも(外部の支援を受けた)内部評価というかたちをとる。菊地らがこの評価ツールを作っていく過程を試行錯誤していることからわかるとおり、プロセスを進めるための有効な評価は、事例に応じて柔軟に変えられるべきだろう。

環境保全活動で④「学び」が軸となる事例は、多くの章で見られる。とくに第10章で取り上げた「ふれあい調査」は、「学び」を自覚的にツール化したものだった。富田が挙げた宮崎県綾町のこの事例では、森づくり事業が住民になかなか根付かない「悶々」とした状況のなかで「ふれあい調査」が受け入れられ、そして成果をあげた。第11章は、昔の写真や航空写真を使って空間の記憶を呼び起こし語ってもらい、それを絵地図にしていくという共同の学びの場が地域の次の一手につながっていく様子が描かれる。

この本の執筆者たちは、自身が「支援者」であることも多いので、⑤「支援・媒介者」については多くの章の中で描かれている。第6章は鈴木自身がNPOを立ち上げて中間支援を始めた事例であるし、第4章は大学教員や学生たちが信頼獲得のため支援者として役割を果たそうとする姿が描かれる。支援者・媒介者については議論すべきことが多いが、この本で共通して描かれるのは、リジッドな支援者の仕組みというより、支援者が試行錯誤している様子である。その試行錯誤にこそおそらく意味がある。第7章で三上は、ある支援者がステークホルダーの声を丹念に拾いながら支援を模索する姿を描き、そこから「寄りそい型支援」の重要性を論じている。寄りそい型とは、つまり現場の複雑性や変化に対応する順応的な支援である。

3 仕掛け

以上の五つ――複数性、共通目標、評価、学び、支援者――は、順応性をもったプロセスを間違わずにハンドリングするための、いわば定番のツールとでも言うべきものである。

一方、各章では、いろんな場面で「仕掛け」が投入されていることに気がつくだろう。第2章で描かれる再生可能エネルギー計画においては、協定書という「仕掛け」が投入され、第4章で報告された岩手の集落における獣害対策では、学生たち（人手）の投入、媒介役の自治体職員の登場に加え、アンケート調査という「仕掛け」も投入された。同じく獣害対策を議論した第6章では、「都市×農村交流イベント」という「仕掛け」が意図的に仕組まれた。また、マウンテンバイカーやトレイルランナーが農山村との協働へ向かう様子を描いた第5章では、小規模ガイドツアーの導入や労働力の提供といった仕掛けが効果的に投入されている。第7章の北海道の大沼では、「ラムサール条約」という大型の仕掛けが導入された。また第10章や第11章では、学びの仕掛けとして「絵地図」が周到に使われたさまが描かれている。各章の事例を丁寧に見ていくと、小さな仕掛けから大きな仕掛けまで多様にちりばめられていることに気がつくはずだ。

さきほどの五つが、順応的ガバナンスにおける間違わないハンドル操作のための定番ツールだとすれば、こうした「仕掛け」は、プロセス駆動のためのツールである。これらの駆動ツールは、汎用性があるというよりは、そのときどきの状況に応じて投入されるツールである。一回限りの仕掛けもあれば、他でも適用できそうな仕掛けもある。周到に用意された仕掛けもあれば、偶然生まれた仕掛けもある。プロセスを続けることで知恵が出て、上手な仕掛けが生まれることもあれば、逆に、学習の結果考案された仕掛けがプロセスの停滞したところでカンフル剤として投入されることもある。寄りそい型の支援者が適切なところで仕掛けを投入してくることもあるだろう。

停滞しかかったプロセスはこうした仕掛けによって前に進めることができる。あるいは、何か困難があったときにそれを克服するための（短期的な）駆動力として仕掛けが有効なこともあるだろう。

4 プロセスデザイン

環境保全の政策や活動において、何が「成功」だったのかは、それほど簡単ではない。しかし、少なくとも失敗ではなく、一進一退がありながらもとにかくプロセスが続いているものを「成功」事例と考えてみよう。華々しい「成果」が喧伝されているものより、むしろそうしたもののほうが長期的には成功と言えるはずだ。

そしてそうした「成功事例」をよく見ると、さきほどの五つの定番ツールと、こうした駆動のための多様な仕掛けとがうまく組み合わされていることが多いことに気がつく。定番ツールによってプロセスをハンドリングし続けることと、仕掛けによってプロセスを前に進めることの二つがうまくかみ合うことによってプロセスは維持される。ある仕掛けがうまく機能しなくなっても、プロセスが続いていれば、次の仕掛けを投入することができる。プロセスが続いていれば、別の担い手が登場したり、別の価値が生まれたりして、それが次の動きにつながっていく。そうやってプロセスが続いていくことによってステークホルダー間に信頼も醸成されていく。

第1章では、市民参加のプロセスのなかで、ごみステーション問題に多くの市民が強い関心をもっていることがわかり、それに十分な時間をかけて検討したことが報告されている。これは、プロセスの順応的なマネジメントが納得と実効性を生むことを示している。大沼が議論しているように、プロセスは、一定の段階が終わったらあとは自動的にうまく行くということではなく、段階ごとに、その評価や信頼のためにやらねばならないことが出てくる。プロセスが続くことが市民参加を実効的にするのである。

八丈島での地熱発電計画をめぐるガバナンスのあり方を扱った第2章でも、問題の指摘という段階から、調査が行われ、科学的に選択可能な解決が提示され、協定書が結ばれ、というように各段階で価値や担い手が少しずつ変化しつつ、全体として正当性や信頼を醸成し、社会的受容のプロセスが続くさまが描かれている。

順応的ガバナンスにおいては多中心性(polycentrism)ということが議論される[Folke et al. 2005]。「多中心性」は通常、担い手や価値について議論されるが、じつは時間軸における多中心性も大事である。つまり、この時期だけが焦点(たとえば最初の計画段階が大事だとか、最後の結果が大事だとか)ということはなく、プロセスのあちこちに中心がある。

この本では、プロセスデザインということが議論されてきた。プロセスデザインという言葉は少々誤解を招きやすい。何か中心的な担い手や組織があって、そこが指令を出しながら計画を立て実行をしていくというやり方を想像してしまうかもしれない。しかし、この本で言うところのプロセスデザインは、誰かが指令を出しているというより、全体としてプロセスデザインされている、というたぐいのものである。一つの決まった方針でやるのではない、一つの決まった指揮者のもとでやるのではない、そういうプロセスデザインのあり方、いわば多中心的なプロセスデザインが、この本で議論されてきたものだ。

5 順応性と想像力

ところで、この本の各章には、数多くの具体的な個人が登場する。固有名詞をもった生身の人間が具体的な動きを見せたことが多く紹介されている。実際、そうした人物たちがガバナンスを動かしているのだが、彼らの動きはじつに個別的で具体的である。人びとが入れ替わり立ち替わり登場して、具体的な動きが繰り広げられる。おそらく、この本に書かれなかったもっと細かい動きも多かったはずだ。

これらはそれぞれの事例の「裏話」ではもちろんない。一方、それらを踏まえて「キーパーソンが大事」「コーディネーターが必要」といった議論をするとすれば、それはあまり上手な一般化とは言えないだろう。第8章で松村は、移住者の話が「成功物語」でないことを強調している。具体的な人の話、細かい話を抜きに議論ができないということは、環境ガバナンスの現場がつねに複雑であり、多面的であるということだ。しかし、じつはそこにこそ鍵がある。複雑であり多面的であることは、まっすぐに順応性につながっている。単純で固い現場は順応性を発揮できない。多面的な現場、具体的な生身の人間こそ、順応性を発揮できる。

順応的なプロセスデザインは現場に埋め込まれている。あるいは具体的な個人に埋め込まれている。第11章で福永は、「想像する力」、「環境と社会の潜在力」を強調した。私たちがこの本全体で追求してきたのは、現場がもつ潜在力を、私たち自身の現場体験と想像力によって表に出し、多くの現場での想像力へ橋渡しすることだった。それは同時にそれぞれの現場の「社会的評価」でもあった。

そのような調査や評価を埋め込みながら想像力を喚起し、人が本来持つ順応性、社会が本来持つ順応性が効果的に発揮できるプロセスを生み出すこと、それが本書が目指した環境ガバナンスのあり方である。

編者あとがき

この本は、ごみ問題、森林保全、再生可能エネルギー、獣害対策、湖沼保全など、環境保全にまつわる幅広いテーマを扱いながら、それらがどうすれば「うまくいくのか」を描いたものである。さまざまな価値が存在し、さまざまなステークホルダーがからみあうなかで、どうすれば環境保全はうまく進むのかを議論した。

もちろん、というべきか、「こうすればうまくいく」というきれいな答えがあるわけではない。むしろ、きれいな答えがないところから出発し、試行錯誤しよう、というのが本書のスタンスである。そして、その試行錯誤のさいには、どういう点に気をつければよいのか、どういうツールがありうるのか、ということを社会科学的に議論したのがこの本である。

私たちはこれまで、『コモンズの社会学――森・川・海の資源共同管理を考える』(井上真・宮内泰介編、新曜社、二〇〇一年)、『コモンズをささえるしくみ――レジティマシーの環境社会学』(宮内編、新曜社、二〇〇六年)、『半栽培の環境社会学――これからの人と自然』(宮内編、昭和堂、二〇〇九年)などの本で、地域主体の環境保全のあり方(コモンズ)、自然のとらえ方(半栽培)、そして担い手や価値の問題(レジティマシー=正当性)について議論してきた。二〇一三年に出した『なぜ環境保全はうまくいかないのか』(新泉社)では、それらを踏まえ、多元的な価値のもとで、順応性をもった環境保全を進めていくことの重要性を議論した。幸い、『なぜ環境保全はうまくいかないのか』は多くの読者に迎えられ、環境保全を社会(科学)的に考えるときの定番の本の一つとなった。本書はその続編にあたり、もっとまっすぐに、順応的なガバナンスのあり方、その要件について議論したものである。

私たちは、宮内を代表とする共同研究プロジェクト、科学研究費補助金基盤研究(A)「多元的な価値の中の環境ガバナンス――自然資源管理と再生可能エネルギーを焦点に」(二〇一二〜二〇一五年度)に集まった者である。本書は、その四年間にわたる共同研究の成果だ。

共同研究といっても、私たちの場合、調査は各自が行う。その調査手法は執筆者によって少しずつ違うが、共通しているのは、現場重視、実践重視ということだ。また、安易な概念に飛びつかないということも私たちに共通しているかもしれない。地道に現場を歩き、あるいは現場に参加し、話を聞き、多様なデータを集め、考える。考えたことを研究会に持ち寄り、報告しあって議論する。

扱っている対象も場所もそれぞれ違うのに、議論してみると、共通のテーマがたくさん出てくる。そこから、いくつもの社会科学的な知見、政策的な含意が生まれてきた。それを示したのがこの本である。

しかし、本を作るという作業は、単に共同研究の成果をそのまま本にするというものでもない。もう一段、本を作っていくという「共同研究」のステージがある。

執筆予定者が集まり、それぞれ各章の構想をお互いに報告しあい、議論する。それでよいのか、こういう点を書かねばならないのではないか、といった議論がそこで繰り返される。その議論がまた、各自の執筆に反映される。

各章の原稿が出た時点では、さらに、編者である宮内や編集者と、執筆者との間で、何度もやりとりが行われる。今回、ほとんどの執筆者に、複数回の改稿をお願いした。その本づくりのプロセス自体が、私たちの共同研究の最終段階だったとも言える。

この最終段階において新泉社編集部の安喜健人さんが果たした役割は大きかった。執筆者の会合にも参加して編集者としての提案をし、さらに執筆者と密なコミュニケーションをとりながら、よりよい本の形に仕立てあげていく様子は、まさに職人技だった。

なお、本書の出版にさいしては、北海道大学大学院文学研究科出版助成を受けた。記して感謝します。

二〇一七年一月

宮内泰介

どうすれば環境保全はうまくいくのか
――現場から考える「順応的ガバナンス」の進め方

2017年3月10日　初版第1刷発行©
2022年3月31日　初版第2刷発行

編　者＝宮内泰介
発行所＝株式会社 新 泉 社
〒113-0034　東京都文京区湯島1－2－5　聖堂前ビル
TEL 03(5296)9620　FAX 03(5296)9621

印刷・製本　萩原印刷
ISBN978-4-7877-1701-6　C1036　Printed in Japan

編者・執筆者紹介

【編者】

宮内泰介（みやうちたいすけ）
1961年生まれ．
東京大学大学院社会学研究科博士課程単位取得退学．博士（社会学）．
北海道大学大学院文学研究院教授．専門は環境社会学．
主要著作：『歩く，見る，聞く　人びとの自然再生』（岩波新書，2017年），『なぜ環境保全はうまくいかないのか――現場から考える「順応的ガバナンス」の可能性』（編著，新泉社，2013年），『かつお節と日本人』（藤林泰と共著，岩波新書，2013年），『開発と生活戦略の民族誌――ソロモン諸島アノケロ村の自然・移住・紛争』（新曜社，2011年），『半栽培の環境社会学――これからの人と自然』（編著，昭和堂，2009年），『コモンズをささえるしくみ――レジティマシーの環境社会学』（編著，新曜社，2006年），『コモンズの社会学――森・川・海の資源共同管理を考える』（井上真と共編著，新曜社，2001年）．

【執筆者】

大沼 進（おおぬますすむ）＊第1章
北海道大学大学院文学研究院教授，社会科学実験研究センター長．
専門は環境社会心理学．
主要業績：『人はどのような環境問題解決を望むのか――社会的ジレンマからのアプローチ』（ナカニシヤ出版，2007年），「リスクガヴァナンスのための討議デモクラシー」「リスクの社会的受容のための市民参加と信頼の醸成」（広瀬幸雄編『リスクガヴァナンスの社会心理学』ナカニシヤ出版，2014年）．

丸山康司（まるやまやすし）＊第2章
名古屋大学大学院環境学研究科教授．専門は環境社会学．
主要業績：『再生可能エネルギーの社会化――社会的受容性から問いなおす』（有斐閣，2014年），『再生可能エネルギーのリスクとガバナンス――社会を持続していくための実践』（西城戸誠・本巣芽美と共編著，ミネルヴァ書房，2015年）．

田代優秋（たしろゆうしゅう）＊第3章
丹波篠山市農都環境政策官．和歌山大学産学連携イノベーションセンター客員准教授．
専門は農業土木工学，地域資源管理．
主要業績：「自然に良いことをしたいと思ったときにまず相談する人——不安を取り除き筋道をしめしてくれるインテーカー」（四国ミュージアム研究会編『もっと博物館が好きっ！——みんなと歩む学芸員』教育出版センター，2016年），「維持管理意欲を向上する“工夫の余地”という水路設計思想」（犬伏敏真・藤森元浩・河野正弘・鎌田磨人と共著，『農業農村工学会誌』80(3)，2012年）．

山本信次（やまもとしんじ）＊第4章
岩手大学農学部教授．専門は森林政策学，自然資源管理論．
主要業績：「森林ボランティア活動に見る環境ガバナンス——都市と農山村を結ぶ「新しいコモンズ」としての「森林」」（室田武編『グローバル時代のローカル・コモンズ』ミネルヴァ書房，2009年），『森林ボランティア論』（編著，日本林業調査会，2003年）．

細田（長坂）真理子（ほそだ（ながさか）まりこ）＊第4章
元岩手大学大学院農学研究科．専門は森林政策学，自然資源管路論．
主要業績：「ツキノワグマ保護管理における基礎自治体の役割と今後の展望——岩手県盛岡市と長野県軽井沢町を事例として」（『農村計画学会誌』24（別冊），2005年），“Differing Perceptions of Japanese Black Bears in Urban and Rural Japan,” with Toshiki Aoi and Shinji Yamamoto, *Journal of Forest Planning*, 15(1), 2009.

伊藤（富田）春奈（いとう（とみた）はるな）＊第4章
元岩手大学農学部．専門は森林政策学，自然資源管理論．

平野悠一郎（ひらのゆういちろう）＊第5章
森林総合研究所林業経営・政策研究領域主任研究員．
筑波大学大学院生命環境科学研究科連携准教授．
専門は森林政策学，環境社会学．
主要業績：「中国の森林をめぐる重層的権利関係の意義と課題——資源利用の効率性・公平性・持続性からの考察」（『環境社会学研究』20，2014年），「マウンテンバイカーによる新たな森林利用の試みと可能性」（『日本森林学会誌』98(1)，2016）．

鈴木克哉（すずきかつや）＊第6章
特定非営利活動法人里地里山問題研究所代表理事.
専門は野生動物の被害管理，獣害対策を資源とした地域活性化.
主要業績：「地域が主体となった獣害対策のこれからの課題――地域を動かす共有目標とプロセスのデザイン」（『野生生物と社会』1(2)，2014年），「野生動物との軋轢はどのように解消できるか？――地域住民の被害認識と獣害の問題化プロセス」（『環境社会学研究』14，2008年）.

三上直之（みかみなおゆき）＊第7章
北海道大学高等教育推進機構准教授．専門は環境社会学，科学技術社会論.
主要業績：『地域環境の再生と円卓会議――東京湾三番瀬を事例として』（日本評論社，2009年），「市民意識の変容とミニ・パブリックスの可能性」（村田和代ほか『市民の日本語へ――対話のためのコミュニケーションモデルを作る』ひつじ書房，2015年）.

松村正治（まつむらまさはる）＊第8章
特定非営利活動法人よこはま里山研究所理事長．専門は環境社会学，公共社会学.
主要業績：「地域主体の生物多様性保全」（大沼あゆみ・栗山浩一編『シリーズ環境政策の新地平4　生物多様性を保全する』岩波書店，2015年），「里山ボランティアにかかわる生態学的ポリティクスへの抗い方――身近な環境調査による市民デザインの可能性」（『環境社会学研究』13，2007年）.

菊地直樹（きくちなおき）＊第9章
金沢大学人間社会研究域附属先端観光科学研究センター准教授．専門は環境社会学.
主要業績：「方法としてのレジデント型研究」（『質的心理学研究』14，2015年），『「ほっとけない」からの自然再生学――コウノトリ野生復帰の現場』（京都大学学術出版会，2017年）.

敷田麻実（しきだあさみ）＊第9章
北陸先端科学技術大学院大学知識マネジメント領域教授.
専門は地域マネジメント論，地域資源戦略論.
主要業績：『地域資源を守っていかすエコツーリズム――人と自然の共生システム』（森重昌之と共編著，講談社，2011年），『観光の地域ブランディング――交流によるまちづくりのしくみ』（内田純一・森重昌之と共編著，学芸出版社，2009年）.

豊田光世（とよだみつよ）＊第9章
新潟大学佐渡自然共生科学センター准教授．専門は環境哲学，合意形成学，対話教育．
主要業績：「自然再生の現場から考えるCNC概念の環境倫理的課題」（『社会と倫理』29，2014年），「分断的境界を克服する「包括的再生」の思想――佐渡島の水辺再生の現場から」（『ビオストーリー』17，2012年）．

清水万由子（しみずまゆこ）＊第9章
龍谷大学政策学部准教授．専門は環境政策論，環境社会学．
主要業績：「都市近郊型里山における人々のかかわり経験と価値評価――長岡京市民アンケート調査から」（沼田壮人・川勝健志と共著，『龍谷政策学論集』6(1)，2017年），「まなびのコミュニティをつくる――石垣島白保のサンゴ礁保護研究センターの活動と地域社会」（宮内泰介編『なぜ環境保全はうまくいかないのか――現場から考える「順応的ガバナンス」の可能性』新泉社，2013年）．

富田涼都（とみたりょうと）＊第10章
静岡大学農学部准教授．専門は環境社会学，環境倫理学，科学技術社会論．
主要業績：『自然再生の環境倫理――復元から再生へ』（昭和堂，2014年），「野生生物と社会の関係における多様な価値を踏まえた環境ガバナンスへの課題――霞ヶ浦の自然再生事業を事例として」（『野生生物と社会』1(2)，2014年）．

福永真弓（ふくながまゆみ）＊第11章
東京大学大学院新領域創成科学研究科准教授．専門は環境社会学，環境倫理学．
主要業績：「生に「よりそう」――環境社会学の方法論とサステイナビリティ」（『環境社会学研究』20，2014年），『多声性の環境倫理――サケが生まれ帰る流域の正統性のゆくえ』（ハーベスト社，2010年）．

文献一覧

序章

佐藤哲［2016］『フィールドサイエンティスト――地域環境学という発想』東京大学出版会.

宮内泰介編［2013］『なぜ環境保全はうまくいかないのか――現場から考える「順応的ガバナンス」の可能性』新泉社.

山本信次・塚佳織［2013］「「望ましい景観」の決定と保全の主体をめぐって――重複する「保護地域」としての青森県種差海岸」，［宮内編 2013: 122–146］.

Brockington, Dan［2002］*Fortress Conservation: The Preservation of the Mkomazi Game Reserve, Tanzania*, Bloomington: Indiana University Press.

Cernea, Michael M. and Kai Schmidt-Soltau［2006］"Poverty Risks and National Parks: Policy Issues in Conservation and Resettlement," *World Development*, 34(10): 1808–1830.

Claeys, Cécilia and Marie Jacqué eds.［2012］*Environmental Democracy Facing Uncertainty*, Brussels: Peter Lang.

Folke, Carl, Thomas Hahn, Per Olsson and Jon Norberg［2005］"Adaptive Governance of Social-Ecological Systems," *Annual Review of Environment and Resources*, 30: 441–473.

Holling, C. S. ed.［1978］*Adaptive Environmental Assessment and Management*, Chichester: Wiley.

Olsson, Per, Lance H. Gunderson, Steve R. Carpenter, Paul Ryan, Louis Lebel, Carl Folke and C. S. Holling［2006］"Shooting the Rapids: Navigating Transitions to Adaptive Governance of Social-Ecological Systems," *Ecology and Society*, 11(1): 18.

第1章

池田謙一［2013］『新版　社会のイメージの心理学――ぼくらのリアリティはどう形成されるか』サイエンス社.

大沼進［2007］『人はどのような環境問題解決を望むのか――社会的ジレンマからのアプローチ』ナカニシヤ出版.

――――［2008］「札幌市における「ごみ減量化政策に関する市民参加についての調査」報告――社会的受容と手続き的公正に関する研究」，『環境社会心理学研究』11: 1–76.

――――［2014］「リスクガヴァナンスのための討議デモクラシー」，広瀬幸雄編『リスクガヴァナンスの社会心理学』ナカニシヤ出版，193–216頁．

篠原一編［2012］『討議デモクラシーの挑戦――ミニ・パブリックスが拓く新しい政治』岩波書店．

中谷内一也・大沼進［2002］「災害リスク政策の合意形成をめぐる事例研究――千歳川放水路計画撤回プロセスの定性的分析」，『日本リスク研究学会誌』14(1): 121–131.

北海道新聞［2003.8.13］「循環（くるくる）ネットワーク代表　環境対策　ごみ収集有料化は当然　経費の詳細市民に示せ」（朝刊）．

――――［2003.11.6］「札幌市市民調査　ごみ有料化反対45%　不法投棄を強く懸念」（朝刊）．

村山武彦・井関崇博・松原克志・松本安生・森下英治［2007］「環境計画・政策研究の方法論的特徴」，原科幸彦編『環境計画・環境政策の展開――持続可能な社会づくりへの合意形成』岩波書店，57–97頁．

Abelson, J., P. G. Forest, J. Eyles, P. Smith, E. Martin and F. P. Gauvin [2003] "Deliberations about deliberative methods: issues in the design and evaluation of public participation process," *Social Science & Medicine*, 57(2): 239–251.

Dawes, Robyn M. [1980] "Social Dilemmas," *Annual Review of Psychology*, 31: 169–193.

Deutsch, Morton [1975] "Equity, Equality, and Need: What Determines Which Value Will Be Used as the Basis of Distributive Justice?," *Journal of Social Issues*, 31(3): 137–149.

Leventhal, Gerald S. [1980] "What should be done with Equity Theory?: New Approaches to the Study of Fairness in Social Relationship," in Kenneth J. Gargen, Martin S. Greenberg and Richard H. Wills eds., *Social Exchange: Advances in Theory and Research*, New York: Plenum, pp. 27–55.

Lind, E. Allan and Tom R. Tyler [1988] *The Social Psychology of Procedural Justice*, New York: Plenum.（＝1995，菅原郁夫・大渕憲一訳『フェアネスと手続きの社会心理学――裁判，政治，組織への応用』ブレーン出版．）

OECD [2010] "The partnership approach: to siting and developing radioactive waste management facilities," *Forum on Stakeholder Confidence*, OECD Nuclear Energy Agency website (https://www.oecd-nea.org/rwm/fsc/docs/FSC_partnership_flyer_bilingual_version.pdf#search='Partnership+approach+OECD')［最終アクセス：2016年11月5日］.

Ohnuma, Susumu [2009] "Effects of citizen participation program as procedural fairness on social acceptance: A case study of implementing a charge system on household waste in Sapporo," *8th Biennial Conference on Environmental Psychology*, p. 52.

――――[2010] "Effects of communication between government officers and citizens on procedural fairness and social acceptance: A case study of waste management rule in Sapporo," *The International Society for Justice Research 13th Biennial Conference*, p. 43.

――――[2011] "Long term effect of citizen participation procedure on public acceptance: A case study of waste management system in Sapporo," *9th Biennial Conference on Environmental Psychology*, (CD-ROM book).

――――[2012] "Participatory programs: from planning to implementation and action: Influence of procedural fairness on public acceptance a case study of waste management rule in Sapporo," *Colloquium of Environmental Psychology Research*.

Törnblom, Kjell Y. and Riël Vermunt eds. [2007] *Distributive and Procedural Justice: Research and Social Application*, Aldershot, England: Ashgate.

Webler, Thomas [1995] ""Right" Discourse in Citizen Participation: An Evaluative Yardstick," in Ortwin Renn, Thomas Webler and Peter Wiedemann eds., *Fairness and Competence in Citizen Participation: Evaluating Models for Environmental Discourse*, Dordrecht: Kluwer Academic Publishers, pp. 35–86.

Yamagishi, Toshio [1986] "The Provision of a Sanctioning System as a Public Good," *Journal of Personality and Social Psychology*, 51(1): 110–116.

第2章

畦地啓太［2014］「受容性向上と計画プロセスの効率化に着目したドイツの風力発電所立地ゾーニングに関する研究」,『環境情報科学学術研究論文集』28: 173–178.

畦地啓太・堀周太郎・錦澤滋雄・村山武彦［2014］「風力発電事業の計画段階における環境紛争の発生要因」,『エネルギー・資源学会論文誌』35(2): 11–22.

門屋真希子・末岡伸一［2007］「騒音に対する住民意識調査（その6）」,『東京都環境科学研究所年報』2007: 105–112.

千葉大学倉阪研究室・環境エネルギー政策研究所［2013］『永続地帯2013年版報告書――再生可能エネルギーによる地域の持続可能性の指標』.

西城戸誠・尾形清一・丸山康司［2015］「再生可能エネルギー事業に対するローカルガバナンス――長野県飯田市を事例として」, 丸山康司・西城戸誠・本巣芽美編『再生可能エネルギーのリスクとガバナンス――社会を持続していくための実践』ミネルヴァ書房, 157–178頁.

八丈町［2012］『八丈島クリーンアイランド構想』.

――――［2015］『はちじょう2015――東京都八丈町勢要覧』.

――――［2016］「八丈島地熱発電利用事業　事業者の公募について」，八丈町ウェブサイト（http://www.town.hachijo.tokyo.jp/info/?page_id=2338）［最終アクセス：2016年8月15日］.

舩橋晴俊・長谷川公一・畠中宗一・勝田晴美［1985］『新幹線公害――高速文明の社会問題』有斐閣.

丸山康司［2014］『再生可能エネルギーの社会化――社会的受容性から問いなおす』有斐閣.

Hübner, Gundula and Johannes Pohl［2015］*Mehr Abstand – mehr Akzeptanz?: Ein umweltpsychologischer Studienvergleich*, Berlin: Fachagentur Windenergie an Land.

Jobert, Arthur, Pia Laborgne and Solveig Mimler［2007］"Local acceptance of wind energy: Factors of success identified in French and German case studies," *Energy Policy*, 35(5): 2751–2760.

Nash, Roderick F.［1989］*The Rights of Nature: A History of Environmental Ethics*, Wisconsin: University of Wisconsin Press.（＝2011, 松野弘訳『自然の権利――環境倫理の文明史』ミネルヴァ書房.）

Warren, Charles R. and Malcolm McFadyen［2010］"Does community ownership affect public attitudes to wind energy? A case study from south-west Scotland," *Land Use Policy*, 27(2): 204–213.

第3章

有馬進・鈴木章弘・鄭紹輝・奥薗稔・西村巌［2008］「ミシシッピーアカミミガメのハス食害調査」，『Coastal Bioenvironment』11: 47–54.

風間善浩［2010］「手探りで始めたトゲソの保全活動」，『湿地研究』1: 87–92.

田村孝浩・佐々木努・鴇田豊・佐々木甲也［2006］「環境共生型圃場整備を契機とした地域再生のシナリオ」，『農業土木学会誌』74(1): 17–21.

徳島新聞［2005.3.16］「コイ科の淡水魚・カワバタモロコ確認　県内で58年ぶり」.

――――［2006.8.10］「絶滅の恐れある淡水魚カワバタモロコ　生息地ピンチ　県内環境団体　保護求める声」.

――――［2012.5.24］「外来種のミドリガメ　鳴門　レンコン畑で繁殖　新芽食べられる」.

三好昭一郎［1999］『目で見る鳴門・板野の100年』郷土出版社.

Watanabe, Katsutoshi, Seiichi Mori, Tetsuo Tanaka, Naoyuki Kanagawa, Takahiko Itai, Jyun-ichi Kitamura, Noriyasu Suzuki, Koji Tominaga, Ryo Kakioka, Ryoichi Tabata,

Tsukasa Abe, Yushu Tashiro, Yoshiki Hashimoto, Jun Nakajima and Norio Onikura [2014] "Genetic population structure of *Hemigrammocypris rasborella* (Cyprinidae) inferred from mtDNA sequences," *Ichthyological Research*, 61(4): 352–360.

第4章

岩手県[2016]「ツキノワグマによる人身被害状況・出没状況について」，岩手県ウェブサイト(http://www.pref.iwate.jp/shizen/yasei/yaseidoubutsu/002897.html)[最終アクセス：2016年11月10日].

遠藤公雄[1994]『盛岡藩御狩り日記――江戸時代の野生動物誌』講談社.

東海林克彦[1999]「鳥獣保護法の改正と野生鳥獣の保護管理」，『季刊環境研究』114: 71–77.

竹綱誠一郎・鎌原雅彦・沢崎俊之[1988]「自己効力に関する研究の動向と問題」，『教育心理学研究』36(2): 172–184.

農林水産省[2016]「鳥獣被害の現状と対策」，農林水産省ウェブサイト(http://www.maff.go.jp/j/seisan/tyozyu/higai/attach/pdf/index-13.pdf)[最終アクセス：2016年11月10日].

羽山伸一・坂元雅行[2000]「鳥獣保護法改正の経緯と評価」，『環境と公害』29(3): 33–39.

丸山康司[2006]『サルと人間の環境問題――ニホンザルをめぐる自然保護と獣害のはざまから』昭和堂.

宮内泰介編[2013]『なぜ環境保全はうまくいかないのか――現場から考える「順応的ガバナンス」の可能性』新泉社.

Hosoda (nee Nagasaka), Mariko, Toshiki Aoi and Shinji Yamamoto [2009] "Differing Perceptions of Japanese Black Bears in Urban and Rural Japan," *Journal of Forest Planning*, 15(1): 53–59.

第5章

鏑木毅[2009]「トレイルランニングは環境と地域を守れるか」，『ランニングの世界』7: 66–71.

環境省[2015]「国立公園内におけるトレイルランニング大会等の取扱いについて」，環境省ウェブサイト(http://www.env.go.jp/nature/trail_run/)[最終アクセス：2016年11月10日].

武正憲・浜泰一・斎藤馨[2009]「マウンテンバイクの自然環境における利用特性とライダーの環境保全意識に関する研究」，『ランドスケープ研究』72(5): 575–578.

忠政啓文［2013］「トレイルランの道を創る——過疎地維新！トレイルランで山間地域活性化を目指す」，『ランニングの世界』15: 60–71.
————［2014］「よりよいトレイルラン文化の構築を目指して——NPO法人全国トレイルランニングガイド普及協会の活動紹介」，『ランニングの世界』18: 78–84.
東京都［2015］「「東京都自然公園利用ルール」を策定しました」，東京都ウェブサイト（http://www.metro.tokyo.jp/INET/KEIKAKU/2015/03/70p3u400.htm）［最終アクセス：2016年11月10日］.
日本経済新聞［2014.9.18］「競技存続の岐路，欠かせぬマナーと自然保護の意識」.
平野悠一郎［2016a］「マウンテンバイカーによる新たな森林利用の試みと可能性」，『日本森林学会誌』98(1): 1–10.
————［2016b］「トレイルランナーの林地利用をめぐる動向と課題」，『第127回日本森林学会大会学術講演集』101.
松本大［2014］「本当に「トレイルランニング」という名称でいいのか」，『ランニングの世界』18: 52–58.
宮内泰介編［2013］『なぜ環境保全はうまくいかないのか——現場から考える「順応的ガバナンス」の可能性』新泉社.
村越真［2012］「トレイルランニングの課題——環境への影響とランナーの自然環境・他者・自己の安全に対する意識」，『ランニング学研究』23(2): 19–35.
Alleyne, Tsering［2008］“Social Conflict between Mountain Bikers and Other Trail Users in the East Bay,” Senior Thesis in Environmental Sciences of University of California Berkeley. UC Berkeley College of Natural Resources website (http://nature.berkeley.edu/classes/es196/projects/2008final/Alleyne_2008.pdf)［最終アクセス：2016年11月10日］.
Carothers, Pam, Jerry J. Vaske and Maureen P. Donnelly［2001］“Social Values versus Interpersonal Conflict among Hikers and Mountain Bikers,” *Leisure Sciences*, 23(1): 47–61.
International Mountain Bicycling Association (IMBA)［2004］*Trail Solutions*, International Mountain Bicycling Association.
Watson, Alan E., Daniel R. Williams and John J. Daigle［1991］“Sources of Conflict between Hikers and Mountain Bike Riders in the Rattlesnake NRA,” *Journal of Park and Recreation Administration*, 9(3): 59–71.

第6章

赤星心［2004］「「獣害問題」におけるむら人の「言い分」——滋賀県志賀町K村を事例と

して」，『村落社会研究』10(2): 43–54.
鈴木克哉［2007］「下北半島の猿害問題における農家の複雑な被害認識とその可変性——多義的農業における獣害対策のジレンマ」，『環境社会学研究』13: 184–193.
————［2008］「野生動物との軋轢はどのように解消できるか?——地域住民の被害認識と獣害の問題化プロセス」，『環境社会学研究』14: 55–68.
————［2009］「半栽培と獣害管理——人と野生動物の多様なかかわりにむけて」，宮内泰介編『半栽培の環境社会学——これからの人と自然』昭和堂，201–226頁.
————［2013］「なぜ獣害対策はうまくいかないのか——獣害問題における順応的ガバナンスに向けて」，宮内泰介編『なぜ環境保全はうまくいかないのか——現場から考える「順応的ガバナンス」の可能性』新泉社，48–75頁.
農林水産省［2016］「鳥獣被害の現状と対策」，農林水産省ウェブサイト（http://www.maff.go.jp/j/seisan/tyozyu/higai/attach/pdf/index-13.pdf）［最終アクセス：2016年11月10日］.
牧野厚史［2010］「農山村の鳥獣被害に対する文化論的分析——村落研究からの提言」，牧野厚史編『鳥獣被害——〈むらの文化〉からのアプローチ』農山漁村文化協会，187–213頁.
丸山康司［1997］「「自然保護」再考——青森県脇野沢村における「北限のサル」と「山猿」」，『環境社会学研究』3: 149–164.
宮内泰介［2013］「なぜ環境保全はうまくいかないのか——順応的ガバナンスの可能性」，宮内泰介編『なぜ環境保全はうまくいかないのか——現場から考える「順応的ガバナンス」の可能性』新泉社，14–28頁.

第7章

荒井浩道［2014］『ナラティヴ・ソーシャルワーク——“〈支援〉しない支援”の方法』新泉社.
稲垣文彦・阿部巧・金子知也・日野正基・石塚直樹［2014］『震災復興が語る農山村再生——地域づくりの本質』コモンズ.
小田切徳美［2014］『農山村は消滅しない』岩波新書.
菊地直樹［2008］「コウノトリの野生復帰における「野生」」，『環境社会学研究』14: 86–100.
佐藤哲［2008］「環境アイコンとしての野生生物と地域社会——アイコン化のプロセスと生態系サービスに関する科学の役割」，『環境社会学研究』14: 70–85.
図司直也［2014］『地域サポート人材による農山村再生』筑波書房.
図司直也・西城戸誠［2016］「北上町の復興応援隊からみる，地域サポート人材の役割と課題」，西城戸誠・宮内泰介・黒田暁編『震災と地域再生——石巻市北上町に生き

る人びと』法政大学出版局.
鈴木克哉［2014］「地域が主体となった獣害対策のこれからの課題――地域を動かす共有目標とプロセスのデザイン」,『野生生物と社会』1(2): 29–34.
田中邦明［2012］「持続可能な社会のための協働とは――渡島大沼水質改善プロジェクトの経験から」,『ESD・環境教育研究』15(1): 36–39.
田中孝［2005］「富栄養化した湖沼の水質汚濁要因である流域の土地利用と河川水質――渡島大沼を事例として」,『環境共生』11: 13–22.
茅野恒秀［2009］「プロジェクト・マネジメントと環境社会学 ――環境社会学は組織者になれるか，再論」,『環境社会学研究』15: 25–38.
七飯町［2008］『大沼地域活性化ビジョン（平成20年度〜平成29年度）』.

第8章

岩下明裕・花松泰倫編［2014］『国境の島・対馬の観光を創る』国境地域研究センター.
環境省対馬野生生物保護センター［2015］「ツシマヤマネコと共生する地域社会づくり10年のあゆみ」.
環境庁・農林水産省［1995］「ツシマヤマネコ保護増殖事業計画」.
鬼頭秀一［1998］「環境運動／環境理念研究における「よそ者」論の射程――諫早湾と奄美大島の「自然の権利」訴訟の事例を中心に」,『環境社会学研究』4: 44–59.
国立社会保障・人口問題研究所［2013］「日本の地域別将来推計人口（平成25年3月推計）」.
佐藤哲［2009］「知識から智慧へ――土着的知識と科学的知識をつなぐレジデント型研究機関」, 鬼頭秀一・福永真弓編『環境倫理学』東京大学出版会, 211–226.
敷田麻実［2009］「よそ者と地域づくりにおけるその役割にかんする研究」,『国際広報メディア・観光学ジャーナル』9: 79–100.
図司直也［2014］『地域サポート人材による農山村再生』筑波書房.
清野聡子［2014］「対馬から始まる日本の海洋保護区」,『BIOCITY』58: 10–21.
瀬田信哉［2009］『再生する国立公園――日本の自然と風景を守り，支える人たち』清水弘文堂書房.
月川雅夫［1988］『対馬の四季――離島の風土と暮らし』農山漁村文化協会.
――――［2008］『写真集　対馬――昭和30年代初めの暮らし』ゆるり書房.
対馬市［2016］「第2次対馬市総合計画」.
ツシマヤマネコBOOK編集委員会［2008］『ツシマヤマネコ――対馬の森で，野生との共存をめざして　改訂版』長崎新聞社.

ツシマヤマネコ保護増殖連絡協議会［2010］「ツシマヤマネコ保護増殖事業実施方針」.
本田裕子・林宇一・玖須博一・前田剛・佐々木真二郎［2010］「ツシマヤマネコ保護に関する住民意識」,『東京大学農学部演習林報告』122: 41–64.
前田剛［2002］「レンジャーもどきの挑戦――西表島からレンジャーを考える」,『国立公園』606: 30–31.
――――［2014a］「域学連携による地域づくりの人材循環――対馬」,『建築雑誌』129(1664): 14–15.
――――［2014b］「人材循環による学術・国際交流の拠点づくり」,『BIOCITY』58: 36–42.
松村正治［2015］「地域主体の生物多様性保全」, 大沼あゆみ・栗山浩一編『シリーズ環境政策の新地平 4　生物多様性を保全する』岩波書店, 99–120頁.
宮内泰介編［2013］『なぜ環境保全はうまくいかないのか――現場から考える「順応的ガバナンス」の可能性』新泉社.
宮本常一［1969］「対馬・五島における外来者の受容」,『宮本常一著作集　第4巻　日本の離島　第1集』未来社, 245–262頁.
――――［1983］『宮本常一著作集　第28集　対馬漁業史』未来社.
矢崎栄司編［2012］『僕ら地域おこし協力隊――未来と社会に夢をもつ』学芸出版社.

第9章

淺野敏久［2008］『宍道湖・中海と霞ヶ浦――環境運動の地理学』古今書院.
淡路剛久［2006］「環境再生とサステイナブルな社会」, 淡路剛久監修『地域再生の環境学』東京大学出版会, 1–12頁.
池田啓［1999］「「環境保全学」を織りだす――すべての学問を坩堝に」,『エコソフィア』4: 62–65.
――――［2000］「コウノトリの野生復帰をめざして――地域の人々と研究者が取り組む新しい科学」,『科学』70(7): 569–578.
石川徹也［2001］『日本の自然保護――尾瀬から白保, そして21世紀へ』平凡社新書.
菊地直樹［2006］『蘇るコウノトリ――野生復帰から地域再生へ』東京大学出版会.
――――［2008］「コウノトリの野生復帰における「野生」」,『環境社会学研究』14: 86–100.
――――［2013］「コウノトリを軸にした小さな自然再生が生み出す多元的な価値――兵庫県豊岡市田結地区の順応的コモンズ生成の取り組み」,［宮内編 2013: 196–220］.
――――［2015］「方法としてのレジデント型研究」,『質的心理学研究』14: 75–88.

斉藤直・桑原智之・相崎守弘・徳岡隆夫［2014］「自然再生推進法に基づく中海自然再生事業」,『土木学会論文集 B3（海洋開発）』70(2): I_1128–I_1133.
渋谷久典［2012］『幻の中海干拓――「本庄工区」半世紀の軌跡』本庄新書，松江市本庄公民館.
敷田麻実・末永聡［2003］「地域の沿岸域管理を実現するためのモデルに関する研究――京都府網野町琴引浜のケーススタディからの提案」,『日本沿岸域学会論文集』15: 25–36.
敷田麻実・木野聡子・森重昌之［2009］「観光地域ガバナンスにおける関係性モデルと中間システムの分析――北海道浜中町・霧多布湿原トラストの事例から」,『日本地域政策研究』7: 65–72.
清水万由子［2013］「まなびのコミュニティをつくる――石垣島白保のサンゴ礁保護研究センターの活動と地域社会」,［宮内編 2013: 247–271］.
富田涼都［2014］『自然再生の環境倫理――復元から再生へ』昭和堂.
豊田光世［2008］「トキと共に生きる島づくりと加茂湖・天王川再生」,『水資源・環境研究』21: 74–78.
宮内泰介［2013］「なぜ環境保全はうまくいかないのか――順応的ガバナンスの可能性」,［宮内編 2013: 14–28］.
宮内泰介編［2013］『なぜ環境保全はうまくいかないのか――現場から考える「順応的ガバナンス」の可能性』新泉社.
守山弘［1988］『自然を守るとはどういうことか』農山漁村文化協会.

第10章

綾郷土誌編纂委員会［1982］『綾郷土史』綾町.
池田清［2006］『創造的地方自治と地域再生』日本経済評論社.
岩佐礼子［2015］『地域力の再発見――内発的発展論からの教育再考』藤原書店.
郷田實・郷田美紀子［2005］『結いの心――子孫に遺す町づくりへの挑戦　増補版』評言社.
朱宮丈晴・小此木宏明・河野耕三・石田達也・相馬美佐子［2013］「照葉樹林生態系を地域とともに守る――宮崎県綾町での取り組みから」,『保全生態学研究』18(2): 225–238.
朱宮丈晴・河野円樹・河野耕三・石田達也・下村ゆかり・相馬美佐子・小此木宏明・道家哲平［2016］「ユネスコエコパーク登録後の宮崎県綾町の動向――世界が注目するモデル地域」,『日本生態学会誌』66(1): 121–134.

冨田涼都［2013］「なぜ順応的管理はうまくいかないのか――自然再生事業における順応的管理の「失敗」から考える」，［宮内編 2013: 30–47］.
――――［2014］「野生生物と社会の関係における多様な価値を踏まえた環境ガバナンスへの課題――霞ヶ浦の自然再生事業を事例として」，『野生生物と社会』1(2): 35–48.
NACS-J ふれあい調査委員会［2010］『人と自然のふれあい調査はんどぶっく』日本自然保護協会.
――――［2012］『綾・ふれあいの里　古屋』てるはの森の会.
NACS-J ふれあい調査研究会［2005］『地域の豊かさ発見＊ふれあい調査のススメ【お試し版】』日本自然保護協会.
宮内泰介編［2013］『なぜ環境保全はうまくいかないのか――現場から考える「順応的ガバナンス」の可能性』新泉社.
UNESCO［1995］*Man and the Biosphere Programme: The Seville Strategy and The Statutory Framework of the World Network.*
――――［2012］*Proposals for New Biosphere Reserves and Extensions / Modifications to Biosphere Reserves that are Part of The World Network of Biosphere Reserves.*

第11章

荒井浩道［2014］『ナラティヴ・ソーシャルワーク――“〈支援〉しない支援”の方法』新泉社.
滋賀県立琵琶湖博物館［1997］『私とあなたの琵琶湖アルバム――琵琶湖博物館開館1周年企画展』.
千村昌之［2004］『宮古湾におけるニシンの初期生態に関する研究』東京大学農学生命研究科博士論文.
野口裕二［2002］『物語としてのケア――ナラティヴ・アプローチの世界へ』医学書院.
福永真弓［2014］「生に「よりそう」――環境社会学の方法論とサステイナビリティ」，『環境社会学研究』20: 77–99.
宮古市教育委員会市史編纂委員会編［1991］『宮古市史　年表』.
六車由実［2015］『介護民俗学へようこそ!――「すまいるほーむ」の物語』新潮社.

終章

Folke, Carl, Thomas Hahn, Per Olsson and Jon Norberg［2005］“Adaptive Governance of Social-Ecological Systems,” *Annual Review of Environment and Resources*, 15(30): 441–473.